"十二五"职业教育国家规划教材
经全国职业教育教材审定委员会审定

化工节能减排技术

第二版

⦿ 李平辉　主编　　⦿ 丁志平　郑惠仪　主审

化学工业出版社

·北京·

《化工节能减排技术（第二版）》共分四个单元，主要内容包括认识化工节能减排、化工节能基础、化工单元节能减排、化工企业节能减排等全书以化工生产现状的节能减排工作为重点，突出工学结合，注重学生能力（技能）训练，优化整合课程内容，使之成为学生掌握职业技能、步入工作岗位的必读书籍。全书适应国家对节能减排工作的时代需要，突出职业教育的特色，结合编者多年从事化工生产企业的节能减排工作经验，在编写过程中以"认识化工节能减排—化工节能基础—典型化工项目节能减排—典型化工企业节能减排"为主线，采用单元式，配合典型化工生产的节能减排案例（"化工生产过程简介—测试方案—节能减排测试结果—节能减排整改措施"），在学中做，在做中学，力求基本满足化工类专业学生在工作岗位上开展化工企业的节能减排工作。

本书适用于高职高专化工技术类各专业使用，也可供其他专业的选修课使用，以及石油与化工行业的工程技术人员、管理人员、技术工人作为培训教材或参考资料。

图书在版编目（CIP）数据

化工节能减排技术/李平辉主编．—2版．—北京：化学工业出版社，2016.8（2021.9重印）
"十二五"职业教育国家规划教材
ISBN 978-7-122-27462-5

Ⅰ.①化… Ⅱ.①李… Ⅲ.①化学工业-节能-高等职业教育-教材 Ⅳ.①TQ

中国版本图书馆CIP数据核字（2016）第145193号

责任编辑：提　岩　窦　臻　　　　　　装帧设计：王晓宇
责任校对：宋　玮

出版发行：化学工业出版社（北京市东城区青年湖南街13号　邮政编码100011）
印　　装：涿州市般润文化传播有限公司
787mm×1092mm　1/16　印张11¼　字数286千字　2021年9月北京第2版第6次印刷

购书咨询：010-64518888　　　　　　售后服务：010-64518899
网　　址：http://www.cip.com.cn
凡购买本书，如有缺损质量问题，本社销售中心负责调换。

定　　价：28.00元　　　　　　　　　　　　　　　　　　　　　　版权所有　违者必究

前言

节约能源是实现可持续发展的长期战略方针。当今世界，资源短缺，供需矛盾日益尖锐，为了更好地促进国民经济健康、快速发展并最大限度保护环境，化工行业加强节能减排工作，已经刻不容缓，也是重中之重。

本书是经全国职业教育教材审定委员会审定立项的"十二五"职业教育国家规划教材，根据国家对"十二五"规划教材的总要求，并结合全国石油和化工职业教育教学指导委员会高职化工技术类专业委员会对化工类专业教学的具体要求，按照化工技术类专业培养目标和特点，通过深入企业、走访专家，结合国家的能源政策和行业节能减排的目标而编写的。

本次修订是在第一版的基础上，从节能减排实际需要出发，力求贴近生产、贴近实际，体现现代职业教育的特点和课程建设的需要，从节能的基本概念和基本原理出发，从化工单元节能减排到生产节能减排，结合典型生产实例，讨论如何实现化工生产节能减排。全书编写适应国家对节能减排工作的时代需要，突出职业教育的特色，注重职业能力的培养；同时加强了节能减排方面的常识教育和知识的趣味性，在教材编写过程中以"认识化工节能减排—化工节能基础—典型化工单元节能减排—典型化工企业节能减排"为主线，采用单元式，配合典型化工生产的节能减排案例（"化工生产过程简介—测试方案—节能减排测试结果—节能减排整改措施"），每个单元后均设有"知识窗"。

本书由中山职业技术学院李平辉教授担任主编并编写单元四、附录及各单元的知识窗，晋城职业技术学院吉晋兰老师编写单元一，南京科技职业学院（原南京化工职业技术学院）潘勇老师编写单元二，常州工程职业技术学院刘长春老师编写单元三。全书由李平辉教授统稿，南京科技职业学院丁志平教授、湖南省石油与化工节能技术服务中心郑惠仪高级工程师担任主审，此外，常州工程职业技术学院陈炳和教授、湖南化工职业技术学院贺召平老师、广东绿维能源科技有限公司陈新文经理也在编写过程中提供了许多宝贵的建议，在此深表谢意。

本次修订得到了化学工业出版社和中山职业技术学院等相关单位领导的关心和大力支持，在此一并表示衷心的感谢。

由于编者水平有限，不妥之处在所难免，敬请广大读者批评指正。

编 者
2016 年 5 月

第一版前言

本教材是在全国化工高等职业教育教学指导委员会化工技术类专业委员会组织下，按照化工技术类专业培养目标和专业特点，结合化工总控工职业标准和国家的能源政策而编写的。主要适用于高职高专化工技术类各专业，或作其他专业的选修课教材，也可供中职化工类专业学生作教材，以及石油与化工行业的工程技术人员、管理人员、技术工人作为培训教材或参考资料。

本教材编写以化工生产现状的节能减排工作为重点，突出工学结合，注重学生能力（技能）训练，优化整合课程内容，使之成为学生掌握职业技能、步入工作岗位的必读手册。教材编写适应国家对节能减排工作的时代需要，突出职业教育的特色，注重职业能力的培养；在教材编写过程中以"认识化工生产—化工节能基础—典型化工项目节能减排分析—化工企业'三废'处理和清洁生产技术"为主线，采用单元式，在教学中配合典型化工生产的节能减排案例（化工生产过程简介—测试方案—节能减排测试结果—节能减排整改措施），在学中做，在做中学，力求基本满足化工类专业学生在工作岗位上开展化工企业的节能减排工作的需求。

本教材由湖南化工职业技术学院李平辉教授担任主编并编写单元一、单元四及附录，南京化工职业技术学院潘勇讲师编写单元二，常州工程职业技术学院刘长春讲师编写单元三，广西工业职业技术学院邱媛副教授编写单元五。南京化工职业技术学院丁志平教授、湖南省石油与化工节能技术服务中心郑惠仪高级工程师担任主审，常州工程职业技术学院陈炳和教授、湖南化工职业技术学院贺召平副教授对书稿的编写提出了宝贵的意见，在此深表谢意。

编写本教材的过程中得到了化学工业出版社和各编者所在单位的大力支持；同时，编写本教材参考了有关专著及其他文献资料，在此，我们一并表示衷心的感谢。

由于编者水平有限，教材中不妥之处在所难免，敬请读者批评指正，不吝赐教。

编者

2010 年 6 月

目 录

单元一 认识化工节能减排 … 1

任务一 认识能源 … 1
一、能源的定义 … 1
二、能源的分类 … 2
三、节能减排的有关概念 … 3
四、提高危险化学品的本质安全 … 10

任务二 认识化工节能减排技术 … 11
一、节能减排的内容 … 11
二、石油和化工行业的节能减排 … 13
三、节能途径 … 15
四、二氧化碳排放量的计算 … 16
五、节能减排的主要目标 … 17
六、节能减排的意义 … 17

知识窗 京都议定书 … 19
思考题 … 19
项目训练题 … 20

单元二 化工节能基础 … 21

任务一 能量平衡方程的应用 … 22
一、热力学第一定律及其表达式 … 22
二、封闭体系的能量平衡方程 … 23
三、稳流体系的能量平衡方程 … 23
四、稳流体系能量平衡方程的实际应用 … 24
五、轴功及其计算 … 27

任务二 常见工质焓变和熵变的计算 … 30
一、采用 ΔH、ΔS 计算公式计算焓变和熵变 … 30
二、采用热力学图表法求解 ΔH、ΔS … 32

任务三 熵增原理的应用 … 36
一、卡诺定理及其应用 … 37
二、熵与熵增原理 … 38
三、熵平衡 … 40

任务四 理想功与损失功的计算 … 42
一、能量的品质 … 42

  二、理想功（W_{id}）（也称最大可用技术功） …… 43
  三、损失功（W_L）（也称为损耗功） …… 44
  四、热力学效率（η_T） …… 46
 任务五 㶲分析法的应用 …… 47
  一、㶲（exergy）与㶲平衡方程 …… 47
  二、常见类型㶲的计算 …… 49
  三、常见化工过程的㶲分析应用 …… 51
 知识窗 日常生活用电中的节电措施 …… 56
 思考题 …… 57
 计算题 …… 57

单元三 化工单元节能减排 59

 任务一 化工单元操作过程的节能减排 …… 59
  一、流体输送过程的节能减排 …… 59
  二、传热过程的节能减排 …… 61
  三、蒸发过程的节能减排 …… 63
  四、精馏过程的节能减排 …… 66
  五、干燥过程的节能减排 …… 69
  六、制冷过程的节能减排 …… 70
  七、空气压缩过程的节能减排 …… 71
 任务二 燃煤锅炉的节能减排 …… 73
  一、燃烧节能 …… 73
  二、锅炉运行维护节能 …… 75
  三、采用新工艺、新设备节能 …… 76
  四、鼓风机、引风机和给水泵的选型节能 …… 77
  五、水处理节能 …… 77
  六、循环流化床锅炉 …… 77
  七、锅炉热效率的测定 …… 79
  八、工业锅炉的节能技术改造案例 …… 82
 任务三 热能利用的节能 …… 84
  一、余热回收节能 …… 84
  二、加热炉的主要节能 …… 87
  三、凝结水回收 …… 89
 任务四 泵与风机的节能减排 …… 92
  一、泵的节能减排 …… 93
  二、风机的节能减排 …… 99
 知识窗 新能源技术 …… 102
 思考题 …… 103
 项目训练题 …… 104

单元四 化工企业节能减排 … 105

任务一 小氮肥企业节能减排 … 105
一、氮肥企业生产概况 … 105
二、氮肥生产节能减排现场测试工作 … 108
三、锅炉工序及蒸汽平衡测试数据及结果 … 108
四、造气工序测试数据及结果 … 109
五、变换工序测试数据及结果 … 113
六、氨平衡测试数据及结果 … 117
七、压缩工序测试数据及结果 … 118
八、供水系统测试数据及结果 … 119
九、氮肥生产节能测试结果汇总 … 120
十、氮肥企业整改意见 … 122
十一、节能减排潜力分析和建议 … 123

任务二 硫酸生产的节能减排 … 125
一、硫酸生产工艺概况 … 126
二、硫酸生产能耗分析 … 128
三、硫酸生产中的节能技术改造 … 132

任务三 PVC生产系统的节能新技术改造 … 135
一、乙炔生产系统的技术改造 … 136
二、氯乙烯生产系统的技术改造 … 137
三、聚合与干燥系统的技术改造 … 138
四、公用工程的技术改造 … 138
五、技术改造的效果 … 139

任务四 正己烷装置的节能技术改造 … 140
一、正己烷生产装置存在的问题分析 … 140
二、正己烷生产装置采取的主要措施 … 141
三、正己烷生产技术改造的效果 … 142

知识窗 绿色化学和清洁生产 … 145
项目训练题 … 145

附录 … 146

附录一 中华人民共和国节约能源法 … 146
附录二 一些物质的热力学性质 … 153
附录三 理想气体摩尔定压热容的常数 … 155
附录四 某些气体在不同温度区间的平均摩尔定压热容 … 156
附录五 水和水蒸气的热力学性质 … 157
附录六 龟山-吉田环境模型的元素标准化学㶲 … 165
附录七 主要无机和有机化合物的摩尔标准化学㶲 $E_{xc}^{\ominus}$ 以及温度修正系数 ξ … 166
附录八 各种能源折标准煤参考系数 … 168

参考文献 … 169

单元一

认识化工节能减排

知识目标

了解能源的基本概念和能源的分类；掌握节能减排的相关概念；了解节能减排的内容；了解石油化工行业的节能减排工作；了解节能的途径和节能减排的主要目标；掌握二氧化碳排放量的计算；了解节能减排的意义。

能力目标

能进行能源的相关计算；能进行节能途径的分析；能掌握二氧化碳排放量的计算。

素质目标

良好的道德品质、职业素养、敬业和创新精神；具备较强的节能减排意识，增强化工节能减排的社会责任感和历史使命感。

认识能源

知识目标

了解能源的定义；了解能源的分类；掌握能源的计量及换算关系、低位热值与高位热值的关系、当量热值与等价热值的计算、标准煤与标准油的综合换算指标及折算方法；了解能源利用率的计算；了解单位 GDP 能耗、能源效率标识、节能认证、温室效应及温室气体、低碳生活、PM2.5、空气质量指数及分级标准的含义。

技能目标

能进行能源量值的换算；能进行标准煤的折算和能源利用率的计算。

一、能源的定义

能源（energy sources）意为能量的源泉，它是产生各种能量的自然资源，是人类赖以生存、社会得以发展的物质基础。《中华人民共和国节约能源法》中定义的能源是指煤炭、原油、天然气、电力、焦炭、煤气、热力、成品油、液化石油气、生物质能和其他直接或者通过加工、转换而取得有用能的各种资源。能量就是做功的本领。

能源是自然界中能够直接或通过转换提供某种形式能量的物质资源，它包含在一定条件下能够提供某种形式的能的物质或物质的运动，也指可以从其获得热、光或动力等形式的能的资源，如燃料、流水、阳光和风等。

能源不是一种单纯的物理概念，还有技术经济的含意。也就是说，必须是技术经济上合理的那些可以得到能量的资源才能称之为能源。所以，能源的内容随时间在变化。现在指的能源，包括：天然矿物质燃料（煤炭、石油、天然气、核能）；生物质能（薪柴、秸秆、动物干粪）；天然能（太阳能、水能、地热、风力、潮汐能等）；以及这些能源的加工转换制品。在生产和生活过程中，由于需要或便于运输使用，常将上述能源经过一定的加工、转换使之成为更符合使用要求的能量来源，即能源加工转换的制品，如焦炭、各种石油制品、煤气、蒸汽、电力、沼气和氢能等。

能源是经济发展的原动力，是现代文明的物质基础，更是一种战略资源。凡是自然界存在的、通过科学技术手段转换成各种形式能量（如机械能、热能、电能、化学能、电磁能、原子核能等）的物质资源都称为能源。解决能源约束问题，一方面要开源，加大国内勘探开发力度，加快工程建设，充分利用国外资源；另一方面，必须坚持节约优先，走一条跨越式节能的道路。节能是缓解能源约束矛盾的现实选择，是解决能源环境问题的根本措施，是提高经济增长质量和效益的重要途径，是增强企业竞争力的必然要求。不下大力节约能源，难以支持国民经济持续快速协调健康发展；不走跨越式节能的道路，新型工业化难以实现。必须从战略高度充分认识节能的重要性，树立忧患意识，增强危机感和责任感，大力节能降耗，提高能源利用效率，加快建设节能型社会，为保障2020年实现全面建设小康社会目标作出贡献。

二、能源的分类

由于能源形式多样，人们通常按其来源、形态、转换、应用等进行分类，不同的分类方法从不同的侧重面反映了各种能源的特征。世界能源委员会推荐的能源类型分为：固体燃料、液体燃料、气体燃料、水能、电能、太阳能、生物质能、风能、核能、海洋能和地热能。其中前三个类型统称为化石燃料或化石能源。

1. 按获得的方法分类

（1）一次能源　指从自然界取得的未经任何改变或转换的能源，如原煤、原油、天然气、生物质能、水能、核燃料，以及太阳能、地热能、潮汐能等。

（2）二次能源　也称"次级能源"或"人工能源"，是由一次能源经过加工或转换得到的其他种类和形式的能源，包括煤气、焦炭、汽油、煤油、柴油、重油、电力、蒸汽、热力、氢能等。一次能源无论经过几次转换所得到的另一种能源，都被称作二次能源。

大部分一次能源都转换成容易储运、分配和使用的二次能源，以适应消费者的需要。一次能源转换成二次能源无论如何都会有转换损失，但二次能源比一次能源有更高的终端利用效率，也更清洁和便于使用。二次能源经过储运和分配，即将在各种设备中使用，即为终端能源，终端能源最后变成有效能。

2. 按被利用的程度分类

（1）常规能源　又称传统能源，是指在现有经济和技术条件下，已经大规模生产和广泛使用的能源，如煤炭、石油、天然气、水能和核裂变能。常规能源是人类目前利用的主要能源，在讨论能源问题时，主要也是指的这些能源。

（2）新能源 指在新技术基础上系统地开发利用的能源，是正在开发利用但尚未普遍使用的能源。现在世界上重点开发的新能源有：太阳能、风能、海洋能、地热能、氢能等。新能源大多是天然的和可再生的，是未来世界持久能源系统的基础。随着科技水平的提高，新能源和可再生能源供应量将不断提高。

常规能源与新能源是相对而言的，现在的常规能源过去也曾是新能源，今天的新能源将来又会成为常规能源。

3. 按能否再生分类

（1）可再生能源 指在自然界中可以不断再生并有规律地得到补充的能源。如水能、太阳能、风能、潮汐能等，它们都可以循环再生，不会因长期使用而减少。

（2）不可再生能源 指那些不能循环再生的能源。如煤炭、石油、天然气等化石能源，它们随人类的利用而日益减少，是无法再生的。

4. 按能否作为燃料分类

（1）燃料能源 燃料是指燃烧时能产生热能和光能的物质。作为燃烧使用，并主要以热能形式提供能量的能源即为燃料能源。燃料能源可按来源分为矿物燃料（如煤、油、气等）、生物燃料（如藻类、木料、沼气、各种有机废物等）以及核燃料（如铀、钍等），也可按形态分为固体燃料（如煤、木料、铀等）、液体燃料（主要是石油及其产品，常用的还有甲醇、水煤浆和煤炭液化燃料等）以及气体燃料（天然气、氢气及煤炭气化制得的煤气等）。燃料能源是人类目前和今后相当长时期内的基本能源。

（2）非燃料能源 不作为燃料使用，直接产生能量提供人类使用的能源，如水能、风能、潮汐能、海洋能、激光能等。其中多数包含机械能，有的也包含热能、光能、电能。

5. 按对环境的污染情况分类

（1）清洁能源 指使用时对环境无污染或污染小的能源，如太阳能、水能、海洋能、氢能等。用太阳能直接分解水制氢和核聚变能利用的研究如果成功，则太阳的能量和地球上的水都可成为人类取之不尽、用之不竭的清洁能源。

（2）非清洁能源 指在开发使用过程中，对环境污染程度较大的能源，如煤、石油等。随着世界环保呼声的逐渐高涨，低碳经济时代的到来，非清洁能源的开发和利用将逐步受到限制。石油的污染比煤炭少些，但也产生氮氧化物、硫氧化物等有害物质，所以清洁能源与非清洁能源的划分也是相对比较而言的，不是绝对的。

三、节能减排的有关概念

1. 能源的量值

能源的计量单位有许多种，具有确切定义的单位主要有 3 种，它们之间可以相互换算。

（1）焦耳（J） 焦耳是能量的国际单位制导出单位，也是中华人民共和国法定计量单位规定的表示能、功和热量的基本单位，其符号用 J 表示。定义为：1 牛顿（N）的力作用于质点，使它沿力的方向移动 1 米（m）距离所做的功；或者用 1 安培（A）电流通过 1 欧姆（Ω）电阻 1 秒钟（s）所消耗的电能。用国际单位制单位表示的关系式为 N·m；用国际单位制基本单位表示的关系式为 $kg·m^2/s^2$。由于焦耳的数值很小，通常采用焦耳的倍数来表示，如千焦耳（kJ，10^3J）、兆焦耳（MJ，10^6J）、吉焦耳（GJ，10^9J）或太焦耳（TJ，10^{12}J）。

(2) 千瓦时（kW·h） 这是电量的计量单位。1kW·h＝3.6×10^6J。用国际单位制基本单位表示的关系式为 kg·m^2/s^2。由于千瓦时单位较小，通常采用千千瓦时（10^3kW·h）、兆千瓦时（10^6kW·h）等。

(3) 卡（cal） 卡是热量单位，定义为1克（g）纯水在标准大气压下，温度升高1摄氏度（℃）所需的热量。1cal＝4.1868J。卡不属于法定计量单位，但在我国现行热量单位中还存在卡（cal）。

按照中华人民共和国法定计量单位的规定，焦耳（J）和千瓦时（kW·h）是法定计量单位，是允许使用的单位；卡（cal）是不允许使用的计量单位。我们在节能减排技术工作中应认真执行国家有关规定，采用法定计量单位。

2. 低位热值与高位热值

燃料燃烧会释放出一定数量的热量，单位质量（指固体或液体）或单位体积（指气体）的燃料完全燃烧，燃烧产物冷却到燃烧前温度（一般为环境温度）时所释放出来的热量，就是燃烧热值，也叫燃烧发热量。

燃烧热值有高位热值和低位热值两种，也相应称为高位发热量和低位发热量。

高位热值是指燃料完全燃烧，并当燃烧产物中的水蒸气（包括燃料中所含水分生成的水蒸气和燃料中氢燃烧时生成的水蒸气）凝结成液态水时的反应热；其数据由测量获得，要求反应前后温度相同。

低位热值是指燃料完全燃烧，燃烧产物中的水仍以气态（即水蒸气）存在时的反应热；它等于从高位热值中扣除水蒸气凝结热后的热量。燃料高位热值和低位热值的关系可由下式表述：

$$Q_{dw} = Q_{gw} - rW_{H_2O} \tag{1-1}$$

式中 Q_{dw}，Q_{gw}——燃料的低位热值与高位热值，kJ/kg；

r——水蒸气凝结热，kJ/kg；

W_{H_2O}——燃料燃烧产物中的水蒸气含量，kg/kg。

由于燃料大都用于燃烧，各种炉窑的排烟温度均超过水蒸气的凝结温度，不可能使水蒸气的凝结热释放出来，所以在能源利用中一般都以燃料的应用基低位热值作为计算依据。

燃料的应用基是指以使用状态的燃料为基准的表示方法。如煤的应用基低位热值就是从处于使用状态的煤中取出具有代表性的煤样作为应用煤样，用一定量的这种煤样做低位热值的测定，所得之值就是该煤样以应用基表示的低位热值。

3. 当量热值与等价热值

当量热值是指某种能源本身所含的热量。具有一定品位的某种能源，其当量热值是固定不变的，如汽油的当量热值是 42054kJ/kg，电的当量热值即是电本身的热功当量 3600kJ/(kW·h)，即 860kcal/(kW·h)。

等价热值是指为了获得某一个计量单位的某种二次能源（如汽油、焦炭、煤气、电力、蒸汽等）或耗能工质（如压缩空气、水等）所消耗的，以热值表示的一次能源量。耗能工质是指生产过程中多消耗的，不作为原料使用，也不进入产品，制取时又需要消耗能源的工作物质。只有作为能量形式使用的耗能工质才具有等价热值和当量热值。

由于等价热值实质上是当量热值与能源转换过程中能量损失之和，因此等价热值是一个变动量，它与能源加工转换技术有关。随着技术水平的提高，等价热值会不断降低，而趋向于二次能源所具有的能量。目前我国规定，标准煤的等价热值为 29308kJ/kg 标煤（7000kcal/kg 标煤），电的等价热值就为 11840kJ/(kW·h)，即 2828kcal/(kW·h)。

等价热值可由下面的计算公式求得：
$$等价热值＝当量热值/转化效率 \tag{1-2}$$

【例 1-1】 如果焦炭的低位发热量为 29308kJ/kg，炼焦炉效率为 0.85，则
$$1kg 焦炭的等价热值＝29308÷0.85＝34480（kJ/kg）$$

【例 1-2】 如果低压饱和蒸汽所具有的能量为 2750kJ/kg，实测锅炉效率为 0.69，则
$$1kg 低压饱和蒸汽的等价热值＝2750÷0.69＝3986（kJ/kg）$$

严格地说，等价热值应按实测数据计算。在无实测数据时，可取参考数据。

4. 标准煤与标准油

标准煤（又称煤当量）是指按照标准煤的热当量值计算各种能源量时所用的综合换算指标。标准煤迄今尚无国际公认的统一标准，标准煤的热当量值，联合国、中国、日本、西欧和俄罗斯诸国等按 29.3MJ/kg（7000kcal/kg）计算，而英国则是根据用作能源的煤的加权平均热值确定的，一般按 25.5MJ/kg（6100kcal/kg）计算，所以同样是标准煤，由于热当量值的计算方法不同，差别也很大。国家标准 GB 2589—1990《综合能耗计算通则》规定，应用基低位发热量等于 29.308MJ 的燃料，称为 1kg 标准煤（符号表示为 kgce）。在统计计算中可采用 t（吨）标准煤做单位，其符号表示为 tce。

标准油（又称油当量）是指按照标准油的热当量值计算各种能源量时所用的综合换算指标。与标准煤相类似，到目前为止，国际上还没有公认的油当量标准。中国采用的油当量（标准油）热值为 41.87MJ/kg（10000kcal/kg）。国际上石油容积常用桶来衡量，1 桶石油＝159L。一桶石油的发热量相当于 $6.2×10^9$ J。常用单位有吨油当量（toe）和桶油当量（boe）。

5. 标准煤折算方法

要计算某种能源折算成标准煤或标准油的数量，首先要计算这种能源的折算系数，能源折算系数可由下式求得：
$$能源折算系数＝能源实际含热量/标准煤热值 \tag{1-3}$$

然后再根据该折算系数，计算出具有一定实物量的该种能源折算成标准煤或标准油的数量。其计算公式如下：
$$能源标准燃烧数量＝能源实物量×能源折算系数 \tag{1-4}$$

由于各种能源的实物量折算成标准煤或标准油数量的方法相同，下面以标准煤折算方法为例加以说明。

（1）燃料能源的当量计算方法，即以燃料能源的应用基低位发热量为计算依据

例如，我国某地产原煤 1kg 的平均低位发热量为 20934kJ（5000kcal），则：
$$原煤的折标煤系数＝20934÷29308＝0.7143 或者 5000÷7000＝0.7143$$

如果某企业消耗了 1000t 原煤，折合为标准煤即为：
$$1000×0.7143＝714.3（tce）$$

（2）二次能源及耗能工质的等价计算方法，即以等价热值为计算依据

例如，目前我国电的等价热值为 11840kJ/(kW·h) 或 2828kcal/(kW·h)，则：
$$电的折标煤系数＝11840÷29308＝0.404kgce/(kW·h)$$

如果某单位消耗了 1000kW·h 电量，折算成标准煤即为：
$$1000×0.404＝404（kgce）$$

又如某厂以压缩空气作为耗能工质，假设 $1m^3$ 压缩空气的等价热值为 1400kJ，则：
$$该压缩空气的折标煤系数＝1400÷29308＝0.0478$$

如果该厂消耗了 $1000m^3$ 压缩空气，折算成标准煤即为：

$$1000 \times 0.0478 = 47.8 \text{ (kgce)}$$

需要注意的是，二次能源及耗能工质的等价计算方法主要应用于计算能源消耗量，在考察能量转换效率和编制能量平衡表时，所有能源折算为标准煤时都应以当量热值为计算依据。

应当说明的是：在进行企业节能减排时一般应以实测单位质量或单位体积的发热值为准。电折标煤系数一般采用 0.404kgce/(kW·h)；在对原煤缺乏相关实测数据时，原煤的折标煤系数可以采用 0.7143。

6. 能源利用率

能源利用率是指有效利用的能源量与实际消耗的能源量的比值。

企业总有效能源利用量，一般指企业各产品有效利用能源量之和，也可以是企业所拥有的各种设备有效能量（折算为能源）之总和。实际计算比较复杂，需要进行仔细分析。

7. 单位 GDP 能耗

单位国内（地区）生产总值能耗（Energy Consumption per Unit of GDP），简称单位 GDP 能耗，是指一定时期内一个国家（地区）每生产一个单位的国内（地区）生产总值所消耗的能源。一般用"产值"作单位（tce/万元）。为比较方便，在计算单位国内（地区）生产总值能耗时，使用不变价计算的 GDP。

单位 GDP 能耗由能源消费总量和国内（地区）生产总值这两个指标计算而得。国内（地区）生产总值，即 GDP，是指一个国家（地区）所有常住单位在一定时期内生产活动的最终成果。单位 GDP 能耗的计算公式为：

单位 GDP 能耗（tce/万元）＝能源消费总量（tce）/国内（地区）生产总值（万元）

(1) 单位 GDP 能耗的影响因素

① 能源消费构成。由于各种能源自然禀赋有所不同，同等标准量的不同能源热值利用程度是不同的，因此产出同样单位的 GDP，如果使用的能源品种不同，则消耗的能源量也会不同。例如，原煤和天然气分别用来发电，产出同样价值的电，因原煤发电效率比天然气低，发电损耗比天然气高，所以用原煤发电消耗的能源量要比天然气高。因此，各能源占能源消费比重的高低即能源消费构成影响单位 GDP 能耗的大小。

② 经济增长方式。粗放型经济增长方式主要依靠增加生产要素投入来扩大生产规模，实现经济增长。集约型经济增长方式则是主要依靠科技进步和提高劳动者的素质等来增加产品的数量和提高产品的质量，推动经济增长。以粗放型经济增长方式实现的经济增长，相比于集约型经济增长方式，能源消耗较高，单位 GDP 能耗相对较大。

③ 由自然条件、地域产业分工等原因形成的产业结构或行业结构。一般来说，在国民经济各产业中，第一产业、第三产业单位增加值能耗较第二产业小的多；在国民经济各行业中，工业单位增加值能耗相比于其他行业大得多，其中，重工业又较轻工业大得多，重工业中的六大高耗能行业为各行业单位增加值能耗最大的。因此，第三产业增加值占 GDP 比重较高的，单位 GDP 能耗也较小；主要以重工业甚至是六大高耗能行业拉动经济增长的，单位 GDP 能耗也必然较大。

④ 设备技术装备水平、能源利用的技术水平和能源生产、消费的管理水平。设备技术装备水平、能源利用的技术水平和能源生产、消费的管理水平越高，所消耗的能源量则会越少，单位 GDP 能耗也必然越小。

⑤ 自然条件。自然条件，如自然资源分布、气候、地理环境等对能源消费结构、产业结构等产生一定影响，也间接地影响了单位 GDP 能耗的大小。例如，有色金属矿聚集的地

区，相应进行有色金属的开采、冶炼、压延，以有色金属冶炼及压延加工业这个高耗能行业来推动经济增长，由此带来能源消耗较大，产出的GDP相对较小，从而导致单位GDP能耗较大。

从以上影响单位GDP能耗的因素来看，不同国家或地区由于经济发展阶段不同，能源消费结构不同以及自然条件的差异，加上汇率等因素影响，使得国家或地区之间单位GDP能耗存在较多的不可比性。

（2）单位GDP能耗的作用

① 直接反映经济发展对能源的依赖程度。单位GDP能耗是将能源消耗除以GDP，反映了一个国家（地区）经济发展与能源消费之间的强度关系，即每创造一个单位的社会财富需要消耗的能源数量。单位GDP能耗越大，则说明经济发展对能源的依赖程度越高。

② 间接反映产业结构状况、设备技术装备水平、能源消费构成和利用效率等多方面内容。从影响单位GDP能耗的因素可以看到，单位GDP能耗的大小也或多或少地间接反映了这些方面的内容。

③ 间接计算出社会节能量或能源超耗量。

④ 间接反映各项节能政策措施所取得的效果，起到检验节能降耗成效的作用。单位GDP能耗降低率，可以间接反映本年度各项节能政策措施的效果，起到检验节能降耗成效的作用。

国家能源发展"十二五"规划提出，2015年能源消费总量控制目标为40亿吨标煤，我国一次能源供应能力要达到43亿吨标煤，其中石油对外依存度控制在61%以内。多煤少油少气，是我国能源资源的先天缺陷。我国油气人均剩余可采储量仅为世界平均水平的6%，石油年产量仅能维持在2亿吨左右，常规天然气新增产量仅能满足新增需求的30%左右。石油对外依存度从21世纪初的26%上升至2011年的57%。与此同时，我国油气进口来源相对集中，进口通道受制于人，能源安全保障压力巨大。

规划提出，2015年我国一次能源供应能力要达到43亿吨标准煤，其中国内生产能力达到36.6亿吨标准煤。"十二五"期间，我国核电、风电和太阳能发电将快速发展，预计年均增长率分别达到29.9%、26.4%和89.5%。

2015年，要求实施能源消费强度和消费总量双控制，能源消费总量40亿吨标煤，用电量6.15万亿千瓦时，单位国内生产总值能耗比2010年下降16%。能源综合效率提高到38%，火电供电标准煤耗下降到323g/（kW·h）。根据规划，2015年将全面实施新一轮农村电网改造升级，实现城乡各类用电同网同价。行政村通电，无电地区人口全部用上电，天然气使用人口达到2.5亿人。

石油和化学工业是我国国民经济的支柱产业，是重要的能源、原材料工业，也是高耗能和容易产生污染的产业。"十二五"时期，我国单位国内生产总值能源消耗将再降低16%；到2020年，非化石能源消费占全部能源消费的比重将达到15%。

石油和化学工业"十三五"发展目标，到2020年，万元增加值能源消耗、CO_2排放量和用水量均比"十二五"末降低10%，重点产品单位综合能耗显著下降。化学需氧量（COD）、氨氮、二氧化硫、氮氧化物等主要污染物排放总量分别减少6%、6%、8%、8%，重点行业排污强度下降30%以上，重点行业挥发性有机物排放量削减30%以上，重大安全生产事故得到有效遏制。

8. 能源效率标识

能源效率标识是指表示用能产品能源效率等级等性能指标的一种信息标识，属于产品符合性标志的范畴。我国的能源效率标识张贴是强制性的，采取由生产者或进口商自我声明、备案、使用后监督管理的实施模式。产品上粘贴能源效率标识表明标识使用人声明该产品符合相关的能源效率国家标准的要求，接受相关机构和社会的依法监督。

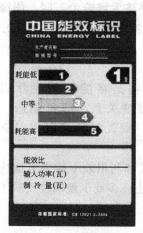

图1-1 中国能效标识图

我国现行的能效标识为背部有黏性的，顶部标有"中国能效标识"（CHINA ENERGY LABEL）字样的蓝白背景的彩色标签（见图1-1），一般粘贴在产品的正面面板上。电器产品能效标识的信息内容包括产品的生产者、型号、能源效率等级、耗电量、主要技术参数、依据国家标准。如空调能效标识的信息包括产品的生产者、型号、能源效率等级、能效比、输入功率、制冷量、依据国家标准。能效标识直观地明示了用能产品的能效、能耗以及其他较重要的性能指标，而能源效率等级是判断家电产品是否节能的最重要指标，产品的能效等级越低，表示能源效率越高，节能效果越好，越省电。目前我国的能效标识按产品耗能的程度分为1、2、3、4、5共五个等级：等级1表示产品达到国际先进水平，最节电，耗能最低；等级2表示比较节电；等级3表示产品能源效率为我国市场的平均水平；等级4表示产品能源效率低于我国市场的平均水平；等级5是市场准入指标；低于5级的产品不允许生产和销售。为了在各类消费者群体中普及节能增效意识，能效等级展示栏用3种表现形式来直观表达能源效率等级信息：一是文字部分"耗能低、中等、耗能高"；二是数字部分"1、2、3、4、5"；三是根据色彩所代表的情感安排的等级指示色标，其中红色代表禁止，橙色、黄色代表警告，绿色代表环保与节能。

我国自2005年3月1日起率先从冰箱、空调这两个产品开始实施能源效率标识制度。这两种产品的能源效率标识制度采用的标准分别是GB 12021.2—2015《家用电冰箱耗电量限定值及能效等级》和GB 12021.3—2010《房间空气调节器能效限定值及能效等级》。

9. 节能认证

节能产品认证是指依据国家相关的节能产品认证标准和技术要求，按照国际上通行的产品质量认证规定与程序，经中国节能产品认证机构确认并通过颁布认证证书和节能标志（见图1-2），证明某一产品符合相应标准和节能要求的活动。我国节能产品认证遵照自愿认证原则，其节能产品认证工作接受国家质检总局的监督和指导，认证的具体工作由通过国家认证监督管理委员会认可的独立机构，依据有关规章的要求组织实施。

10. 温室效应及温室气体

温室效应原是指在密闭的温室中，玻璃、塑料薄膜等可使太阳辐射进入温室，而阻止温室内部的辐射热量散失到室外去，从而使室内温度升高，产生温室效应。目前一般是指地球大气的温室效应。由于包围地球的大气中，含有CO_2、CCl_2F_2、CH_4、O_3、N_2O等微量温室气体，它们可以让大部分太阳辐射到达地面，而强烈吸收地面放出的红外辐射，只有很少一部分热辐射散失到宇宙空间中去，从而形成大气的温室效应。温室效应可能导致全球变暖，从而引发环境问题。

图1-2 中国节能认证标志

目前，在各种温室气体中，CO_2对温室效应的影响约占50%，而大气中的CO_2有70%是燃烧化石燃料和生物质燃料排放的。温室气体共有30余种，《京都议定书》中规定的六种温室气体是：二氧化碳（CO_2）、甲烷（CH_4）、一氧化二氮（N_2O）、氢氟碳化物（HFCs）、全氟化碳（PFCs）、六氟化硫（SF_6）。

11. 低碳生活

低碳生活（low carbon living），就是指生活作息时要尽力减少所消耗的能量，特别是二氧化碳的排放量，从而低碳，减少对大气的污染，减缓生态恶化。

低碳生活代表着更健康、更自然、更安全，返璞归真地去进行人与自然的活动。

如今低碳这种生活方式已经悄然走进中国，不少低碳网站开始流行一种有趣的计算个人排碳量的特殊计算器，如中国城市低碳经济网的低碳计算器，以生动有趣的动画形式，不但可以计算出日常生活的碳排放量，还能显示出不同的生活方式，住房结构以及新型科技对碳排放量的影响。

低碳对于普通人来说是一种生活态度，同时也成为人们推进潮流的新方式，它提出的是一个"愿不愿意和大家共同创造低碳生活"的问题，我们应该积极提倡并去实践低碳生活，要注意节电、节气、熄灯一小时……从这些点滴做起。除了植树，还有人买运输里程很短的商品，有人坚持爬楼梯，形形色色，有的很有趣，有的不免有些麻烦。但前提是在不降低生活质量的情况下，尽其所能地节能减排。

"节能减排"，不仅是当今社会的流行语，更是关系到人类未来的战略选择。提高"节能减排"意识，对自己的生活方式或消费习惯进行简单易行的改变，一起减少全球温室气体（主要减少二氧化碳）排放，意义十分重大。"低碳生活"节能环保，有利于减缓全球气候变暖和环境恶化的速度。减少二氧化碳排放，选择"低碳生活"，是每位公民应尽的责任，也是每位公民应尽的义务。低碳是提倡借助低能量、低消耗、低开支的生活方式，把消耗的能量降到最低，从而减少二氧化碳的排放，保护地球环境，保证人类在地球上长期舒适安逸地生活和发展。

低碳生活是一种经济、健康、幸福的生活方式，它不会降低人们的幸福指数，相反会使人们的生活更加幸福。

12. PM2.5

PM2.5是指大气中直径小于或等于$2.5\mu m$的颗粒物，也称为可入肺颗粒物。它能较长时间悬浮于空气中，其在空气中含量浓度越高，就代表空气污染越严重。虽然PM2.5只是地球大气成分中含量很少的组分，但它对空气质量和能见度等有重要的影响。与较粗的大气颗粒物相比，PM2.5粒径小，面积大，活性强，易附带有毒、有害物质（例如重金属、微生物等），且在大气中的停留时间长、输送距离远，因而对人体健康和大气环境质量的影响更大。

2013年2月，全国科学技术名词审定委员会将PM2.5的中文名称命名为细颗粒物。细颗粒物的化学成分主要包括有机碳（OC）、元素碳（EC）、硝酸盐、硫酸盐、铵盐、钠盐（Na^+）等。

气象专家和医学专家认为，由细颗粒物造成的灰霾天气对人体健康的危害甚至要比沙尘暴更大。粒径$10\mu m$以上的颗粒物，会被挡在人的鼻子外面；粒径$2.5\sim10\mu m$的颗粒物，能够进入上呼吸道，但部分可通过痰液等排出体外，另外也会被鼻腔内部的绒毛阻挡，对人体健康危害相对较小；而粒径在$2.5\mu m$以下的细颗粒物，不易被阻挡。被吸入人体后会直接进入支气管，干扰肺部的气体交换，引发包括哮喘、支气管炎和心血管病等方面的疾病。

13. 空气质量指数

空气质量指数（Air Quality Index，简称AQI）是一种评价大气环境质量状况简单而直观的指标。通过报告每日空气质量的参数，描述了空气清洁或者污染的程度，以及对健康的影响。计算空气质量指数通过主要污染物为细颗粒物、可吸入颗粒物、二氧化硫、二氧化氮、臭氧、一氧化碳六项。从一级优、二级良、三级轻度污染、四级中度污染,直至五级重度污染,六级严重污染。当PM2.5日均浓度达到$150\mu g/m^3$时,AQI达到200;当PM2.5日均浓度达到$250\mu g/m^3$时,AQI达到300;当PM2.5日均浓度达到$500\mu g/m^3$时,AQI达到500。指数越大、级别越高,说明污染的情况越严重,对人体的健康危害也就越大。空气质量指数及相关信息见表1-1。

表1-1 空气质量指数及相关信息 (HJ633-2012)

空气质量指数（AQI）	空气质量级别	空气质量类别及表示颜色		对健康影响	建议采取措施
0~50	一级	优	绿色	空气质量令人满意,基本无空气污染	各类人群可正常活动
51~100	二级	良	黄色	空气质量可接受,但某些污染物可能对极少数异常敏感人群健康有较弱影响	极少数异常敏感人群应减少户外活动
101~150	三级	轻度污染	橙色	易感人群症状有轻度加剧,健康人群出现刺激症状	儿童、老年人及心脏病、呼吸系统疾病患者应减少长时间、高强度的户外锻炼
151~200	四级	中度污染	红色	进一步加剧易感人群症状,可能对健康人群心脏、呼吸系统有影响	儿童、老年人及心脏病、呼吸系统疾病患者避免长时间、高强度的户外锻炼,一般人群适量减少户外运动
201~300	五级	重度污染	紫色	心脏病和肺病患者症状显著加剧,运动耐受力降低,健康人群普遍出现症状	儿童、老年人和心脏病、肺病患者应停留在室内,停止户外运动,一般人群减少户外运动
>300	六级	严重污染	褐红色	健康人群运动耐受力降低,有明显强烈症状,提前出现某些疾病	儿童、老年人和病人应当留在室内,避免体力消耗,一般人群应避免户外活动

四、提高危险化学品的本质安全

我国石化和化学工业主要大宗原料和产品80％以上属于危险化学品,安全生产形势十分严峻。本质安全是指化学品企业遇到不可抗力、设备故障或不安全操作时仍能够保证不发生事故或把危害降到最低。本质安全是随着科技进步、事故教训及安全要求的提高,而逐步完善、提高的。

为实现化学品的本质安全,要从三个方面加强工作力度,一是完善制度建设,贯彻落实《危险化学品安全管理条例》,加快实施全球化学品统一分类和标签制度（GHS）,建立化学品危险信息数据库,完善化学品法规和标准体系,规范化工园区管理,制定化工园区准入条件,做好化学品生产的行业规划与布局,合理制定安全容量和环境安全防护距离;二是加强企业安全管理,督促企业完善安全管理制度,开展危险工艺改造,采用规范设计、安全工艺和装备,改进作业场所安全设施、警示标志,加强员工安全培训等;三是加强化学品流通监管，严格控制化学品违规流入食品加工环节。

认识化工节能减排技术

知识目标

了解节能减排的内容；了解石油化工行业能源消耗、节能减排的形势与存在的问题、当前节能减排的工作重点；了解节能的三个途径；了解节能减排的主要目标；掌握二氧化碳排放量的计算；了解节能减排的意义。

技能目标

能进行节能途径的分析；能掌握二氧化碳排放量的计算。

一、节能减排的内容

节能减排工作需要落实到具体的内容上去，而节能减排的内容真是包罗万象。从节能减排的领域来看，节能减排的内容包括工业节能减排、交通节能减排、建筑节能减排、农业节能减排及日常生活节能减排，而每一个领域又可以细分为多个领域。如工业节能减排可分为燃料工业节能减排、冶金工业节能减排、机械制造业节能减排、石油化工业节能减排及其他工业领域的节能减排；从节约能源减少排放的形式来看，节能包括节煤、节油、节气、节电，而减排主要是减少对环境有污染的排放物；从广义节能减排的角度来看，节能减排的内容几乎包含所有的物质，因为几乎没有一种物质的获得不需要消耗能量，只要消耗了能量，那么节约这种物质，就等于节约了能量，如节约用水、节约粮食、重复利用资源等，也就减少了排放。

从节能的方法措施领域来看，节能的内容包括管理节能、技术节能、结构节能。从能源转换过程来看，节能的内容包括能源开采过程节能、能源加工、转换和储运过程节能及能源终端利用过程节能。

煤炭消耗过程中，将产生大量的"三废"，节能减排的任务还任重而道远。2015年世界主要产煤国煤炭产量如下。

中国：全国煤炭产量36.8亿吨，同比下降3.5%；进口煤炭2亿吨，下降29.9%。

美国：煤炭产量大约为8.16亿吨，同比下降10%，这是过去近30年以来的最低水平。

印度：煤炭公司（CIL）的煤炭产量达5.5亿吨，创历史新高。

澳大利亚：动力煤产量2.49亿吨，同比增长0.65%，出口2.02亿吨，同比增长0.5%。

印尼：煤炭产量3.92亿吨，比上年下降14.4%，煤炭出口2.95亿吨，比上年下降22.9%，印尼国内煤炭消费8743万吨，增长14.8%。

俄罗斯：煤炭产量37167.5万吨，同比增加1445.7万吨，增长4.05%；出口煤炭15141.6万吨，同比减少46.4万吨，下降0.3%。

2009年12月在丹麦首都哥本哈根联合国气候变化大会上，中国承诺到2020年单位国内生产总值二氧化碳排放比 2005 年下降 40%～45%；美国承诺 2020 年温室气体排放量在 2005 年的基础上减少 17%；印度将在 2020 年前将其单位国内生产总值（GDP）二氧化碳排放量在 2005 年的基础上削减 20%～25%；2020 年将日本的温室气体排放量减少到 1990 年时 25% 的水平；欧盟早在 2007 年 3 月就承诺，到 2020 年将其温室气体排放量在 1990 年的基础上至少减少 20%，并且愿意和其他主要排放国一道将减排目标提高到 30%；非洲国家拒绝讨论碳排放交易。

2015 年 11 月 30 日在气候变化巴黎大会开幕式上，中国在"国家自主贡献"中提出将于 2030 年左右使二氧化碳排放达到峰值并争取尽早实现，2030 年单位国内生产总值二氧化碳排放比 2005 年下降 60%～65%，非化石能源占一次能源消费比重达到 20% 左右，森林蓄积量比 2005 年增加 45 亿 m^3 左右。

总之，在任何地方、任何时间、任何事件上，只要注意到节能减排这个问题，总可以找到需要节能减排的方面，正是时时、处处、事事都有节能减排。

二、石油和化工行业的节能减排

近年来，为缓解我国能源供需矛盾、保持经济平稳较快发展、推动经济结构调整和产业技术进步、改善环境质量，我国政府综合运用法律、经济、技术和必要的行政手段，出台了一系列推动节能减排的政策措施。在各项政策的鞭策下，我国节能减排工作取得了良好成效。"十二五"前三年我国累计节能约 3.5 亿吨标准煤，相当于减少二氧化碳排放 8.4 亿吨。2013 年全国化学需氧量、二氧化硫、氨氮、氮氧化物排放总量与 2010 年相比分别下降 7.8%、9.9%、7.1%、2.0%。

石化企业开展节能减排工作是非常重要的。有效节约能源，符合我国环保和节能的要求，有利于推进石化企业的可持续发展。制定有效的节能活动，可以进一步促进环境友好型社会的建设，推动节能型社会的形成。由于国家加大了碳税和资源税，为了降低生产成本，获得更多的利润，必须做好节能减排工作，不断优化石油生产过程，从而提高经济效益。

1. 石油和化工行业能源消耗

石油和化学工业是我国国民经济的支柱产业，是重要的能源、原材料工业，同时又是能源消费大户。它与国民经济发展、国防建设和人民生活水平的提高关系极为密切。

根据国内外经济发展趋势以及向石油和化学工业强国跨越的总体要求，行业"十三五"发展目标如下。

① 经济总量平稳增长。全行业主营业务收入年均增长 7% 左右，到 2020 年达到 18.7 万亿元。

② 结构调整取得重大进展。传统产业产能过剩矛盾有效缓解，化工新材料等战略性新兴产业占比明显提高，产品精细化率较大提升，行业发展的质量和效益明显增强。

③ 创新能力显著增强。科研投入占全行业主营业务收入的比例达到 1.2%。产学研协同创新体系日益完善，重点突破一批重大关键共性技术和重大成套装备，抢占一批科技创新制高点，建成一批国家级研发平台，形成转型升级的新动力和新优势。

④ 绿色发展方式初步形成。到 2020 年，万元增加值能源消耗、CO_2 排放量和用水量均比"十二五"末降低 10%，重点产品单位综合能耗显著下降。化学需氧量（COD）、氨氮、二氧化硫、氮氧化物等主要污染物排放总量分别减少 6%、6%、8%、8%，重点行业排污强度下降 30% 以上，重点行业挥发性有机物排放量削减 30% 以上，重大安全生产事故得到有效遏制。

⑤ 品牌质量稳步提升。先进质量管理技术和方法进一步普及，企业品牌管理体系普遍建立。行业标准化管理体制改革深入推进，"团体标准"试点顺利实施，行业标准体系进一

步完善。

⑥ 企业竞争力明显提高。企业体制机制更加完善，发展活力显著增强，管理水平和盈利能力明显提升。

2. 石油和化工行业面临的三大挑战

在新常态下当前外部环境发生了重大的变化，给中国的石油化工行业也带来了许多大的挑战。

一是经济发展新常态带来的挑战。当前世界经济仍处于深度调整期，低增长、低通胀、低需求以及高失业、高债务、高泡沫等风险交织，主要经济体的走势继续分化，经济增长不确定性依然突出，中国经济进入了新常态，从高速增长转为中高速增长，经济结构不断优化升级，经济的增长从要素驱动、投资驱动转向创新驱动。经济增速结构与驱动力的变化，对石化产业的影响是根本性的，导致了产业需求增速逐步放缓，中国成品油的消费量已经连续四年放缓，乙烯当量消费已经连续四年保持在5%左右的较低水平。

二是低油价带来的挑战。2014年下半年以来国际石油价格出现了断崖式的下跌，目前仍在低位徘徊，很有可能将持续较长的一段时间。国际石油价格的持续走低，不仅大幅压缩了石化产品的毛利空间，而且使资源国加快了由原油生产向成品油出口的转变，这将进一步加剧中国石油化工产品的市场竞争。

三是环保法规日益严格的挑战。中国政府高度重视生态文明建设，修订出台了更加严格的环境保护法规，实施了"大气十条"、"水十条"等环境保护行动计划，可以预见在今后中国政府对环保的标准和要求将越来越严格，这些都和石化产业密切相关，必将对产业的发展带来较大的影响和挑战。面对上述的新形势、新挑战，中国石油化工产业必须把握和适应新常态的趋势和特征，坚持变中求新、变中求进、变中突破，跳出传统的思维和路径依赖，使产业发展走上绿色和创新双向驱动可持续发展之路。

以绿色发展来塑造可持续的未来，绿色低碳发展既是顺应潮流也是打造核心竞争力的内在要求，中国石油化工产业要在新常态下占得先机、赢得优势，必须牢固树立责任关怀的理念，严守资源消耗上限、环境质量低线，加快转变发展方式，大力推进绿色低碳发展，努力塑造低耗高效清洁环保的产业形象。

3. 石油和化工行业存在的问题

(1) 高耗能、高污染产品产能增长过快，抑制的难度很大

① 氮肥、纯碱、烧碱、电石、黄磷等行业的投资增长每年都以30%左右的速度递增。

② 中西部能源和资源比较丰富的地区，规划建设大型煤化工、氯碱、电石、PVC、合成氨的项目很多，加剧了能源、资源和环境的压力，也将会导致部分行业产能过剩。

(2) 节能减排的基础工作严重滞后

① 行业的能耗统计办法很不健全。

② 高耗能产品的节能设计规范和能效标准的制订、修订工作也明显滞后或存在严重欠缺。

③ 节能减排的统计和管理队伍十分薄弱，许多企业没有专职的能源和环保管理人员。

(3) 节能减排技术的开发、推广力度不够

① 推进节能减排需要技术支撑，但目前缺乏经济合理、可靠的最佳环保技术。

② 用于节能减排的技术开发投入不足。

③ 对具有成套节能减排成熟技术的行业，在技术推广、专项支持方面，也显得力度不够。

4. 当前节能减排的工作重点

(1) 要大力促进产业和产品结构的调整

① 通过关停并转、结构调整、技术改造、企业整合和产品延伸，坚决把高能耗、高污染产业和产品的比重降下来，把技术含量高、资源消耗少、经济效益好的化工新材料、精细化学品等新型产业搞上去。

② 要促进氮肥、氯碱、纯碱、电石、黄磷等高耗能行业和农药、染料、铬盐等高污染行业的结构调整、技术改造、企业整合与产品延伸。

③ 协助政府抓好重点污染企业的污染减排工作，做好长江、淮河等重点流域行业的污染防治。

(2) 要建立和完善节能减排统计、标准、监管体系和对标管理

① 做好已完成的"烧碱、合成氨、电石、黄磷"四个能耗标准和清洁生产标准的宣传与贯彻工作。

② 组织好"轮胎、炭黑、纯碱、甲醇"四个产品能耗标准的制定工作。

③ 组织好"余热资源量测试和计算方法"等五个能源综合利用标准的制定。

④ 要组织好行业节能减排对标管理。组织重点耗能行业开展能效水平对标活动，制定对标指标体系和统计口径，确定标杆值选取和企业上报基本数据的原则。为企业开展对标活动提供指导和信息服务。开展节能标识认定活动。

(3) 要加大实用节能减排技术的推广应用

① 重点推广原油加工和乙烯生产中的能源系统优化技术。

② 氯碱行业的干法乙炔技术。

③ 大型密闭式电石炉、中空电极和炉气综合利用技术。

④ 黄磷行业的电除尘技术和尾气综合利用技术。

⑤ 铬盐行业铬渣无钙焙烧技术。

⑥ 氮肥行业生产污水零排放和综合改造技术。

⑦ 磷肥行业磷石膏生产 β-磷石膏板的技术。

⑧ 硫酸行业中、低温位热能回收技术。

(4) 要积极推进责任关怀

① 抓好基础工作，包括进一步完善责任关怀准则和行动指南，研究制定企业开展责任关怀的指标体系和评估方法等。

② 抓好在部分承诺企业中开展责任关怀试点工作。

③ 开展培训，普及责任关怀理念和基本要求，让更多的企业了解和接受责任关怀。

④ 宣传中国石油和化工行业、大型企业集团履行社会责任的业绩。

(5) 要大力宣传，全面推行清洁生产

① 认真总结硫酸、磷肥、氯碱、纯碱、农药、橡胶等行业推进循环经济工作的成功经验，并将这些经验推广到全行业。

② 认真组织编制好行业循环经济规划，以争取国家支持。

③ 为企业尤其是民营企业实施循环经济提供咨询服务，指导编制循环经济实施方案。

④ 组织开展第二批循环经济支撑技术的筛选、发布，为企业发展循环经济提供技术支撑。

⑤ 支持和促进各地化工园区发展循环经济，延伸产品产业链，提高污染治理和资源利用水平。

三、节能途径

石油和化学工业"十二五"节能减排目标,包括水耗、能耗、二氧化硫及主要污染物减排的总体目标,炼油、乙烯、合成氨的降耗指标等。

节约能源、提高能源利用效率是解决环境问题、增强经济竞争力和确保能源安全的关键因素,是实施可持续发展战略的优先选择。要降低石油和化工的能耗水平,主要包括三个方面,即结构节能、管理节能、技术节能。

1. 结构节能

能源利用率与世界先进水平相比,我国只有约33%,而世界先进水平高10个百分点;我国在单位产品能耗等方面仍存在较大差距,如合成氨的综合能耗是世界先进水平的2.0倍,中小型合成氨企业更是世界先进水平的2.5倍或更高。目前,我国产值能耗是世界平均水平的2倍左右,主要产品能耗比世界先进水平高出40%左右。

所谓结构节能就是调整产业规模结构、产业配置结构、产品结构等进行节能工作。它涉及的范围较广,但带来的节能效果也非常显著。如我国许多产业的规模结构不合理,生产规模偏小,需要在逐步淘汰小规模企业的前提下,建立符合能源最佳利用生产规模的企业。

我国的单位产值能耗之所以很高,除技术水平和管理水平落后外,结构不合理也是重要的原因。经济结构包括产业结构、产品结构、企业结构、地区结构等。

(1) 产业结构　不同行业、不同产品对能源的依赖程度是不同的,有些耗能高,有些耗能低。在经济发展中,若增加耗能低的工业企业(如仪表、电子等)的比重,降低耗能高的工业(如黄磷、隔膜法烧碱、化肥、电石等)的比重,全国的产业结构就会朝节能的方向发展。

(2) 产品结构　随着产业结构向节能型方向发展,产品结构也应努力向高附加值、低能耗的方向发展。在化学工业中,重点发展耗能少、附加值高的精细化工产品,使精细化率由目前的35%增加至60%以上,达到目前世界发达国家精细化率的水平。石油化工、精细化工、生物化工、医药工业及化工新型材料等能耗低附加值高的行业适宜大力发展。

(3) 企业结构　调整生产规模结构是节能降耗的重要途径。与大型企业相比,中、小企业一般能耗较高,经济效益较差。所以应适当调整企业经济规模,关停竞争力差、污染大的小企业。

(4) 地区结构　地区结构的调整主要是指资源的优化配置,调整部分耗能型工业的地区结构。如由于历史的原因,我国钢铁工业布局不够合理,全国75家重点钢铁企业中,20多家建在省会以上城市,不少钢铁企业建在人口密集地区、严重缺水地区以及风景名胜区,对人居环境造成很大影响。在石油和化学工业,乙烯生产基地应靠近油田或大型炼油,东部地区集中了我国主要油田,又有地处沿海便于进口石油的条件,适宜发展石油化工;我国中部地区煤炭资源丰富,适宜大力发展煤化工。

2. 管理节能

企业一定要科学管理、规范管理。制定预案,并且做到员工皆知;高度重视安全,严格按规程操作、科学操作,杜绝安全事故,确保安全生产;一旦发生事故,处理人员和救援人员都能按预案的规定和程序操作,减少损失,实现节能减排。

管理节能就是通过能源的管理工作,减少各种浪费现象,杜绝不必要的能源转换和输送,在能源管理调配环节进行节能工作。管理的目的是有效实现目标。

(1) 建立健全能源管理机构　为了落实节能工作,必须有相对稳定的节能管理队伍去管理和监督能源的合理使用,制定节能计划,实施节能措施,并进行节能技术培训。国家发改委等五部门于2006年4月公布的《千家企业节能行动实施方案》明确提出：各企业（指年耗能18万吨标准煤及以上的重点用能单位）要成立由企业主要负责人挂帅的节能工作领导小组，建立和完善节能管理机构，设立能源管理岗位，明确节能工作岗位的任务和责任，为企业节能工作提供组织保障。

（2）建立企业的能源管理制度　对各种设备及工艺流程，要制定操作规程；对各类产品，制定能耗定额；对节约能源和浪费能源，有相应的奖惩制度等。

（3）合理组织生产　应当根据原料、能源、生产任务的实际情况，确定开多少设备，以确保设备的合理负荷率；合理利用各种不同品位、质量的能源，根据生产工艺对能源的要求分配使用能源；协调各工序之间的生产能力及供能和用能环节等。

（4）加强计量管理　积极推动能量平衡、能源审计、能源定额管理、能量经济核算和计划预测等一系列科学管理工作，企业必须完善计量手段，建立健全仪表维护检修制度，强化节能监督。

科学管理、严格操作规程和操作程序，在生产过程中减少生产事故的发生，杜绝"显性"与"隐性"的跑冒滴漏，只要通过加强节能管理工作便会收到立竿见影的显著效果。

3. 技术节能

所谓技术节能就是在生产中或能源设备使用过程中用各种技术手段进行节能工作。通过技术手段实现节能是石油和化学工业节能的最重要方面，一些节能技术的实施还可以同时实现提高产品质量和产量，综合效益明显。石油和化学工业的节能技术主要包括以下四个方面。

（1）工艺节能　石油和化工生产行业甚多，产品生产的品种多，生产过程又相当复杂，因此，生产工艺节能的范围很广，方法繁多。生产工艺节能主要是反应器和生产工艺过程的节能。如合成氨采用变压吸附脱碳技术，能耗低、运行成本低。

（2）化工单元操作设备节能　化工单元操作设备多，一般涉及流体输送设备、热设备（锅炉、加热炉、换热器、冷却器等）、蒸发设备、塔设备（精馏、吸收、萃取、结晶等）、干燥设备等，每一类设备都有其特有的节能方式，在后面的章节中具体介绍。

（3）化工过程系统节能　化工过程系统节能是指从系统合理用能的角度，对生产过程中与能量的转换、回收、利用等有关的整个系统所进行的节能工作。如合成氨吹风气回收技术，一般约8个月就能收回投资。

（4）控制节能　控制节能一般对整个工艺影响不大，它不改变整个工艺过程，只改变某一个变量的控制方案。节能需要操作控制，通过仪表加强计量工作，做好生产现场的能量衡算和用能分析，为节能提供基本条件。特别是节能改造之后，回收利用了各种余热，物流与物流、设备与设备等之间的相互联系和相互影响加强了，使得生产操作的弹性缩小，更要求采用控制系统进行操作。

控制节能投资小、潜力大、效果好，目前已引起很多企业的重视，但仍有很大发展空间，尤其是在节能领域。

四、二氧化碳排放量的计算

我国是以火力发电为主的国家，火力发电厂是利用燃烧燃料（煤、石油及其制品、天然气等）所得到的热能发电的。节约化石能源和使用可再生能源，是减少CO_2排放的两个关键。那么，如何计算CO_2减排量的多少呢？以发电厂为例，节约1度电或1kg煤到底减排了多少"CO_2"？

根据专家统计：每节约1度（kW·h）电，就相应节约了0.4kgce，同时减少污染排放

0.272kg 碳粉尘、0.997kg CO_2、0.03kg SO_2、0.015kg 氮氧化物。

为此可推算出以下公式：

$$节约1kW·h电 = 减排0.997kg\ CO_2$$
$$节约1kgce = 减排2.493kg\ CO_2$$

（说明：以上电的折标煤按等价值，即系数为 1 度电＝0.4kgce，而 1kg 原煤＝0.7143kgce）

在日常生活中，每个人也能以自身的行为方式，为节能减排出一份力。以下是"碳足迹"的基本计算公式：

$$家居用电的CO_2排放量(kg) = 耗电度数 \times 0.785$$
$$开车的CO_2排放量(kg) = 油耗公升数 \times 0.785$$
$$短途飞机旅行(200公里以内)的CO_2排放量(kg) = 公里数 \times 0.275$$
$$中途飞机旅行(200\sim1000公里)的CO_2排放量(kg) = 55 + 0.105 \times (公里数 - 200)$$
$$长途飞机旅行(1000公里以上)的CO_2排放量(kg) = 公里数 \times 0.139$$

生活中，我们一方面要鼓励采取低碳的生活方式，减少碳排放；另一方面要通过一定的"碳中和"措施来达到平衡。种树就是"碳中和"的一种方式，需种植的树木数（棵）等于 CO_2 排放量（kg）除以 18.3。

低碳（low carbon），意指较低（更低）的温室气体（CO_2 为主）排放。节水、节电、节油、节气，这是我们倡导的低碳生活方式，改变过去以增加能源消耗和温室气体排放为代价的"面子消费"。低碳生活代表着更健康、更自然、更安全，返璞归真地去进行人与自然的活动。

五、节能减排的主要目标

《中华人民共和国国民经济和社会发展第十三个五年规划纲要》提出了"十三五"期间万元 GDP 用水量下降 23%，单位 GDP 能源消耗降低 15%，非化石能源占一次能源消费比重由 12%增加至 15%（增长 3.0%），单位 GDP 二氧化碳排放降低 18%；森林覆盖率由 21.66%增加至 23.04%（增长 1.38%），森林蓄积量增加 14 亿 m^3；地级及以上城市空气质量优良天数比率由 76.7%增加至大于 80%，主要污染物排放总量减少，化学需氧量、氨氮排放减少 10%，二氧化硫、氮氧化物排放减少 15%。

根据我国政府向国际社会做出的到 2020 年单位 GDP 能耗降低 40%～45% 的承诺，石油和化工行业必须在保持快速发展的同时，年均工业增加值能耗递减 4.07%、化学需氧量（COD）下降 8%、氨氮（NH_3-N）排放量下降 15%、工艺过程的二氧化硫（SO_2）排放量下降 5%。"十三五"期间，石化行业将以提高能源利用率、建设节能型产业和企业为目标，以调结构、转方式、推进节能技术进步为根本，有效推进节能工作的深入开展。

六、节能减排的意义

节能减排就是节约能源，降低能源消耗，减少污染物排放。节能减排是当今世界公认的紧要目标，在环境、政治、经济、外交等方面都有着重要作用。特别是在我国，随着政治经济文化的飞速发展，节能减排的任务变得日益严峻和迫切。

30 年来，我国工业化的迅猛发展以及人们生活条件的不断改善，随之带来的是对我国环境造成沉重的负担，甚至对全球环境造成不小的影响。要把节能减排作为调整经济结构、转变增长方式的突破口和重要抓手,作为宏观调控的重要目标,动员全社会力量,扎实做好节能降耗和污染减排工作,确保实现节能减排约束性指标,推动经济社会又好又快发展。

人类目前正在大规模使用的石油、天然气、煤炭等资源属于化石能源,是不可再生的能源。就目前已探明的储量而言,势必有枯竭之日。据《BP 世界能源统计(2006版)》资料介绍,以目前探明储量计算,全世界石油还可以开采 40.6 年,天然气还可以开采 65.1 年,煤炭还可以开采 155 年。即使以最乐观的态度,再过 200 年,地球上可开采的矿石资源也将消耗殆尽,到时人类如何面对,将是一个关乎全人类生存的严峻问题。

像水能、风能、太阳能、生物质能等能源,是属于可再生能源,主要是自然界中一些周而复始的自然现象而获取的能源,但获取这些能源有些需要较大的初始投资,有些则存在供给不稳定及能密度不高的缺点。综上所述,人类如果无节制地滥用能源,不仅有限的不可再生能源将加速消耗,即使是可再生能源也无法满足人类对能源需求的日益增加,将给人类带来毁灭性灾难。

节能减排是一项长期的工作,其意义在于以下几方面。

① 随着国民经济的发展和人民生活水平的提高,对能源的需求量越来越大,而容易被利用的能源资源有限,加上能源的开发需要大量的资金和较长的周期,因此,搞好节能减排工作,节约资源、降低排放,是保持人类社会可持续发展的重要措施。

② 在化学工业中,煤、石油和天然气既是能源,又是宝贵的原料,大致用作原料的约占能源消费总量的 40%,因此,节省了能源,也就是节省了宝贵的化工原料,同样也减少了排放。

③ 节能减排可以促进生产,在同样数量能源的条件下,生产更多的产品。

④ 节能减排可以降低成本,特别在化工企业中能源费用在成本中占的比例较高,节能可以明显降低成本,增加利润。

⑤ 节能减排能促进管理的改善和科学技术的进步,节能减排就是一个生产现代化的过程,对管理和技术工艺,都提出了更高的要求,因此,通过节能减排,有利于改变企业落后的面貌。

⑥ 节能减排有利于环保。对于企业实施节能减排,不仅可以降低企业的能耗成本,提高企业的经济效益,而且有助于缓解政府对能源的供应和建设的压力,减少废气污染,保护环境。

我国是一个能源比较丰富的国家,能源生产总量居世界第二位,仅次于美国,如果单纯从总量上来说确实如此。如我们的煤炭储量、水利资源等确实位居世界前列,但考虑到庞大的人口基数,我国的人均能源储量远远低于世界平均水平。我国整体的能源利用率与发达国家相比还有相当的差距。面对人均能源储量偏低且单位产值能源消耗偏高的现实,节约能源不仅是一项十分迫切的任务,而且是一项大有作为的事业。目前,我国的能源整体利用率约为 30%,节能的潜力非常巨大。

然而,现实情况是十分残酷的,要提高我国整体能源的利用率,达到或接近国际先进水平,仍需要付出艰巨的努力。国际因能源问题引发的各种冲突日益增多,能源问题已不再仅仅是一个国家的经济问题,它已是涉及国家安全的战略问题。目前我国正处在一个高速发展的时期,人均的能源消耗量不断增加,如果不节能减排,不采取相应措施,必将出现能源短缺、环境污染严重的局面。因此,节能减排、提高能源利用率,不仅仅是经济问题,还是涉及国家战略安全的大问题。

节能减排、提高能源利用率,可在相同 GDP 的情况下,降低能源消耗的总量,减少 CO_2、SO_2、COD 等的排放量,对保护地球环境、建立和谐社会也具有积极的社会意义。综上所述,节能减排工作是解决能源供需矛盾的重要途径,是从源头治理环境污染的有力措施,也是经济可持续发展的重要保证。

> **知识窗**

京都议定书

为了人类免受气候变暖的威胁，1997年12月，《联合国气候变化框架公约》第3次缔约方大会在日本京都召开。149个国家和地区的代表通过了旨在限制发达国家温室气体排放量以抑制全球变暖的《京都议定书》，它规定从2008年到2012年期间，主要工业发达国家的温室气体排放量要在1990年的基础上平均减少5.2%，其中欧盟将6种温室气体的排放量削减8%，美国削减7.5%，日本削减6%。

《京都议定书》需要占1990年全球温室气体排放量55%以上的至少55个国家和地区批准之后，才能成为具有法律约束力的国际公约。中国于1998年5月签署并于2002年8月核准了该议定书。欧盟及其成员国于2002年5月31日正式批准了《京都议定书》。2004年11月5日，俄罗斯总统普京在《京都议定书》上签字，使其正式成为俄罗斯的法律文本。截至2005年8月13日，全球已有142个国家和地区签署该议定书，其中包括30个工业化国家，批准国家的人口数量占全世界总人口的80%。

截至2004年，主要工业发达国家的温室气体排放量在1990年的基础上平均减少了3.3%，但世界上最大的温室气体排放国美国的排放量比1990年上升了15.8%。2001年，美国总统布什刚开始第一任期就宣布美国退出《京都议定书》，理由是议定书对美国经济发展带来过重负担。

2007年3月，欧盟各成员国领导人一致同意，单方面承诺到2020年将欧盟温室气体排放量在1990年基础上至少减少20%。英国公布确定CO_2减排目标法案草案。

2012年之后如何进一步降低温室气体的排放，即所谓"后京都"问题是在内罗毕举行的《京都议定书》第2次缔约方会议上的主要议题。

《京都议定书》建立了旨在减排温室气体的三个灵活合作机制——国际排放贸易机制、联合履行机制和清洁发展机制。以清洁发展机制为例，它允许工业化国家的投资者从其在发展中国家实施的并有利于发展中国家可持续发展的减排项目中获取"经证明的减少排放量"。

2005年2月16日，《京都议定书》正式生效。这是人类历史上首次以法规的形式限制温室气体排放。为了促进各国完成温室气体减排目标，议定书允许采取以下四种减排方式：

① 两个发达国家之间可以进行排放额度买卖的"排放权交易"，即难以完成削减任务的国家，可以花钱从超额完成任务的国家买进超出的额度；

② 以"净排放量"计算温室气体排放量，即从本国实际排放量中扣除森林所吸收的CO_2的数量；

③ 可以采用绿色开发机制，促使发达国家和发展中国家共同减排温室气体；

④ 可以采用"集团方式"，即欧盟内部的许多国家可视为一个整体，采取有的国家削减、有的国家增加的方法，在总体上完成减排任务。

思考题

1. 什么是能源？
2. 能源如何进行分类？
3. 什么是低位热值与高位热值？
4. 什么是当量热值与等价热值？标准煤的等价热值、电的等价热值、标准油的当量热值分别是多少？
5. 某企业消耗5000t原煤，实测该原煤的低位热值为24500kJ/kg，求该原煤折合为标准煤是多少吨？

6. 什么是能源利用率？如何提高能源利用率？
7. 调查冰箱、空调、洗衣机等电器的一个品牌的能源标识图。
8. 简述化工节能的途径。
9. 什么是低碳经济？就我们的日常生活如何实现节能减排？
10. 简述化工节能减排的意义。

项目训练题

1. 日常生活办公节能常识。
2. 如何建设低碳社区或低碳校园？
3. 调查目前市场中的低碳产品。

单元二

化工节能基础

知识目标

　　掌握热力学第一定律和热力学第二定律的内涵；理解稳流体系的能量平衡方程的表达式；理解热力学性质图表的构成；理解能量的品质；理解理想功、损耗功的概念及计算方法；掌握卡诺定理、理解熵增原理；理解㶲的分析和能量平衡分析的方法。

能力目标

　　能运用热力学第一定律分析实际用能过程；针对具体的化工过程或设备，能运用能量平衡方程进行计算；能计算热力过程的焓变和熵变；能运用熵增原理分析用能过程的可行性；能计算典型过程的理想功和损耗功；能运用㶲的分析解决实际生产过程中的问题。

素质目标

　　培养逻辑思维与抽象思维能力；培养运算能力和化工模型的构建能力；树立用能分析的㶲分析观念；具备较强的节能减排意识，增强化工节能减排的社会责任感和历史使命感。

　　要搞好节能，就要了解造成能源损耗和损失的原因、能量损耗和损失的部分、科学用能的基本原则、节能的对策等。

　　能量是物质运动的量度，物质的运动存在不同的形态，因而能量也具有不同的形式。常见的能量形式有机械能、电能、磁能、光能、化学能、原子能等。处于宏观静止状态并且没有外力存在的物质，仍具有一定的能量，这种能量称为内能。内能是物质内部一切微观粒子所具有的能量的总和，它是物质的一个状态参数。当能量从一种形式转换为另一种形式时，在量和质两方面遵循不同的客观规律，这就是热力学第一和第二定律所阐述的内容。

　　热力学第一定律的实质就是能量与守恒转换定律，它阐明能量"量"的属性，它指出，各种不同形式的能量在传递转换过程中，能量在数值上是守恒的。但既然能量是守恒的，既不能被创造，也不能被消灭，又从何而来能源问题，又怎样节能呢？这就涉及能量"质"的属性。

　　根据热力学第一定律，能量在使用过程中数值上是守恒的，那么不同形式的能量是否都可以无条件地相互转换呢？答案是否定的。例如，功可以全部转换成热，但热却不能无条件地全部转换为功；热量能从高温物体传给低温物体，却不能自动地从低温物体传给高温物体。这些例子说明不同的能量有"品质"高低之分，热力学第二定律指出，能量在使用过程中虽然数值上是守恒的,但能量的品质却在不断地贬值和降低。节能的实质就在于防止和减少能量贬值现象的发生。

能量平衡方程的应用

> **知识目标**
>
> 掌握热力学第一定律的内涵;理解稳流体系的能量平衡方程的表达式。

> **技能目标**
>
> 能运用热力学第一定律分析实际用能过程;针对具体的化工过程或设备,能运用能量平衡方程进行计算。

一、热力学第一定律及其表达式

1. 热力学第一定律

能量守恒与转换定律是自然界的客观规律,自然界所有物质都具有能量,能量有各种不同的形式,它既不能被创造,也不能被消灭,只能从一种形式转换成另一种形式,在转化过程中数量保持不变。

热力学第一定律是能量守恒与转换定律在具有热现象的能量转换中的应用,它反映的是热能和其他形式能量在相互转换中的数量关系,即热能在与其他形式的能量转换过程中,能量的总和保持不变。

2. 热力学第一定律的表达式

对任何能量转换系统,可建立能量衡算式:

$$\text{系统储存能量的变化} = \text{输入体系的能量} - \text{输出体系的能量} \tag{2-1}$$

系统储存能量 E 包括系统的宏观动能 E_k、宏观位能 E_p 和系统内部的微观能量即内能 U。系统内能是热力状态参数,而宏观动能和位能取决于系统的力学状态,满足 $E_k = mu^2/2$,$E_p = mgZ$。

就热力学观点,功和热是转移中的能量,是不能储存在系统之内的。系统与外界之间由于温差而传递的能量为 Q;在除温差之外的其他推动力影响下,系统与外界间传递的能量称为功 W。因此,系统在过程前后的能量变化 ΔE 应与系统在该过程中传递的热量 Q 与功 W 之间的代数和相等。如果 E_2、E_1 分别代表体系的始态、终态的总能量,则

$$\Delta E = E_2 - E_1 = Q - W \tag{2-2}$$

此即为热力学第一定律的数学表达式,其中:

$$\Delta E = \Delta U + \frac{1}{2}m\Delta u^2 + mg\Delta Z \tag{2-3}$$

一般规定:体系吸热,Q 为正值,体系放热,Q 为负值;体系对外界做功,W 为正值,

外界对体系做功，W 为负值。

二、封闭体系的能量平衡方程

一个与外界没有物质交换的封闭体系，可以与外界有热和功的交换，其能量平衡关系为：

$$\Delta U + \frac{1}{2}m\Delta u^2 + mg\Delta Z = Q - W \tag{2-4}$$

对于静止的封闭体系，式(2-4)中动能项 $\frac{1}{2}m\Delta u^2 = 0$，再忽略位能变化，式(2-4)可简化为：

$$\Delta U = Q - W \tag{2-5}$$

若为微元过程，则可写为：

$$dU = \delta Q - \delta W \tag{2-6}$$

三、稳流体系的能量平衡方程

化工生产中，大多数的工艺流程都是流体流动通过各种设备和管线，即对于设备来讲，物流有进有出，因此，并不能视为封闭体系的模型加以处理。在设备正常运转时，往往可以用稳流过程来描述。其特点是：

① 体系中任一点的热力学性质都不随时间而变；
② 体系的质量和能量的流率都为常数，体系中无质量和能量的积累。

如图 2-1 所示的稳流过程，流体从截面 1—1 通过不同截面的输送管道，经换热器、透平机流出截面 2—2。在截面 1—1，单位质量流体流入管路，其状态如下：流体的压力为 p_1，温度为 T_1，单位质量流体的体积为 V_1，比容为 v_1，平均流速为 u_1，内能为 U_1，流体重心距离势能零点平面的高度为 Z_1，截面面积为 A_1。同样的，在截面 2—2 处，相应的参数为 p_2、T_2、V_2、v_2、u_2、U_2、Z_2、A_2。

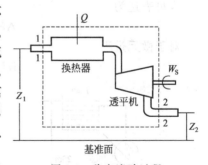

图 2-1　稳定流动过程

根据热力学第一定律的数学表达式：

$$\Delta\left(U + \frac{1}{2}mu^2 + mgZ\right) = Q - W \tag{2-7}$$

以单位质量流体为计算基准，把进截面 1—1、出截面 2—2 处输入、输出的能量表示出来，则有

$$\Delta U + \frac{1}{2}\Delta u^2 + g\Delta Z = Q - W \tag{2-8}$$

环境与单位质量的研究体系之间交换的热量为 Q；而交换的功 W 除了轴功（W_S）之外，还有另外一种功——流动功（W_f）。即

$$W = W_S + W_f \tag{2-9}$$

（1）轴功（W_S）　流体流动过程中，通过透平机械或其他动力设备的旋转轴，在体系和外界之间交换的功。

(2) 流动功（W_f） 在连续流动过程中，流体内部前后相互推动所交换的功。单位质量流体之所以能挤进截面1—1，是因为受到后面的流体的推动，因而接受了流动功，即输入了这部分的能量；同样，单位质量流体流出截面2—2，必须推动前面的流体，对其做流动功，即输出了这部分能量。

在截面1—1输入的流动功为：

$$W_{f1} = (p_1 A_1)\left(\frac{v_1}{A_1}\right) = p_1 v_1 \tag{2-10}$$

在截面2—2输出的流动功为：

$$W_{f2} = (p_2 A_2)\left(\frac{v_2}{A_2}\right) = p_2 v_2 \tag{2-11}$$

把式(2-9)～式(2-11)代入式(2-8)中，得

$$\Delta U + \frac{1}{2}\Delta u^2 + g\Delta Z = Q - W_S - (p_2 v_2 - p_1 v_1) \tag{2-12}$$

化简为：

$$\Delta U + \Delta(pv) + \frac{1}{2}\Delta u^2 + g\Delta Z = Q - W_S \tag{2-13}$$

根据焓的定义 $H = U + pV$，则上式为：

$$\Delta H + \frac{1}{2}\Delta u^2 + g\Delta Z = Q - W_S \tag{2-14}$$

式(2-14)就是稳流系统的能量平衡方程，也称稳流系统的热力学第一定律表达式，其中五项的单位都是基于单位质量的流体所具有的能量，分别为焓变、动能变化、位能变化、与外界交换的热和轴功。

也可表达为：

$$\Delta H + \Delta E_p + \Delta E_k = Q - W_S \tag{2-15}$$

对于微元过程

$$dH + u\,du + g\,dZ = \delta Q - \delta W_S \tag{2-16}$$

四、稳流体系能量平衡方程的实际应用

1. 可忽略动能项、位能项的设备

体系在设备进、出口之间的动能、位能变化与其他能量项相比，其值很小，可以忽略不计，如流体流经压缩机、透平机、泵等，此时式(2-14)可简化为：

$$\Delta H = Q - W_S \tag{2-17}$$

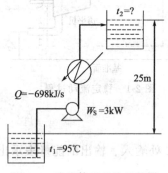

图2-2 稳流体系的物料输送

【例2-1】 今有95℃的热水连续地从一贮槽以5.5kg/s的流量泵送，泵的功率为3kW，热水在途中经一换热器，放出698kJ/s的热量，并输送到比第一贮槽高25m的第二贮槽中，试求第二贮槽中水的温度。已知水的平均恒压热容为4.184kJ/(kg·K)。

解 图2-2为稳流体系的物料输送示意。以水为体系，1s为计算基准。

因贮槽可看成水容量无限大，故二贮槽中水的流速均为零（或很小），故 ΔE_k 可忽略。

由稳流体系热力学第一定律得：

$$\Delta H = Q - W_S - mg\Delta Z = -698 + 3 - 5.5 \times 9.807 \times 25 \times 10^{-3} = -696.35 \text{ (kJ/s)}$$

$$\Delta H = m \bar{c}_p (t_2 - t_1)$$
$$t_2 = t_1 + \frac{\Delta H}{m \bar{c}_p} = 95 + \frac{-696.35}{5.5 \times 4.184} = 64.74 (\text{℃})$$

计算发现，本题中位能变化也可以忽略。

2. 对绝大多数化工静设备

当流体流经管道、阀门、换热器、吸收塔、精馏塔，流体经过时不做轴功，即 $W_S = 0$，而且进、出口动能和位能变化也可忽略不计，此时式(2-14)可简化为：

$$\Delta H = Q \text{ 或 } Q = H_2 - H_1 \tag{2-18}$$

此式表明：体系与外界交换的热量等于体系的焓变，此式为稳流体系热量衡算的基本表达式，其意义在于将一个难于计算的过程参数（Q）转化为容易计算的状态函数（ΔH）。

典型设备——换热器。

【例2-2】 30℃的空气，以5m/s的速率流过一垂直安装的热交换器，被加热至150℃，若换热器进出口管径相等，忽略空气流过换热器的压降，换热器高度为3m，空气的恒压平均热容为1.005kJ/(kg·K)，试求50kg空气从换热器中吸收的热量。

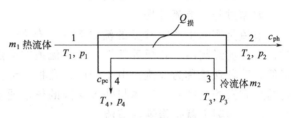

图 2-3 换热器示意图

解 换热器示意如图2-3所示。计算基准为1s，以被加热的空气为研究对象，由稳流系热力学第一定律得：

$$Q = \Delta H + \Delta E_p + \Delta E_k + W_S$$

其中 $\Delta H = m \bar{c}_p (t_2 - t_1) = 50 \times 1.005 \times (150 - 30) = 6030$ (kJ/s)

将空气视为理想气体，并忽略其压降，则由 $p_1 = p_2$，$m_1 = m_2$ 得：

$$\frac{p_1 V_1 m_1}{RT_1} = \frac{p_2 V_2 m_2}{RT_2} \Rightarrow V_1 = V_2 \frac{T_1}{T_2}, \text{ 而 } V = \pi r^2 u, \text{ 故：}$$

$$u_2 = u_1 T_2 / T_1 = 5 \times 423.15 / 303.15 = 6.98 \text{ (m/s)}$$

$$\Delta E_k = 0.5 m \Delta u^2 = 0.5 \times 50 \times [(6.98)^2 - (5)^2] \times 10^{-3} = 0.593 \text{ (kJ/s)}$$

$$\Delta E_p = mg\Delta Z = 50 \times 9.807 \times 3 \times 10^{-3} = 1.471 \text{ (kJ/s)}$$

$$W_S = 0$$

故空气从换热器中吸收的热量 Q 为：

$$Q = 6030 + 0.593 + 1.471 = 6032.06 \text{ (kJ/s)}$$

把动能与位能的变化值与焓变值比较有：

$$(\Delta E_k + \Delta E_p) / \Delta H = (0.593 + 1.471) / 6030 = 0.034\%$$

结果表明，空气流经换热器吸收的热量主要用于增加空气的焓值，其动能与位能的变化可以忽略不计。

【例2-3】 某液体物料在一换热器中恒压下从100℃加热到300℃，其 $c_p = 2.5$kJ/(kg·K)，加热用介质为高温烟气（可视为理想气体），流量为40kmol/h，恒压下从600℃降到400℃，其 $\bar{c}_p = 30$kJ/(kmol·K)，换热器的热损失为30000kJ/h。试求：(1) 液体的流量；(2) 该换热器的热效率。已知环境温度为300K。

解 以整个换热器为体系，以1h为计算基准。

(1) 液体的流量

由稳流体系热力学第一定律得：$\Delta H_{气} + \Delta H_{液} = Q_{损}$

$$n_{气}\bar{c}_{p气}\Delta T_{气}+m_{液}\bar{c}_{p液}\Delta T_{液}=Q_{损}$$

代入数据有：$40\times30\times(400-600)+m_{液}\times2.5\times(300-100)=-30000$

解得：$m_{液}=420.0$（kg/h）

(2) 该换热器的热效率

$$\eta=\Delta H_{液}/(-\Delta H_{气})=420.0\times2.5\times(300-100)/[40\times30\times(600-400)]$$
$$=2.1\times10^5/(2.4\times10^5)=87.5\%$$

3. 绝热、无功且可忽略 ΔE_p、ΔE_k 的静设备

当流体经过节流膨胀、绝热混合、绝热反应等过程，体系与环境既无热量交换，也无轴功交换，进出口动能变化、位能变化仍可忽略，此时式(2-14)可简化为：

$$\Delta H=0 \tag{2-19}$$

利用进、出设备流体的焓值相等，可计算体系的温度变化。

典型过程：节流过程。

节流是实际生产中常见的流动现象。例如，气体、蒸汽或其他液态物流在流道中流动时，常需流经阀门、孔板等部件，由于流道的突然减小所产生的局部阻力，致使流体的压力降低，这种现象称为节流。由于阀门、孔板等部件很小，流体通过时所需时间很短，在节流孔前后有限的长度中，流体与外界交换的热量通常很小，可忽略不计。因此，我们通常所讲的节流，实际上就是指绝热节流。

由于节流过程中，高压流体与外界的热交换可看出绝热 $Q=0$，该过程不对外做功，故 $W_S=0$，节流前后流体的位差与速度变化可忽略不计，$g\Delta Z=0$，$\Delta u=0$，故由稳定流动能量方程式可得节流过程能量平衡方程为 $\Delta H=0$，此式表明，流体节流后，其焓值不变。

流体进行节流膨胀时，由于压力变化而引起的温度变化称为节流效应，也称焦耳-汤姆逊（Joule-Thomson）效应。

对于理想气体，因其焓只是温度的单值函数，即 $H=f(T)$，而节流前后流体焓值不变，故 $T_2=T_1$，即理想气体节流后，其温度不变。对于实际气体，由于其焓值与其温度、压力有关，即 $H=f(T,p)$，节流后温度可能降低，也可能不变或升高。

实际气体的节流效应可通过实际气体 T-S 图上的等焓线进行解释，图2-4所示为空气的 T-S 示意图，图中曲线 1—2—3—4 为一等焓线，当空气在高压段节流，即由 p_1 降到 p_2 时，从图中可明显看出，此时 $T_2>T_1$，即节流升温，称节流热效应；当空气在中、低压段节流，即由 p_2 降到 p_3 时，则可得 $T_3<T_2$，即节流降温，称节流冷效应；当空气在低压段节流，即由 p_3 降到 p_4 时，则可得 $T_4=T_3$，即节流前后温度不变，称节流零效应。

节流过程是个典型的不可逆过程，节流后导致流体能量下降，即做功能力减小。在实际生产中，应尽可能避免在管路中安装不必要的阀门、孔板等有局部阻力的部件。然而，节流过程也有较广的实用价值，如利用节流的冷效应进行制冷，利用节流孔板前后的压差测量流体的流量，测量湿蒸汽的干度等。

【例2-4】 现有 1.5MPa 的湿蒸汽在量热计中被节流到 0.1MPa 和 403.15K，试求该湿蒸汽的干度。

解 利用节流来测量湿蒸汽干度的原理图，如图2-5所示。

方法1——通过 H-S 图处理

将已知状态参数 p_1 的湿蒸汽，假定其状态点为1，经节流降压后成为压力为 p_2 的过热蒸汽，状态点为2，测出该过热蒸汽的状态参数 p_2、t_2，由 p_2、t_2 查水的

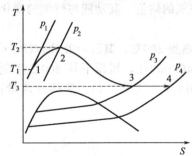

图2-4 实际气体节流效应

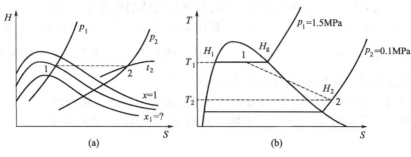

图 2-5 干度测量原理

H-S 图可得 H_2，根据 $H_1 = H_2$，由 H_1、p_1 即可确定湿蒸汽的状态点 1，从而查得该湿蒸汽的干度 x_1 之值。

方法 2——通过 T-S 图或水蒸气表处理

步骤 1 由 $p_1 = 1.5$ MPa 查水蒸气表可得对应饱和蒸汽与饱和水的焓为：
$$H_g = 2792.2 \text{kJ/kg} \quad H_1 = 844.89 \text{kJ/kg}$$

步骤 2 由 $p_2 = 0.1$ MPa、$t_2 = 130$℃，查水蒸气表可得：
$$H_2 = 2736.5 \text{kJ/kg}$$

步骤 3 由 $M = M_\alpha(1-x) + M_\beta x$ 得：
$$H_2 = H_1(1-x_1) + H_g x_1$$
$$x_1 = 0.9714$$

五、轴功及其计算

1. 稳流过程的可逆轴功

流体经过散热很小的压缩机、透平机、泵、鼓风机等设备，进出口动能、位能变化可忽略不计，式(2-14)可简化为：
$$\Delta H = -W_S \tag{2-20}$$

即此时体系与外界交换的轴功等于体系的焓变，由此可以求出轴功。

根据式(2-16)，有
$$dH + u\,du + g\,dZ = \delta Q - \delta W_S \tag{2-21}$$

其中 $dH = T\,dS + V\,dp$，代入上式
$$\delta W_S = \delta Q - (T\,dS + V\,dp + u\,du + g\,dZ)$$

对于可逆过程，$\delta Q = T\,dS$，进一步得到
$$\delta W_S = -V\,dp - u\,du - g\,dZ \tag{2-22}$$

式(2-22)即为稳流过程可逆轴功的计算公式，当运转设备的动能、位能变化可忽略时，式(2-22)变为：
$$\delta W_S = -V\,dp \tag{2-23}$$

或
$$W_{S(R)} = -\int_{p_1}^{p_2} V\,dp \tag{2-24}$$

2. 气体压缩功的计算

气体的压缩在化工生产中很常见，例如，石油的裂解分离、空气的液化分离、合成氨等都需要经过压缩，而用于气体的压缩方面的动力消耗占生产成本的很大比重。在各类压缩机

中，气体从低压到高压的状态变化是借助消耗外功对气体的压缩来实现的。

气体的压缩一般分为等温压缩、绝热可逆压缩和多变压缩。对于非流动过程，压缩所需外功可按照 $W=\int p\mathrm{d}V$ 进行计算。对于稳流体系，压缩所需轴功的计算可按照式(2-24)进行，但需要知道压缩过程 $V=f(p)$ 的关系式来代入积分。

在 p-V 图上，轴功量相当于压缩过程向纵轴投影而形成的一块面积。

(1) 理想气体等温可逆压缩功的计算　根据 $pV=nRT$，变换为 $V=nRT/p$，代入式(2-24)可得到：

$$W_{S(R)} = -\int_{p_1}^{p_2} \frac{nRT}{p} \mathrm{d}p = -nRT\ln\frac{p_2}{p_1} \tag{2-25}$$

(2) 理想气体可逆绝热压缩功的计算　理想气体可逆绝热压缩过程满足：

$$pV^k = 常数$$

或者为：

$$p_1 V_1^k = p_2 V_2^k$$

代入 $W_{S(R)} = -\int_{p_1}^{p_2} V\mathrm{d}p$，进行积分可得到：

$$W_{S(R)} = -\frac{k}{k-1} nRT_1 \left[\left(\frac{p_2}{p_1}\right)^{\frac{k-1}{k}} - 1\right] \tag{2-26}$$

(3) 理想气体可逆多变压缩功的计算　只需将绝热指数 k 换成多变指数 m 即可。

$$W_{S(R)} = -\frac{m}{m-1} nRT_1 \left[\left(\frac{p_2}{p_1}\right)^{\frac{m-1}{m}} - 1\right] \tag{2-27}$$

上述三种压缩过程可在 p-V 图上进行比较，如图 2-6 所示。

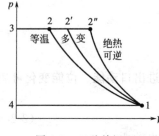

图 2-6　三种单级理论压缩的比较

【例 2-5】　现有 1kg 空气，压力为 0.1013MPa、温度为 25℃。如果将其压缩到 0.6MPa，求其可逆压缩、等温压缩、可逆绝热和多变压缩过程（$m=1.25$）压缩机的理论功耗、终点温度与压缩时气体放出的热量。

解　对于等温压缩过程，显然压缩终温为 298K，根据相应压缩功的计算公式为：

$$W_{S(R)} = -\int_{p_1}^{p_2} \frac{nRT}{p} \mathrm{d}p = -nRT\ln\frac{p_2}{p_1}$$

得到

$$W_{S(R)} = -nRT\ln\frac{p_2}{p_1} = -\frac{1}{0.029} \times 8.314 \times 298\ln\frac{0.6}{0.1013} = -151.97 \text{ (kJ/kg)}$$

对于绝热可逆压缩过程，压缩终温为：

由 $\dfrac{T_2}{T_1} = \left(\dfrac{p_2}{p_1}\right)^{\frac{k-1}{k}}$ 得到

$$T_2 = \left(\frac{p_2}{p_1}\right)^{\frac{k-1}{k}} T_1 = \left(\frac{0.6}{0.1013}\right)^{\frac{1.4-1}{1.4}} \times 298 = 495.38 \text{(K)}$$

将数据代入相应压缩功计算公式，有

$$W_{S(R)} = -198.06 \text{(kJ/kg)}$$

对于多变压缩过程，将数据代入相应压缩功计算公式，有

$$W_{S(R)} = -182.52 \text{(kJ/kg)}$$

终态温度为：

$$T_2 = \left(\frac{p_2}{p_1}\right)^{\frac{m-1}{m}} T_1 = \left(\frac{0.6}{0.1013}\right)^{\frac{1.25-1}{1.25}} \times 298 = 425.33 \text{ (K)}$$

通过计算可知，在压缩比一定的条件下，等温压缩功耗最小，终温最低；绝热可逆压缩功耗最大，终温最高；多变压缩过程介于二者之间。

(4) 理想气体可逆绝热多级压缩最小功的计算 若将气体压缩到很高压力，采用单级压缩是不行的。因为实际压缩接近于绝热压缩，压缩后气体的温升很高，会带来压缩机润滑油的失效，如超过其闪点会产生燃烧等危险；过高的温度会导致被压缩的气体分解或聚合，这是工艺不允许的。因此，一般采取多级压缩、中间冷却的有效方法。

多级压缩、中间冷却就是将气缸—冷却器—气缸……依次连接起来。具体过程就是先将气体压缩到某一个中间压力，然后通过一个中间冷却器，通入循环冷却水使其在等压下冷却，降低在压缩过程中气体的温度；这样依次进行逐级压缩和冷却，达到所需压力，而气体的温度又不至于升得过高。整个压缩过程趋近于等温压缩还可减少压缩功耗，如图2-7所示。

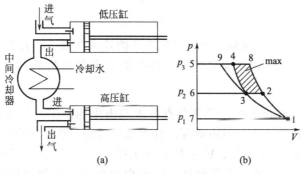

图2-7 两级活塞压缩机

对于一定的总压缩比，从理论上讲，分级越多，越接近于等温压缩线，功耗也就减少得越多，但级数越多，压缩装置的结构、运行、维修就越复杂，造价也就越高，同时要考虑流动阻力的增大。因此超过一定的限度，节省的功有限，但设备费和压降的猛增也是不经济的。

如何使多级理论压缩功最小成为数学求极值问题，即：

$$\left(\frac{\partial W_{S(R)}}{\partial p_2}\right)_{T, p_1, p_3} = 0 \tag{2-28}$$

此时各级压缩比相等，总的压缩功耗最小。

$$W_{S(R)} = -\frac{Nk}{k-1} nRT_1 \left[\left(\frac{p_{N+1}}{p_1}\right)^{\frac{k-1}{kN}} - 1\right] \tag{2-29}$$

式中 N——压缩级数。

总的来说，多级压缩的优点有以下几个。

① 降低压缩终温，防止终温过高导致输送物料的反应，甚至发生爆炸，防止润滑油结焦、设备因热胀冷缩而使材质无法承受等。一般压缩无机气体，如合成氨原料气时，终温不超过140℃，对应的压缩比为3；压缩有机混合气体时，如烃类裂解的气体时，压缩终温一般要求控制在90~100℃，对应的压缩比只有2左右。

② 节省压缩功耗；多级压缩后可使压缩过程向等温压缩靠拢；对往复式压缩过程，可以减小压缩过程余隙造成的影响。

③ 满足不同的工艺要求。

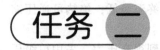

常见工质焓变和熵变的计算

知识目标

理解 ΔH、ΔS 计算公式的推导过程；理解热力学性质表的构成；理解 $T\text{-}S$ 图的构成。

技能目标

能运用 ΔH、ΔS 计算公式计算热力过程的焓变和熵变；能利用水蒸气表的热力学数据计算热力过程的焓变和熵变；能利用 $T\text{-}S$ 图分析热力过程，并进行有关计算。

纯物质的热力学性质指流体在平衡状态下表现出来的性质，具体包括流体的温度、压力、体积、焓、熵、热力学能、自由焓等，其中较常用的是状态变化后焓变和熵变的计算。即对于体系（工质）p_1、T_1、$V_1 \Rightarrow$ 体系（工质）p_2、T_2、V_2 变化过程中，需要计算 ΔU、ΔH、ΔS、ΔA、ΔG 等，工质包括：①纯理想气体、理想气体混合物；②纯真实气体、真实气体混合物；③液体、固体。这里主要讨论常见工质焓变和熵变的计算。

一、采用 ΔH、ΔS 计算公式计算焓变和熵变

根据状态函数的特性，状态函数的变化值只与始终态有关，与具体的变化过程无关。因此求解焓变和熵变时，在始、终态不变的前提下，可设计适当的过程进行求解。例如，可以设计先等压、后等温的过程进行求解，具体过程如图 2-8 所示。

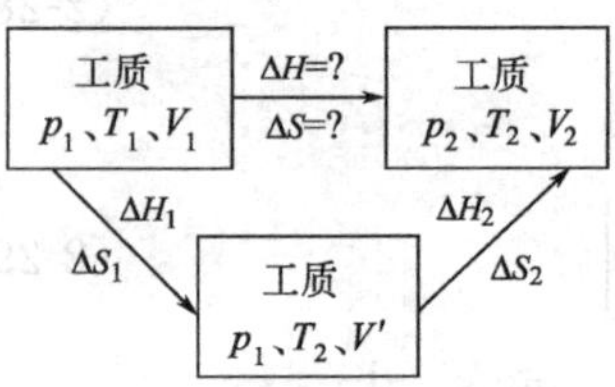

$$\Delta H = \Delta H_1 + \Delta H_2 = \int_{T_1}^{T_2} \left(\frac{\partial H}{\partial T}\right)_{p_1} dT + \int_{p_1}^{p_2} \left(\frac{\partial H}{\partial p}\right)_{T_2} dp \tag{2-30}$$

$$\Delta S = \Delta S_1 + \Delta S_2 = \int_{T_1}^{T_2} \left(\frac{\partial S}{\partial T}\right)_{p_1} dT + \int_{p_1}^{p_2} \left(\frac{\partial S}{\partial p}\right)_{T_2} dp \tag{2-31}$$

图 2-8 ΔH、ΔS 计算示意图

对于式(2-30)、式(2-31)，根据热力学基本知识，可知

$$\left(\frac{\partial H}{\partial T}\right)_p = c_p \quad \left(\frac{\partial S}{\partial T}\right)_p = \frac{c_p}{T} \quad \left(\frac{\partial S}{\partial p}\right)_T = -\left(\frac{\partial V}{\partial T}\right)_p \tag{2-32}$$

由于 $dH = TdS + Vdp$，等温下两边除以 dp，得到

$$\left(\frac{\partial H}{\partial p}\right)_T = T\left(\frac{\partial S}{\partial p}\right)_T + V, \quad \text{其中} \left(\frac{\partial S}{\partial p}\right)_T = -\left(\frac{\partial V}{\partial T}\right)_p \tag{2-33}$$

即
$$\left(\frac{\partial H}{\partial p}\right)_T = V - T\left(\frac{\partial V}{\partial T}\right)_p \tag{2-34}$$

综合得到：
$$\Delta H = \int_{T_1}^{T_2} c_p dT + \int_{p_1}^{p_2}\left[V - T\left(\frac{\partial V}{\partial T}\right)_p\right]dp \tag{2-35}$$

$$\Delta S = \int_{T_1}^{T_2} \frac{c_p}{T} dT - \int_{p_1}^{p_2}\left(\frac{\partial V}{\partial T}\right)_p dp \tag{2-36}$$

式（2-35）、式（2-36）即为计算 ΔH、ΔS 比较常用的公式。

(1) 当工质为液体（固体）时 由于液体体积膨胀系数为：
$$\beta = \frac{1}{V}\left(\frac{\partial V}{\partial T}\right)_p \tag{2-37}$$

变形为：
$$\left(\frac{\partial V}{\partial T}\right)_p = \beta V \tag{2-38}$$

将上式代入 ΔH、ΔS 的计算式，得到：
$$\Delta H = \int_{T_1}^{T_2} c_p dT + \int_{p_1}^{p_2} V(1 - \beta T) dp \approx \int_{T_1}^{T_2} c_p dT \tag{2-39}$$

$$\Delta S = \int_{T_1}^{T_2} \frac{c_p}{T} dT - \int_{p_1}^{p_2} \beta V dp \approx \int_{T_1}^{T_2} \frac{c_p}{T} dT \tag{2-40}$$

(2) 当工质为理想气体时 理想气体状态方程为 $pV = RT$，当 p 为常数时两边对 T 求导，得到：
$$\left(\frac{\partial V}{\partial T}\right)_p = \frac{R}{p} \tag{2-41}$$

可知：
$$V - T\left(\frac{\partial V}{\partial T}\right)_p = V - T \times \frac{R}{p} = 0$$

将上式代入 ΔH、ΔS 的计算式，故有：
$$\Delta H^* = \int_{T_1}^{T_2} c_p^* dT \tag{2-42}$$

$$\Delta S^* = \int_{T_1}^{T_2} \frac{c_p^*}{T} dT - R\ln\frac{p_2}{p_1} \tag{2-43}$$

(3) 工质为真实气体时 对于真实气体，需要查取一定压力下的真实气体的 c_p 数据，一般形式为 $c_p = f(T)$，再根据真实气体的状态方程，求出 $\left(\frac{\partial V}{\partial T}\right)_p$，代入式（2-35）和式（2-36）即可。

【例 2-6】 1mol 氨由 600K、0.1MPa 经一系列过程后变化至 600K、4MPa，试按下述两种情况计算过程的焓变和熵变？

(1) 设氨是理想气体。

(2) 氨气是真实气体，且服从 $pV = RT - ap/T + bp$ 的状态方程，式中 a、b 为常数，$a = 3.5 \times 10^{-4} \mathrm{m^3 \cdot K/mol}$，$b = 1.5 \times 10^{-5} \mathrm{m^3/mol}$。

解 (1) 设氨是理想气体

理想气体的焓只是温度的函数，$H^* = f(T)$。本题为等温过程，$T_2 = T_1$，即
$$\Delta H^* = 0$$

直接运用式（2-43）可得：$\Delta S^* = \int_{T_1}^{T_2} \frac{c_p^*}{T} dT - R\ln\frac{p_2}{p_1}$

代入相应数据有

$$\Delta S^* = \int_{T_1}^{T_2} \frac{c_p^*}{T} dT - R\ln\frac{p_2}{p_1} = -8.314\ln\frac{4}{0.1} = -30.669 [J/(mol \cdot K)]$$

(2) 氨气是真实气体

由于氨气作为真实气体时的状态方程已经给出,并且这个过程为等温过程,不需要有关恒压热容的数据进行计算,因此可直接利用式(2-35)、式(2-36)进行计算。

$$\Delta H = \int_{p_1}^{p_2} \left(\frac{\partial H}{\partial p}\right)_T dp = \int_{p_1}^{p_2} \left[V - T\left(\frac{\partial V}{\partial T}\right)_p\right]_T dp$$

$$\Delta S = \int_{p_1}^{p_2} \left(\frac{\partial S}{\partial p}\right)_T dp = \int_{p_1}^{p_2} \left[-\left(\frac{\partial V}{\partial T}\right)_p\right]_T dp$$

由状态方程 $pV = RT - ap/T + bp$ 得:$V = RT/p - a/T + b \Rightarrow (\partial V/\partial T)_p = R/p + a/T^2$

$$\Delta H = \int_{p_1}^{p_2} \left[V - \frac{RT}{p} - \frac{a}{T}\right]_T dp = \int_{p_1}^{p_2} \left(b - \frac{2a}{T}\right)_T dp = \left(b - \frac{2a}{T}\right)(p_2 - p_1)$$

$$= (1.5 \times 10^{-5} - 2 \times 3.5 \times 10^{-4}/600) \times (4 - 0.1) \times 10^6 = 53.95 \text{ (J/mol)}$$

$$\Delta S = -\int_{p_1}^{p_2} \left[\frac{R}{p} + \frac{a}{T^2}\right]_T dp = -R\ln\frac{p_2}{p_1} - \frac{a}{T^2}(p_2 - p_1)$$

$$= -8.314\ln\frac{4}{0.1} - \frac{3.5 \times 10^{-4}}{600^2} \times (4 - 0.1) \times 10^6 = -30.673 [J/(mol \cdot K)]$$

通常无法直接采用上述推导的 ΔH、ΔS 公式计算的真实气体的焓变和熵变,原因是:

① 任意压力下真实气体的 $c_p = f(T)$ 的数据很少,难于获得;

② 真实气体的状态方程通常是 V 的多项式,且是 V 的立方型,难于表达成 $V = f(T, p)$ 的显函数形式,即难于求出 $(\partial V/\partial T)_p$ 的简单明了的表达式,即使可通过 Euler 连锁式进行积分变量的转换,但由于第一个基础数据缺乏的原因,也难于进行直接计算。

对于真实气体的焓变和熵变,一般采用剩余性质法计算真实气体的 ΔH、ΔS,或者采用查取热力学性质图表获取有关数据来计算。

二、采用热力学图表法求解 ΔH、ΔS

对于实际工质如水蒸气的 ΔH、ΔS,可通过查取热力学性质图表来计算。另外,前面介绍的公式比较适合单相系统的 ΔH、ΔS 的计算,在工业生产中,常常会处理两相系统的热力学性质,涉及相变潜热计算,这往往要通过热力学图表来查取相关数据。下面简要介绍纯组分两相系统的热力学性质及一些常用的热力学图表。

1. 纯组分两相系统的热力学性质

若系统是汽液两相共存,且互成平衡,根据相律只有一个自由度,这一区域在 p-T 图中是介于三相点和临界点之间的汽化曲线。

纯组分系统的汽液平衡的两相混合物的性质,与各相的性质和各相的相对量有关。由于热力学能、焓、熵等都是容量性质,因此汽液混合物的相应值是两相数值之和。对于单位质量的两相混合物有:

$$U = U_\alpha(1-x) + U_\beta x \tag{2-44}$$

$$H = H_\alpha(1-x) + H_\beta x \qquad (2\text{-}45)$$
$$S = S_\alpha(1-x) + S_\beta x \qquad (2\text{-}46)$$

式中，x 为气相的质量分数或摩尔分数，通常称为干度；下标 α、β 分别表示互成平衡的两相液相、气相。

以上方程式可概括用一个式子表示，即对于某一汽液平衡混合物的热力学容量性质 M（$M = V$、U、H、S、A、G），满足

$$M = M_\alpha(1-x) + M_\beta x \qquad (2\text{-}47)$$

需要计算两相混合物的性质时，由于热力学性质表中只给出了饱和相的值，此时就可以用式(2-47)来计算。

2. 典型的热力学性质表（以水蒸气表为例）

物质的热力学性质可以用三种形式表示：方程、表格、图形。每一种方法都有其优点和缺点。方程式可以用数学方法进行微积分运算，其计算结果较图解法精确，但很费时间，而且许多状态方程不够精确。表格能给出确定点的精确值，但要使用内插法。图示法较为简单直观，某种过程的热力学性质变化状况可以立即观察到它的温度和压力的变化，其主要缺点是精确度不高。

水蒸气表也许是目前收集得最广泛、最完善的一种物质的热力学性质表。目前使用的水蒸气表分为三类：以温度为序和以压力为序的饱和水及饱和蒸汽表；过热水蒸气表；未饱和水（过冷水）性质表。水蒸气表取三相点的液态水为基准点，此时 $U = 0$、$S = 0$。

水蒸气表的主要作用有以下两种。

（1）**查数据**　表中的热力学值一般要采用线性内插法得到，但比热力学图更准确。

【**例 2-7**】　查 107.5℃时饱和水的蒸汽压 $p^s = ?$

解　由于饱和水及饱和蒸汽表上没有 107.5℃所对应的热力学性质，故一般先从表中查得 100℃、110℃的相应蒸汽压数据，然后进行线性内插法得到 107.5℃的蒸汽压。

$t_1 = 100℃$ $t = 107.5℃$ $t_2 = 110℃$	$p_1^s = 1.014 \times 10^5$ $p^s = ?$ $p_2^s = 1.433 \times 10^5$

$$p^s = p_1^s + \frac{p_2^s - p_1^s}{t_2 - t_1}(t - t_1) = 1.014 \times 10^5 + \frac{(1.433 - 1.014) \times 10^5}{110 - 100} \times (107.5 - 100)$$
$$= 1.328 \times 10^5 \ (\text{Pa})$$

（2）**进行热力计算**　如过程热效应的计算，已知初始状态（p_1，t_1），最终状态（p_2，t_2），由水蒸气表可查得对应状态下的焓值 h_1、h_2，则：

$$Q = m(h_2 - h_1) \qquad (2\text{-}48)$$

【**例 2-8**】　有一换热器，热流体为压力 1.0MPa 的饱和水蒸气，换热后冷凝为对应的饱和水。被加热介质为常压的工艺空气，进出口温度分别为 100℃、160℃，标准状态下的流量为 2400m³/h，换热器的热效率为 95%。试求：（1）水蒸气的流量；（2）此换热器的热损失。已知空气的恒压热容为：$c_p^* = 27.893 + 4.781 \times 10^{-3} T - 1.330 \times 10^4 T^{-2}$ kJ/(kmol·K)。

分析：换热过程涉及空气的吸热和饱和水蒸气的冷凝。对于空气吸热过程的焓变化，由于压力不变，并已知空气的恒压热容，故直接用焓变的计算公式即可。但水蒸气的冷凝涉及相变过程，需要查出该条件下的水蒸气的汽化热，或者查取压力为 1.0MPa 下饱和水蒸气与饱和水的焓值后进行相减。

解 体系为整个换热器,基准为1h。

由稳流系热力学第一定律得:

$$\eta \Delta H_{蒸汽} + \Delta H_{air} = 0$$

$$\Delta H_{air} = n\int_{T_3}^{T_4} c_p^* dT = \frac{2400}{22.4}\int_{373.15}^{433.15}(27.893 + 4.781 \times 10^{-3}T - 1.330 \times 10^4 T^{-2})dT$$

$$= 1.9117 \times 10^5 \text{ (kJ/h)}$$

$$\Delta H_{蒸汽} = m(h_1 - h_g)$$

由水蒸气表查得1.0MPa时饱和水蒸气、饱和水的焓值分别为:

$$h_g = 2778.1\text{kJ/kg} \quad h_1 = 762.81\text{kJ/kg}$$

代入有:$0.95 \times m(762.81 - 2778.1) + 1.9117 \times 10^5 = 0$

$$m = 99.85 \text{ (kg)}$$

$$Q_{损} = (1-\eta)\Delta H_{蒸汽} = 0.05 \times 99.85 \times (762.81 - 2778.1) = -1.006 \times 10^4 \text{ (kJ/h)}$$

$$\eta = \frac{\Delta H_{air}}{-\Delta H_{烟气}} \times 100\% = \frac{6856.9 - 700}{6856.9} \times 100\% = 89.79\%$$

3. 典型的热力学性质图(以温-熵图为例)

如果将不同温度、压力下水的焓、熵等热力参数计算出来,可以做出如图2-9所示的物质的温-熵图(T-S图)。

图中横坐标表示熵值[kJ/(kg·K)],纵坐标为温度(K)。C点为临界点,曲线AC为饱和液体线,在饱和液体线的左边且在临界点C对应的温度(临界温度)以下的区域为液相区。曲线BC为饱和蒸汽曲线,在T_C线以上饱和蒸汽曲线右边的区域为气相区。由于这一区域内的蒸汽比相同压力下的饱和温度高,所以又将该区域称为过热蒸汽区。拱形曲线ACB所包含的区域为饱和蒸汽和饱和水的共存区,称湿蒸汽区,在湿蒸汽区,饱和蒸汽和饱和水的含量比遵守杠杆规则。

在T-S图上,还有一系列的等压线和等焓线。等焓线是等压线上焓值相等点联结而成的。如图2-9中曲线$a \to b \to c$,至于等压线,现以压力为p_1的一条加以说明,其余的等压线与其意义相同。

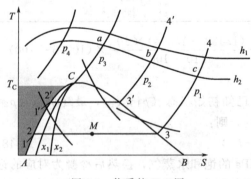

图2-9 物质的T-S图

取一定量的液体(假设为1kg的水),在恒定压力p_1下进行加热,从图中所示1点(对应温度T_1)开始升温至液体饱和点2(温度T_2),线段$\overline{12}$表示在恒压加热过程中熵随温度的变化关系。若继续加热,则液体开始蒸发并不断产生蒸汽。在液体汽化的过程中,温度不变,所以$\overline{23}$线是水平的,该线段表示在汽化过程中的熵变。当过程达到状态点3(对应温度$T_3 = T_2$)时,液体已完全汽化为蒸汽。线段$\overline{34}$表示恒压p_1加热蒸汽时熵随温度的变化。

曲线1234及$1'2'3'4'$分别为压力p_1和p_2过程的等压线,且$p_2 > p_1$。p_1和p_2两条线表明,当压力升高时,沸点升高。表示汽化过程的水平线(如$\overline{23}$、$\overline{2'3'}$)将缩短,过程的汽化热减少。当压力升高到临界压力p_C时,水平线段缩短为一点C点,C点即为临界点。每一条等压线随温度升高均是上扬的,这一点表明升温和所汽化的过程熵值增大(即$\Delta S > 0$)。利用T-S图可以很方便地求出在状态变化过程中体系与环境交换的热、功等,并能由此判断和分析发生的其他变化。

T-S 图是最常用的热力学图之一，一些典型的热力过程在 T-S 图中的表示如下。

(1) 等压加热或冷却过程　如图 2-10 所示，体系从状态点 1（p_1，T_1）在定压下加热到状态点 2（p_1，T_2），这一过程在图中以线段 1→2 表示。过程的焓变 $\Delta h_p = h_2 - h_1$，过程所需的热量 $q_p = \Delta h_p = \int_1^2 T \mathrm{d}S$，在图中相当于曲边四边形 12341 所围的面积。如果过程是冷却，则所求参数数值相等，但符号相反。

(2) 等温（可逆与不可逆）压缩或膨胀过程

① 等温可逆压缩或膨胀过程。以等温压缩为例，如图 2-11 所示。体系由状态点 1（p_1，T_1）定温压缩至状态点 2（p_2，T_2），$T_1 = T_2$。当过程可逆时，体系与环境交换的热量为 $q_R = T_1 (S_2 - S_1)$，相当于图 2-10 中四边形 12341 所围的面积，由 1、2 两点的焓值可以求得过程的焓差，并以此求出其他过程参数。

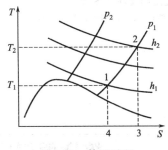

图 2-10　等压过程

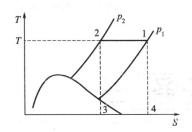

图 2-11　等温可逆压缩或膨胀过程

② 等温不可逆压缩或膨胀过程。此过程无法在 T-S 图上用实线表示，通常用一虚线描述。

(3) 节流过程在 T-S 图中的表示　节流过程在 T-S 图上用等焓线描述，一般用虚线表示。

(4) 可逆与不可逆绝热压缩或膨胀过程　可逆绝热过程（包括可逆绝热膨胀与可逆压缩）是等熵过程，现以可逆绝热膨胀为例予以说明，可逆绝热压缩与其相反，如图 2-12 所示。

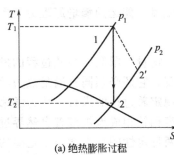
(a) 绝热膨胀过程

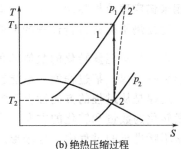
(b) 绝热压缩过程

图 2-12　可逆与不可逆绝热过程

在 T-S 图上，可逆绝热膨胀过程用垂直于横坐标的线段表示。如图 2-12（a）所示，体系由状态点 1（p_1，T_1）等熵膨胀至压力 p_2 时，垂直线段 $\overline{12}$ 与压力 p_2 时的定压线交于点 2（p_2，T_2），状态点 2 所示的温度为体系膨胀后的温度。状态点 1 与 2 间的焓差即为熵膨胀过程对外所做的可逆功。如果过程是不可逆的，因为不可逆过程的熵值是增加的，即

$\Delta S > 0$，其终态点在右边，如图中的点 $2'$。只要过程结束后的状态点确定，各种参数值也均可以从图中直接查取。

(5) 简单蒸汽动力循环过程（图 2-13）

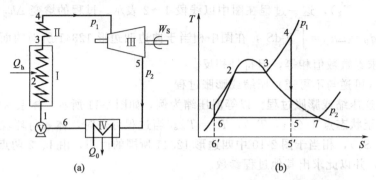

图 2-13　简单蒸汽动力循环过程的装置图和循环 T-S 图
Ⅰ—锅炉；Ⅱ—蒸汽过热器；Ⅲ—蒸汽轮机（也称透平）；Ⅳ—冷凝器；Ⅴ—水泵

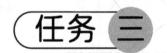

熵增原理的应用

知识目标

掌握卡诺定理及其结论；理解熵增原理及其表达式；理解熵流和熵产的概念；理解熵平衡式；理解热力学第二定律的内涵。

技能目标

能运用卡诺定理分析热功转化的方向和限度；能运用熵增原理分析用能过程的可行性；能建立熵平衡式分析过程的熵变。

热力学第一定律是从能量转化的数值的角度，衡量、限制并规范过程的发生，但是并不是符合了热力学第一定律，某过程就一定能够实现，它还必须同时满足热力学第二定律的要求。热力学第二定律是从过程的方向性上限制并规定着过程的进行。热力学第一定律和第二定律分别从能量转化的数量和转化的方向两个角度相辅相成地规范着自然界过程的发生。

在自然科学不断进步的过程中，逐步形成了两种定性的热力学第二定律的描述。

① 克劳修斯（Clausius）说法：热不可能自动地从低温物体传给高温物体。

② 开尔文（Kelvin）说法：不可能从单一热源吸热使之完全变为有用功而不引起其他变化。

上述两种说法是对大量的事实的总结，是定性的，说明了"自发过程都是不可逆的"，在一些情况下可以直观判断过程的可行性，但是对于深入的研究来说，更需要定量的描述，熵和熵增原理就是量化的热力学第二定律。

一、卡诺定理及其应用

功可以全部转化为热,而热要全部转化为功必须消耗外部的能量,这已为大量实践所证明。热、功的不等价性是热力学第二定律的一个基本内容。

热量可以通过热机循环而转化为功,图 2-14 为一热机示意图。它由高温热源、热机和低温热源三部分组成。热机的工质从温度 T_1 的高温热源吸收热量 Q_1,热机向外做功 W,然后向温度 T_2 的低温热源放出热量 Q_2,从而完成循环。

对于热机经历一个循环后,满足

$$Q_1 + Q_2 - W = 0 \tag{2-49}$$

因此,循环过程产生的功 W 和从高温热源吸收的热量的数值之比称为热机的效率 η,计算式为:

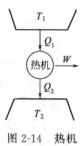

图 2-14 热机工作示意图

$$\eta = \frac{W}{Q_1} = \frac{Q_1 + Q_2}{Q_1} \tag{2-50}$$

由热力学第二定律可知,热机的实际热效率 $\eta < 1$,它的大小与过程的可逆程度有关。如何得到最高的循环效率呢?Carnot 定理回答了这个问题。

卡诺(Carnot)定理指出,所有工作于等温热源和等温冷源之间的热机,以可逆效率为最大;所有工作于等温热源和等温冷源之间的可逆热机其效率相等,与工作介质无关。Carnot 循环是以理想气体作为工质,经过两个等温可逆过程和两个绝热可逆过程所组成的理想热力学循环。按照 Carnot 循环工作的热机称为 Carnot 循

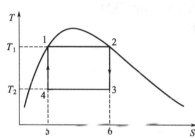

图 2-15 Carnot 循环的 T-S 图

环热机。根据 Carnot 定理,Carnot 循环是热效率最高的循环,其 T-S 图如图 2-15 所示。Carnot 热机的热效率(称为 Carnot 效率)为:

$$\eta_c = \eta_{\max} = \frac{W_c}{Q_1} = \frac{Q_1 + Q_2}{Q_1} = \frac{T_1(S_6 - S_5) + T_2(S_5 - S_6)}{T_1(S_6 - S_5)} = 1 - \frac{T_2}{T_1} \tag{2-51}$$

式中,T_1、T_2 分别为高温热源和低温热源的温度,单位为 K。

根据上面的推导,可以得出以下结论。

① Carnot 效率只与热源温度 T_1 和冷源温度 T_2 有关,且 T_1 越高、T_2 越低,热效率就越高。因此提高高温热源温度、降低低温冷源温度是提高 Carnot 热机热效率的关键。

② 可逆热机只有当低温冷源温度 T_2 接近于绝对零度或高温热源 T_1 接近于无穷大时,才能通过循环将热全部转化为功,即 Carnot 效率不可能达到 100%。

③ 若只有单一热源,即 $T_1 = T_2$,则 $\eta_c = 0$,说明具有单一热源的第二类永动机是不可能制造成功的。

从上述讨论可知,相同数量的热和功,因其做功能力不同,它们是不等价的,不同温度的热量也是不等价的,热功间的转化存在一定的方向性。Carnot 循环的热效率代表了热转变为功的最大百分率,因而它是衡量实际循环热转变为功的完善程度的标准。

【例 2-9】 有人设计了一种热机,该热机从温度为 600K 处吸收 25000J/s 热量,向温度为 300K 处的低温环境放出 12000J/s 热量,并提供 13000W 的机械功。试问是否可以投资制造该机器?

分析：先从热力学第一定律的角度判断是否合理，若违背热力学第一定律，则此设计不可能存在；若从热力学第一定律的角度可行，再从热力学第二定律的角度判断其是否可行。

解 先采用热力学第一定律进行判断：对于整个循环而言，$\Delta H = \sum Q_i - \sum W_{si} = 0$，则循环可提供的净功（$W_{sN}$）为

$$W_{sN} = Q_1 + Q_2 = 25000 - 12000 = 13000(W)$$

此设计符合热力学第一定律。

再采用卡诺定理进行判断：

对于可逆热机　　　　$\eta_c = 1 - T_2/T_1 = 1 - 300/600 = 0.5$

对于设计的热机　　　$\eta' = W'/Q_1 = 13000/25000 = 0.52$

$\eta' > \eta_c$，此设计违背了卡诺定理。

故此设计是不可能存在的。

【例 2-10】 一热机从 600K 的高温热源可逆吸热 100kJ，并向 300K 的低温热源排热，试对下面假设的三个功量进行判断，指出哪种情况是不可逆的、可逆的、不可能的？（1）50kJ；（2）75kJ；（3）25kJ。

解 根据 Carnot 定理，按卡诺热机计算上述条件下可做出的最大功为：

$$W_c = Q(1 - T_2/T_1) = 100 \times (1 - 300/600) = 50 \text{ (kJ)}$$

故：（1）是可逆的；（2）是不可能的；（3）是不可逆的。

二、熵与熵增原理

1. 熵函数的引出及定义

根据 Carnot 循环的热效率表达式，可导出熵的定义式。

因为

$$\eta_c = \frac{Q_1 + Q_2}{Q_1} = \frac{T_1 - T_2}{T_1}$$

所以

$$1 + \frac{Q_2}{Q_1} = 1 - \frac{T_2}{T_1} \Rightarrow \frac{Q_1}{T_1} + \frac{Q_2}{T_2} = 0$$

对一微元过程，则：

$$\frac{\delta Q_1}{T_1} + \frac{\delta Q_2}{T_2} = 0 \tag{2-52}$$

由于任何一个可逆循环都可看成由无限多个 Carnot 循环组合而成，因此将式(2-52)沿一可逆循环作循环积分，得：

$$\oint \frac{\delta Q_{可逆}}{T} = 0 \tag{2-53}$$

数学上，环积分之值为零的被积函数必是一个点函数，即热力学上的状态函数。

令 $dS = \frac{\delta Q_R}{T}$，称可逆热温商 $\left(\frac{\delta Q}{T}，称为热温商\right)$，简称为熵，用符号 S 表示。式中，δQ_R 为可逆过程中体系和环境交换的微量热；T 为热量交换时的绝对温度。

应用此式可计算体系的熵变。在可逆等温过程中，T 不变，故 $\Delta S = Q_R/T$；在可逆绝热过程中，$\delta Q_R = 0$，$\Delta S = 0$，故可逆绝热过程为等熵过程。

2. 熵增原理

根据 Carnot 定理，可逆热机的热效率最高，即 $\eta \leqslant \eta_c$，可得：

$$\eta \leqslant \eta_c \Rightarrow \left(\frac{Q_1 + Q_2}{Q_1}\right)_{ac} \leqslant \frac{T_1 - T_2}{T_1}$$

$$\left(1+\frac{Q_2}{Q_1}\right)_{ac} \leqslant 1-\frac{T_2}{T_1}$$

$$\left(\frac{Q_1}{T_1}+\frac{Q_2}{T_2}\right) \leqslant 0$$

将上式用于一循环积分,则:

$$\oint \frac{\delta Q}{T} \leqslant 0 \tag{2-54}$$

此即为 Clausius 不等式。式中,"=0"表示经历的循环是可逆循环,"<0"表示不可逆循环。

根据 Clausius 不等式可以导出,当体系经历可逆过程,过程的熵变等于过程的热温商;而体系经历不可逆过程,过程的熵变总是大于过程的热温商,可得到:

$$dS \geqslant \frac{\delta Q}{T} \tag{2-55}$$

此即为热力学第二定律的表达式,它给出任何过程的熵变与热温商之间的关系。等号用于可逆过程,不等号用于不可逆过程。

式中,δQ 为体系与外界交换的热量;T 是指与体系发生关系的另一体系的温度,或者是指与体系发生关系的热源的温度。

对于孤立体系,$\delta Q=0$,则上式为:

$$dS \geqslant 0 \tag{2-56}$$

此式就是熵增原理的表达式,即孤立体系经历一个过程时,总是自发地朝熵增大的方向进行,直至熵增到它的最大值,体系就达到了平衡态,这就是熵增原理。如果把研究的体系和周围环境看成一个大的孤立系统,熵增原理的表达式也可写成

$$\Delta S_{sys} + \Delta S_{sur} \geqslant 0 \tag{2-57}$$

其中 ΔS_{sur} 特指体系与大自然环境之间的热交换而引起的熵变,其计算式为:

$$\Delta S_{sur} = \frac{-Q_{sys}}{T_0}$$

式中,T_0 为环境温度,若未给出,可按 298.15K 计算。

熵增原理提供了判断过程进行的方向和限度的准则。

3. 应用举例

【例 2-11】 1mol 理想气体在 400K 由 0.1MPa 经等温不可逆压缩至 1MPa,压缩过程的热被移至 300K 的蓄热器,实际压缩过程功耗比同样的可逆压缩过程功耗多 20%,试计算气体的熵变、蓄热器的熵变和总熵变。

解 以气体为体系;1mol 理想气体为计算基准。因理想气体等温过程,故 $\Delta H=0$

$$W_{S(R)} = -nRT_1 \ln\frac{p_2}{p_1} = -1 \times 8.314 \times 400 \ln\frac{1}{0.1} = -7657.5 (J/mol)$$

从而有:$W_{S(ac)} = 1.2 W_{S(R)} = 1.2 \times (-7657.5) = -9189.0$ (J/mol)

根据能量平衡方程 $\Delta H = Q - W$,得到

$$Q_R = W_{S(R)} = -7657.5 (J/mol)$$
$$Q_{ac} = W_{S(ac)} = -9189.0 (J/mol)$$

气体的熵变为:

$$\Delta S_{sys1} = \frac{Q_R}{T} = \frac{-7657.5}{400} = -19.14 [J/(mol \cdot K)]$$

或
$$\Delta S_{sys1} = nR\ln\frac{p_2}{p_1} = -19.14[\text{J}/(\text{mol}\cdot\text{K})]$$

蓄热器的熵变为：
$$\Delta S_{sys2(蓄)} = \frac{-Q_{ac}}{T_0} = \frac{9189.0}{300} = 30.63[\text{J}/(\text{mol}\cdot\text{K})]$$

而
$$\Delta S_{sur} = 0$$

总熵变为：
$$\Delta S_t = \Delta S_{sys} + \Delta S_{sur} = -19.14 + 30.63 = 11.49\ [\text{J}/(\text{mol}\cdot\text{K})]$$

三、熵平衡

1. 熵流和熵产

根据热力学第二定律的表达式：
$$dS \geqslant \frac{\delta Q}{T}$$

可知，两状态间不可逆过程中，过程的热温商并不等于两状态间熵变化，而是小于它。通常把由于热量流进、流出热力系统造成的熵增称为熵流，记为 S_f，即

$$dS_f = \frac{\delta Q}{T} \tag{2-58}$$

注意此式没有限定可逆的条件，即无论可逆还是不可逆都适用。若过程可逆，则过程的熵流值等于总熵；若过程不可逆，过程的熵流值小于总熵，是总熵的一部分，即：

$$dS < \frac{\delta Q}{T} = dS_f \tag{2-59}$$

此式说明，对于不可逆过程，除了因热量传递的熵变（即熵流）外，过程的不可逆性也会导致系统的熵增。这种由过程的不可逆性引起系统的熵增，就称为熵产，记 S_g。上式可写为：

$$dS = dS_f + dS_g \tag{2-60}$$

此式对于理解熵增过程具有重要意义。例如，封闭系统的熵变，不是由于热量传递引起，就是由于不可逆性引起。而对于孤立系统，由于系统与外界没有热交换，其熵的增加完全是由于不可逆性引起。

需要说明的是：

① S_f、S_g 都不是系统的状态参数，属于过程参数。S_f 的大小与体系同外界的传热量有关，S_g 取决于过程的不可逆程度。

② 由 $dS > dS_f$，可知 $dS_g > 0$，即熵产永远大于 0。熵产越大，表明过程偏离不可逆过程越远，不可逆程度越大。

③ 由于热量可正可负，熵流的值可以是正值或负值。

2. 封闭体系的熵平衡式

对于封闭系统，无物质进出系统，由于功交换不会引起熵变化，故其熵平衡式为：

$$\Delta S_{sys} = \sum_k \int \frac{\delta Q}{T} + S_g \tag{2-61}$$

或者为：

$$dS = \frac{\delta Q}{T} + dS_g = dS_f + dS_g \tag{2-62}$$

3. 孤立系统的熵平衡式

由于孤立系统与外界既无物质交换也无热量交换，因此，其熵平衡式为：

$$\Delta S_{\text{iso}} = S_g \tag{2-63}$$

即孤立系统的熵变就等于系统的熵产。

4. 敞开体系的熵平衡式

对于敞开体系，系统与外界不仅有物质交换还有热量交换，因此除了熵产和热量交换引起熵流外，其熵平衡式还应包括进出系统物质所引起的熵变化，即为：

$$dS_{\text{CV}} = dS_g + dS_f + \sum(\delta m_i s_i)_{\text{in}} - \sum(\delta m_i s_i)_{\text{out}} \tag{2-64a}$$

或者为：

$$dS_{\text{CV}} = dS_g + \sum \frac{\delta Q}{T} + \sum(\delta m_i s_i)_{\text{in}} - \sum(\delta m_i s_i)_{\text{out}} \tag{2-64b}$$

式中，$\sum \dfrac{\delta Q}{T}$ 为热流引起的熵变；$\sum(\delta m_i s_i)_{\text{in}}$ 为进口物质流流入系统的熵之和；$\sum(\delta m_i s_i)_{\text{out}}$ 为出口物质流流出系统的熵之和；dS_g 为系统不可逆性引起的熵产；dS_{CV} 为敞开体系的熵变。

对于稳流体系，单位时间内，$dS_{\text{CV}} = 0$，则有：

$$\sum(\delta m_i s_i)_{\text{out}} - \sum(\delta m_i s_i)_{\text{in}} = dS_g + \sum \frac{\delta Q}{T} \tag{2-65a}$$

或者

$$\sum(m_i s_i)_{\text{out}} - \sum(m_i s_i)_{\text{in}} = S_g + \sum \int \frac{\delta Q}{T} \tag{2-65b}$$

5. 应用举例

【例 2-12】 $t_1 = 150℃$ 的饱和蒸汽，经一冷凝器后冷凝为对应压力的饱和水，并将其冷凝热排放至 20℃ 的环境，若此蒸汽的流量为 5kg/s，求此冷凝过程的总熵的变化？

解 图 2-16 为此冷凝过程示意图。以饱和水蒸气为研究对象，基准为 1s。

由稳流体系热力学第一定律得：$Q_{\text{sys}} = m(h_2 - h_1)$

由 $t_1 = 150℃$ 查附录水蒸气表得：

$h_1 = 2746.5 \text{kJ/kg}$　$h_2 = 632.20 \text{kJ/kg}$　$s_1 = 6.8379 \text{kJ/(kg·K)}$　$s_2 = 1.8418 \text{kJ/(kg·K)}$

故　　　　　　　$Q_{\text{sys}} = 5 \times (632.20 - 2746.5) = -10571.5 \text{ (kJ)}$

计算过程的总熵的变化有两种方法。

方法 1：把整个冷凝器和周围环境看成一个大的孤立体系。

$\Delta S_{\text{sys}} = m(s_2 - s_1) = 5 \times (1.8418 - 6.8379) = -24.9805 \text{ [kJ/(s·K)]}$

$\Delta S_{\text{sur}} = -Q_{\text{sys}}/T_0 = -(-10571.5)/293.15 = 36.0617 \text{ [kJ/(s·K)]}$

$\Delta S_t = \Delta S_{\text{sys}} + \Delta S_{\text{sur}} = -24.9805 + 36.0617 = 11.08 \text{ [kJ/(s·K)]}$

方法 2：把饱和水蒸气在冷凝器中冷凝看成稳流体系。

$$S_g = m(s_2 - s_1) - Q_{\text{sys}}/T_0 = 11.08 \text{ [kJ/(s·K)]}$$

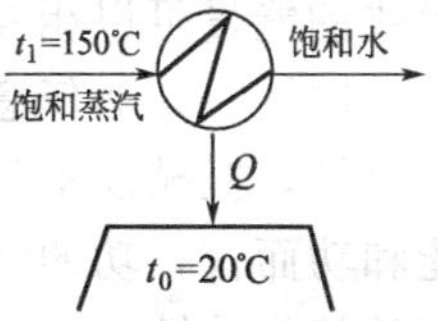

图 2-16 冷凝过程示意图

【例 2-13】 设有温度 $T_1 = 500\text{K}$、$p_1 = 0.1\text{MPa}$、$m_1 = 10\text{kg/s}$ 的空气，与 $T_2 = 300\text{K}$、$p_2 = 0.1\text{MPa}$、$m_2 = 5\text{kg/s}$ 的空气在绝热下混合，求此过程的熵产？设空气的恒压热容为 1.01kJ/(kg·K)，且可视为常数，空气可作为理想气体处理，环境温度为 300K。

解 以混合器为体系，1s 为计算基准。

根据题意易知 $W_S = 0$、$Q = 0$，进一步得到 $\Delta H_{\text{sys}} = 0$，即

$$(m_1 + m_2)h_3 - m_1 h_1 - m_2 h_2 = 0$$

$$(m_1+m_2)c_p(T_3-T_0)-m_1c_p(T_1-T_0)-m_2c_p(T_2-T_0)=0$$

代入数据得到

$$T_3=\frac{m_1T_1+m_2T_2}{m_1+m_2}=\frac{10\times500+5\times300}{10+5}=433.33(\text{K})$$

从而求得熵产为:

$$S_g=(m_1+m_2)s_3-m_1s_1-m_2s_2=m_1(s_3-s_1)+m_2(s_3-s_2)$$
$$S_g=m_1c_p\ln(T_3/T_1)+m_2c_p\ln(T_3/T_2)$$

代入数据得到:

$$S_g=10\times1.01\ln(433.33/500)+5\times1.01\ln(433.33/300)=0.4117\ [\text{kJ}/(\text{s}\cdot\text{K})]$$

任务四 理想功与损失功的计算

知识目标

理解能量"质"的属性；掌握不同品质的能量的分类方法；理解理想功、损耗功的概念和计算方法；理解热力学效率及其计算方法。

技能目标

能计算典型过程的理想功；能计算典型过程的损失功；能对计算结果进行热力学分析。

一、能量的品质

能量有多种形式，如机械能、电能、热能、化学能、核能等。热力学第一定律确定各种形式的能量可以相互转换，在转换中总量保持不变。热力学第二定律指出能量的转换过程具有方向性，并非任意形式的能量都能全部无条件地转换成任意其他形式的能量。从理论和实践可知，机械能不仅能够全部转换为热量，而且能够全部转化为其他任意形式的能量；就热能和功而言，功的转化能力大，而热能只能部分地转化为功；就温度不同的热量而言，温度高的热能其转换为功的能力也越大。

能量的有用与否，完全在于这种能量形式的可转换为功的能力或者说做功能力，一旦能量不能再转换为功了，其价值也就失去了。由此可知，能量不仅有数量之分，不同的能量品质也不同。对于相同数量的功和热，它们的做功能力是不相当的，功的品质要高于热。

从能量的做功能力或者说转换为功的能力角度，可把能量分为三类：高级能量、低级能量和僵态能量。

① 理论上可以完全转化为功的能量，称为高级能量，如机械能、电能等。

② 理论上只能部分转化为功的能量，称为低级能量，如热能、物质的内能等。

③ 完全不能转换为功的能量，称为僵态能或寂态能。

由高品质的能量变成低品质的能量，称为能量的贬值或降级。能量的贬值意味着能量做功能力的损耗。高温热变为低温热，或者功直接耗散为热，虽然能量的总量没有变，保持能量守恒，但能量的品质降低了，导致做功能力下降。孤立体系的熵增原理也称为能量贬值原理，它可表述为：一切实际过程，总是朝着总的能量品质下降的方向进行；只有在完全可逆的理想条件下总的能量品质不变；使孤立系统总的能质提高的过程是不可能发生的。

二、理想功（W_{id}）（也称最大可用技术功）

理想功指在一定的环境条件下，体系的状态变化按完全可逆的过程进行时表现出的功效应，即对做功过程可做出最大功，对耗功过程只耗最小功。

完全可逆有两层意思：

① 体系内容可逆，即到处处于热平衡、力平衡、化学平衡、相平衡……

② 体系与外界之间可逆，即内外达力平衡，如做功过程无压力差；内外达热平衡，即只能与温度为 T_0 的环境进行热交换，也就是 $T_{sys}=T_{sur}=T_0$。

实际过程都是不可逆过程，对于实际过程而言，理想功是理论上的极限值，理想功是一切实际过程功耗大小的比较标准。

下面我们只讨论稳流过程的理想功。根据稳流体系的能量平衡方程，有：

$$\Delta H + \Delta E_p + \Delta E_k = Q - W_S$$

若过程满足完全可逆过程，则体系对外界做的轴功即为此完全可逆过程的理想功，此时体系与环境交换的热量 Q 可以表示为：

$$Q = T_0 \Delta S_{sys}$$

故有

$$W_{id} = W_{S(R)} = T_0 \Delta S_{sys} - (\Delta H + \Delta E_p + \Delta E_k) \tag{2-66}$$

忽略 ΔE_p、ΔE_k 时，有

$$W_{id} = T_0 \Delta S_{sys} - \Delta H_{sys} \tag{2-67}$$

【例 2-14】 计算 1kg、压力为 1.5MPa、温度为 540℃的过热水蒸气在流动过程中可能做出的最大功量。环境温度为 15℃。又问，若该蒸汽为 1.5MPa 的饱和蒸汽，则可能做出的最大功量又为多少？

解 水为体系；1kg 水为计算基准。由水蒸气表查得各状态下的 H、S 值列于表 2-1 中。

表 2-1 水蒸气的 H、S 值

状态	p/MPa	T/℃	H/(kJ/kg)	S/[kJ/(kg·K)]
水	0.101325	15	62.85	0.2223
过热蒸汽	1.5	540	3560.7	7.7026
饱和蒸汽	1.5	—	2792	6.445

（1）1.5MPa、温度为 540℃的水蒸气变化到环境状态时给出的最大功为：

$$W_{id1} = -\Delta H_{sys1} + T_0 \Delta S_{sys1} = (H_1 - H_0) + T_0(S_0 - S_1)$$
$$= (3560.7 - 62.85) + 288.15 \times (0.2223 - 7.7026) = 1342.40 \text{ (kJ/kg)}$$

（2）1.5MPa 的饱和水蒸气变化到环境状态时给出的最大功为：

$$W_{id1} = -\Delta H_{sys2} + T_0 \Delta S_{sys2} = (H_2 - H_0) + T_0(S_0 - S_2)$$
$$= (2792 - 62.85) + 288.15 \times (0.2223 - 6.445) = 936.08 \text{ (kJ/kg)}$$

【例 2-15】 试计算非流动过程中 1kmol 氮气从 800K、4MPa 变至 373K、1.013MPa 时

可能做的理想功。若氮气进行的是稳定流动过程，理想功又为多少？设大气的 $T_0=298K$、$p_0=0.1013MPa$，N_2 的等压热容为 $27.87+4.268\times10^{-3}T kJ/(kmol\cdot K)$，氮气可视为理想气体。

解 以 $1kmol$ N_2 为计算基准，N_2 为体系

（1）N_2 在非流动过程中的理想功计算

$$W_{id}=T_0\Delta S_{sys}-\Delta U_{sys}-p_0\Delta V_{sys}$$

$$\Delta U_{sys}=\Delta H_{sys}-\Delta(pV)_s$$

故 $$W_{id}=T_0\Delta S_{sys}-\Delta H_{sys}+\Delta(pV)_s-p_0\Delta V_{sys}$$

$$\Delta H_{sys}=\int_{T_1}^{T_2}c_p^*dT=\int_{800}^{373}(27.87+4.268\times10^{-3}T)dT=-14038.2\ (kJ/kmol)$$

$$\Delta(pV)_s=nR(T_2-T_1)=1\times 8.314\times(373-800)=-3550.08\ (kJ/kmol)$$

$$\Delta S_{sys}=\int_{T_1}^{T_2}\frac{c_p^*}{T}dT-R\ln\frac{p_2}{p_1}=-11.670[kJ/(kmol\cdot K)]$$

$$p_0\Delta V=p_0nR\left(\frac{T_2}{p_2}-\frac{T_1}{p_1}\right)$$

$$=0.1013\times 10^3\times 1\times 8.314\times\left(\frac{373}{1.013\times 10^3}-\frac{800}{4\times 10^3}\right)=141.671(kJ/kmol)$$

$$W_{id}=6868.826\ (kJ/kmol)$$

（2）N_2 在稳定流动过程中的理想功计算

$$W_{id}=T_0\Delta S_{sys}-\Delta H_{sys}=298\times(-11.670)+14038.2=10560.54\ (kJ/kmol)$$

三、损失功（W_L）（也称为损耗功）

对于相同的状态变化过程，实际功与对应的理想功的差值称为损失功，也称为损耗功。即对于做功过程，实际过程与对应的理想过程相比少做出的功量；对于耗功过程，实际过程比对应的理想过程多耗的功量。其基本表达式为：

$$W_L=W_{id}-W_{S(ac)} \tag{2-68}$$

由于 $W_{id}=T_0\Delta S_{sys}-\Delta H_{sys}$，$W_{S(ac)}=Q_{sys}-\Delta H_{sys}$，得到

$$W_L=W_{S(ac)}-W_{id}=T_0\Delta S_{sys}-\Delta H_{sys}-(Q_{sys}-\Delta H_{sys})=T_0\Delta S_{sys}-Q_{sys}$$

即 $$W_L=T_0\Delta S_{sys}-Q_{sys} \tag{2-69}$$

式中，ΔS_{sys} 是系统的熵变，Q_{sys} 为系统与环境交换的热量。就环境而言，其得到的热量 Q_0 在数值上等于 Q_{sys}，但符号相反，因此

$$\Delta S_{sur}=\frac{-Q_{sys}}{T_0}$$

由此得到

$$W_L=T_0(\Delta S_{sys}+\Delta S_{sur}) \tag{2-70}$$

$$W_L=T_0\Delta S_t=T_0 S_g \tag{2-71}$$

此即为著名的高乌-斯托多拉（Gouy-Stodola）公式。根据热力学第二定律，一切实际过程都为不可逆过程，都朝着总熵增大的方向进行，存在 $\Delta S_t>0$ 或者 $S_g>0$，因此 $W_L>$

0，即实际过程的损耗功永远为正值。可逆过程的损耗功为0。

【例2-16】 计算不同温度下水温的下降引起的功损失。试比较下列两种情况下的功损失，计算结果说明了什么？（1）1kg、0.1MPa、92℃的水变为同压下67℃的水；（2）1kg、0.1MPa、82℃的水变为同压下57℃的水。水的恒压热容为4.1868kJ/(kg·K)且视为常数，$T_0 = 298.15K$。

解 体系为热水，基准为1kg水。

(1) 1kg、0.1MPa、92℃的水变为同压下67℃的水

$$Q_1 = \Delta H_{sys1} = mc_p(t_2 - t_1) = 1 \times 4.1868 \times (67 - 92) = -104.67 \text{ (kJ/kg)}$$

$$\Delta S_{sys1} = mc_p \ln(T_2/T_1) = 1 \times 4.1868 \ln(340.15/365.15) = -0.2969 [\text{kJ/(kg·K)}]$$

$$\Delta S_{sur1} = -Q/T_0 = -(-104.67)/298.15 = 0.3511 [\text{kJ/(kg·K)}]$$

$$W_{L1} = T_0(\Delta S_{sys1} + \Delta S_{sur1}) = 298.15 \times (-0.2969 + 0.3511) = 16.16 \text{ (kJ/kg)}$$

(2) 1kg、0.1MPa、82℃的水变为同压下57℃的水

$$Q_2 = Q_1 = -104.67 \text{(kJ/kg)}$$

$$\Delta S_{sys2} = mc_p \ln(T_2'/T_1') = 1 \times 4.1868 \ln(330.15/355.15) = -0.3056 [\text{kJ/(kg·K)}]$$

$$\Delta S_{sur2} = \Delta S_{sur1} = 0.3511 [\text{kJ/(kg·K)}]$$

$$W_{L2} = T_0(\Delta S_{sys2} + \Delta S_{sur2}) = 298.15 \times (-0.3056 + 0.3511) = 13.57 \text{(kJ/kg)}$$

说明不同温度的水，在损失相同的能量数量的情况下，温度高的能量的能级高，其功损失大，因此，对于高温的能量，应尽可能防止其损失。

【例2-17】 节流过程的损失功计算。240℃、2.0MPa的水蒸气，经节流后变为1.0MPa的水蒸气，环境温度为300K，试求此过程损失的功？

解 体系水蒸气，计算基准为$1kg H_2O$ (g)。

查水蒸气表得240℃、2.0MPa下焓、熵分别为：$h_1 = 2876.5kJ/kg$、$s_1 = 6.4952kJ/(kg·K)$。

因节流过程前后焓相等，故：$h_2 = h_1 = 2876.5kJ/kg$

由h_2、1.0MPa查水蒸气表得 $s_2 = 6.7926kJ/(kg·K)$

$$\Delta S_{sys} = s_2 - s_1 = 6.7926 - 6.4952 = 0.2974 [\text{kJ/(kg·K)}]$$

而节流过程$Q = 0$，故$\Delta S_{sur} = 0$

总熵变为 $\Delta S_t = \Delta S_{sys} + \Delta S_{sur} = \Delta S_{sys} = 0.2974 [\text{kJ/(kg·K)}]$

故 $W_L = T_0 \Delta S_t = 300 \times 0.2974 = 89.22 \text{ (kJ/kg)}$

而此过程的理想功为：

$$W_{id} = \Delta H_{sys} - T_0 \Delta S_{sys} = -89.22 \text{ (kJ/kg)}$$

说明节流过程是一个高度不可逆过程，其本来可以做功的能力在节流过程被完全损失掉。因此在化工厂管道设计时，应尽可能地少安装不必要的管件和阀门等。

【例2-18】 设有1mol理想气体在恒温下由1MPa、300K做不可逆膨胀至0.1MPa。已知膨胀过程做功4184J。计算过程总熵变和损耗功以及理想功，环境温度为298K。

解 以理想气体为研究对象，计算基准为1mol理想气体

因为理想气体恒温，所以$\Delta H = 0$，所以$Q = W_{S(ac)} = 4184$ (J/mol)

所以 $\Delta S_{sur} = -Q/T_0 = -4184/298 = -14.04 [\text{J/(mol·K)}]$

而
$$\Delta S_{sys} = -nR\ln\frac{p_2}{p_1} = -1\times 8.314\ln\frac{0.1}{1} = 19.14[\text{J/(mol·K)}]$$
$$\Delta S_t = \Delta S_{sys} + \Delta S_{sur} = 19.14 - 14.04 = 5.10\ [\text{J/(mol·K)}]$$
$$W_L = T_0\Delta S_t = 298\times 5.10 = 1519.8\ (\text{J/mol})$$
$$W_{id} = -\Delta H_{sys} + T_0\Delta S_{sys} = 0 + 298\times 19.14 = 5703.7\ (\text{J/mol})$$

四、热力学效率（η_T）

对于体系对外界做功过程，理想功是确定始态和终态变化时所能提供的最大功，实际过程都是不可逆的，实际过程提供的功（$W_{S(ac)}$）必定小于对应的理想功（W_{id}）。实际功与理想功的比值即为热力学效率，记为 η_T。

热力学效率是过程热力学完善性的量度，是衡量过程中能量质量利用程度的重要参数。相应的热力学效率表达式如下。

$$\text{做功过程}: \eta_T = W_{S(ac)}/W_{id} \tag{2-72}$$

$$\text{耗功过程}: \eta_T = W_{id}/W_{S(ac)} \tag{2-73}$$

【例2-19】 有一换热器，采用1MPa的饱和水蒸气作为加热介质，出换热器时冷凝为对应的饱和水，水蒸气的流量为1000kg/h，被加热的液体进口温度为80℃，流量为5800 kg/h，$\bar{c}_p = 3.9080$kJ/(kg·K)，换热器的热损失为201480kJ/h，过程为等压。试求：(1)被加热的液体的出口温度；(2)该换热器的热效率；(3)该换热器的损耗功；(4)该换热器的热力学效率。已知环境温度为298K。

表 2-2 所用的焓、熵数据

状 态	焓 h/(kJ/kg)	熵 s/[kJ/(kg·K)]
饱和蒸汽	$h_g = 2777.67$	$s_g = 6.5859$
饱和水	$h_l = 762.84$	$s_l = 2.1388$

解 以整个换热器为体系，1h计算基准。表2-2中列出了所用数据。
(1) 被加热的液体的出口温度的计算
由题意及稳流系热力学第一定律得：$\Delta H_\text{蒸} + \Delta H_\text{液} = Q_\text{损}$
即：$$m_\text{蒸}(h_l - h_g) + m_\text{液}\bar{c}_p(t_\text{出} - t_\text{入}) = Q_\text{损}$$
代入数据得：$1000\times(762.84 - 2777.67) + 5800\times 3.9080(t_\text{出} - 80) = -201480$
解得：$t_\text{出} = 160.0$（℃）
(2) 换热器的热效率的计算
$$\eta = \Delta H_\text{液}/(-\Delta H_\text{蒸}) = 90.0\%$$
(3) 换热器的损耗功的计算
$$W_{id\text{蒸}} = T_0\Delta S_\text{蒸} - \Delta H_\text{蒸} = T_0 m_\text{蒸}(s_l - s_g) - \Delta H_\text{蒸} = 689594.2\ (\text{kJ/h})$$
$$W_{id\text{液}} = T_0\Delta S_\text{液} - \Delta H_\text{液} = T_0 m_\text{液}\bar{c}_p\ln(T_\text{出}/T_\text{入}) - \Delta H_\text{液} = -434119.8\ (\text{kJ/h})$$
$$W_L = W_{id\text{蒸}} + W_{id\text{液}} = 255474.4\ (\text{kJ/h})$$
(4) 换热器的热力学效率的计算
$$\eta_T = (-W_{id\text{液}})/W_{id\text{蒸}} = 62.95\%$$

任务五 㶲分析法的应用

知识目标

理解㶲、㶲损失、㶲效率、环境模型等有关概念；理解㶲分析法的基本原理，初步掌握㶲平衡方程；掌握常见类型的㶲计算方法；理解能量平衡分析和㶲分析的不同。

技能目标

能计算常见类型的㶲值；能运用㶲平衡方程和㶲分析法的原理分析实际用能过程。

一、㶲（exergy）与㶲平衡方程

1. 㶲概念起源和发展

早在 1824 年卡诺就指出，工作在高温热源 T_1 与低温热源 T_2 之间的任何热机，当从高温热源吸取的热量为 Q 时，最多可以转变为有用功的部分为 $(1-T_2/T_1)Q$，当以温度为 T_0 的周围环境作为低温热源时，上式变为 $(1-T_0/T)Q$，热量 Q 的做功能力取决于高温热源（T_1）与低温热源（T_2）。这就是最早关于能量可用性的分析。

1868 年英国的 Tait 第一次使用了可用性（availability）的概念，确定了热量中的可用部分和不可用部分。1871 年英国科学家 Maxwell 使用了可用能（available energy），并推导了不流动过程的输出总功，用封闭体系达到寂态时的可逆净功表示系统的可用能。1873 年，Gibbs 导出了封闭系统的可用能公式。

1889 年，法国人 Gouy 用总的可逆轴功分析可用能，并得出了总轴功仅与状态有关而与路径无关的重要推论。1898 年瑞士 Stodola 导出了稳定流动体系的最大功，还和 Gouy 各自独立地推出了 Gouy-Stodola 公式，把可用能损失与熵产联系起来，从而奠定了计算可用能损失的理论基础。

1941 年，Keenan 较系统地介绍了可用能、功损的概念，形成了较完整的理论体系。1956 年，Rant 提出用一个新的词 exergie（英文 exergy）来统一可用性、可用能、做功能力等的命名，即是现在所说的"㶲"。Rant 随后将㶲定义为：当系统由任意状态可逆变化到与给定环境相平衡的寂态时，理论上能够最大限度转换为有用功的那部分能量。

目前，"㶲"这一概念已被人们普遍采用，一般认为㶲的定义是：系统与环境作用，从所处的状态到与环境相平衡的状态的可逆过程中对外界做出的最大有用功。按照基本定义，㶲实际上是以环境为基准的相对量，是体系偏离环境参数程度的指标。热㶲是系统由于温度同环境的差别而具有的对相关外界做出最大有用功的能力；压力㶲是系统由于压力同环境不平衡而具有对相关外界做出最大有用功的能力；化学㶲是构成系统的物质由于化学结构、组成以及聚集状态同环境的差异而具有的对相关外界做出最大有用功的能力。

㶲概念的引入对于准确评价能量有效利用起了十分重要的作用，20世纪70年代由于"能源危机"促使人们认真研究各种能源的开发与合理利用，有关㶲分析的理论受到重视，㶲的基本概念与表达式、环境模型、㶲效率的定义、㶲的计算方法等基础理论在这段时间得到深入的研究，形成了系统成熟的㶲分析方法。

现在，㶲分析方法已广泛地应用于能量系统及化工、动力、石油、冶金、能源工程等工业部门。同时，㶲概念得到了泛化，㶲的广义本质为"事物的质"、"事物的可用性"。㶲分析的发展已经不再局限于热力学，㶲方法在经济学、环境科学、生态学、管理学以及社会科学等领域都得到了应用。

2. 㶲的基本概念

（1）㶲（exergy） 体系与环境作用，从所处状态变化到某与环境相平衡的可逆过程中，对外界做出的最大有用功为该体系在该状态下的㶲，也称为有效能，记为 Ex。

（2）㶲损失（exergy loss） 由于过程的不可逆性所造成的体系的做功能力的减少称为该体系的㶲损失 Ex_L。㶲损失可分为内部㶲损失（internal exergy loss）和外部㶲损失（external exergy loss）两部分，三者之间的关系为：

$$Ex_L = Ex_{L,in} + Ex_{L,ex} \tag{2-74}$$

（3）㶲分析（exergy analysis） 运用㶲和㶲损失的概念，对实际过程中㶲的转化、传递、使用和损失等情况进行的分析称为㶲分析，通过㶲分析可以揭示出㶲损失的部位、大小和原因，为改善过程的能量利用指出方向和途径。

（4）环境模型（environmental reference model） 为了计算㶲值，首先应对自然环境加以定量的描述。在计算物理㶲时，对于环境只需知道压力和温度即可。但为了计算化学㶲，对环境的描述则要详尽得多，不仅要知道环境的温度与压力，而且要知道基准物质体系，也就是要知道环境是由哪些物质以怎样的状态和浓度构成的。然而，真实的环境是复杂的，它的压力因时因地而变化，它的组成有各种各样的物质。环境内部存在着温度差、压力差和化学势差，自然环境是不可以用同一温度、同一压力、同一组成来描述的，也就是自然环境本身并不完全处于寂态，因此，真实的环境不能直接作为热力学意义上的环境，需要在自然环境的基础上进行抽象，把自然环境看成具有恒定温度、恒定压力和恒定化学组成，由处于完全平衡状态下无限广阔的大气、地表、水域所构成的特定环境。

在㶲分析中的"环境"，实际上是"环境模型"，也称为"环境参考态模型"。环境模型是在自然环境的基础上进行抽象，把自然环境看成具有恒定温度、恒定压力和恒定化学组成，由处于完全平衡状态下无限广阔的大气、地表、水域所构成的特定环境，既有客观的实在性，又有人为的规定性。

在㶲分析中，物质或系统的㶲值实际上就是它与环境参数偏离程度的指标，其㶲值大小表示以环境为基准，体系的状态与环境之间差异的程度。为了计算㶲值，首先应对环境加以定量的描述。在计算物理㶲时，对于环境只需知道压力和温度即可。但为了计算化学㶲，对环境的描述则要详尽得多，不仅要知道环境的温度与压力，而且要知道基准物质体系，也就是要知道环境是由哪些物质以怎样的状态和浓度构成的。

3. 㶲平衡方程

任何不可逆过程必然引起㶲损失，只有在理想的可逆过程中才不引起㶲的损失。因此，在实际的过程中，不存在㶲的守恒规律，㶲总是不断减小的。系统在一个不可逆的过程中各项㶲的变化是不满足平衡关系式的，只有附加一项㶲损失才能给一个系统或过程建立㶲平衡方程式。

设输入系统的㶲为 Ex_{in}，输出的㶲为 Ex_{out}，系统的㶲损失为 Ex_L，以及体系内部的㶲积累量为 ΔEx_{sys}，建立平衡关系有：

$$Ex_{in} = Ex_{out} + Ex_L + \Delta Ex_{sys} \tag{2-75}$$

在稳定流动的状态下，ΔEx_{sys} 值为 0。

此外，根据分析的需要可以把体系的㶲分为支付㶲 Ex_p 与收益㶲 Ex_g 以及相应的㶲损失 Ex_L，对于稳流体系可以建立㶲平衡：

$$Ex_p = Ex_g + Ex_L \tag{2-76}$$

式中，支付㶲 Ex_p 是为了实现某种能量利用目标而消耗的㶲，收益㶲 Ex_g 则是支付㶲中被利用的部分。

4. 㶲分析的评价指标

（1）㶲效率　㶲效率表示体系中㶲的利用率，记作 η_e。基于式 (2-61)，㶲效率可以为输出㶲 Ex_{out} 与输入㶲 Ex_{in} 之比，此称普遍㶲效率：

$$\eta_e = \frac{Ex_{out}}{Ex_{in}} \tag{2-77}$$

基于式 (2-62)，㶲效率可以为体系的收益㶲 Ex_g 与支付㶲 Ex_p 之比，此也称为目的㶲效率：

$$\eta_e = \frac{Ex_g}{Ex_p} \tag{2-78}$$

（2）局部㶲损失率　子体系的㶲损失 Ex_L 与总体系的支付㶲 Ex_p 之比一般称为局部㶲损失率 ξ，即为：

$$\xi = \frac{Ex_L}{Ex_p} \tag{2-79}$$

（3）单位产品（或单位原料）的支付㶲

$$w = \frac{Ex_p}{M} \tag{2-80}$$

式中　M——总产量或总原料量。

5. 㶲分析的方法

㶲分析方法的基本出发点是求出系统变化中㶲损失及其分布情况，通过对各个环节上㶲效率的分析，从而对全局进行分析。㶲分析的步骤如下。

（1）确定体系　明确体系的边界，子体系的分割方式，以及穿过边界的所有物质和能量，必要时辅以示意图。

（2）明确环境基准　说明采用的环境基准、使用的热力学基础数据的来源。

（3）㶲平衡的计算　建立体系的㶲平衡关系，用表和图辅助表示计算结果。基于㶲平衡关系，作输入㶲与输出㶲、损失㶲平衡表。计算出㶲效率损失率和单位产品的支付㶲等评价指标。

（4）评价与分析　针对计算结果，分析能量损失和㶲损失的原因，探讨体系进一步有效利用能量的措施及可能性。

二、常见类型㶲的计算

1. 电能、各类机械能

此类能量的㶲即其能量数值之本身。

2. 热能㶲

(1) 恒温热源传出的热量中具有的㶲

$$Ex_Q = -W_c = \eta_c |Q| = (1 - T_0/T)|Q| \tag{2-81}$$

(2) 变温热源传出的热量（$T_1 \to T_2$）中具有的㶲（过程恒压或不考虑压力的影响）

$$Ex_Q = -\Delta H_{sys} + T_0 \Delta S_{sys} = \int_{T_2}^{T_1} c_p dT - T_0 \int_{T_2}^{T_1} \frac{c_p}{T} dT = \int_{T_2}^{T_1} \left(1 - \frac{T_0}{T}\right) c_p dT \tag{2-82}$$

3. 物理㶲（Ex_{ph}）

(1) 定义　体系由所处状态变化至与环境成约束性平衡状态的理想功的数值称此体系的物理㶲。或体系由所处状态变化至环境状态（标准状态）时的理想功的数值。

(2) 计算式

$$Ex_{ph} = -(h_0 - h) + T_0(s_0 - s) \tag{2-83}$$

式中　h_0——该体系或工质在环境温度和压力状态下的焓；

s_0——该体系或工质在环境温度和压力状态下的熵。

4. 化合物的标准化学㶲（Ex_{ch}^0）

为了计算化学㶲，需要确定环境模型，主要是确定基准物质体系，不同的环境模型其基准物质体系各不相同。目前，典型的环境模型有两种：

① J. Szargut（斯蔡尔古特）模型，前苏联及东欧诸国采用；

② 龟山-吉田模型，此模型为日本学者龟山秀雄和吉田邦夫在1979年提出，它包含了80种元素的基准物质。此模型比较实用，现已被日本计算化学㶲的国家标准和我国能量系统㶲分析技术导则的国家标准所采用。

龟山-吉田的环境模型具体内容如下。

① 环境温度 $T_0 = 25℃$，环境压力 $p_0 = 1atm$（101325Pa），这与斯蔡尔古特的环境模型相同。

② 空气中含有的元素以空气相应的组成气体为基准物质，而以饱和湿空气的摩尔成分为基准物质的成分，见表2-3。

表2-3　龟山-吉田模型基准物质中空气的组成

组分	N_2	O_2	H_2O	CO_2	Ar	Ne	He
体积分数/%	75.57	20.34	3.16	0.03	0.901	0.0018	0.000524

③ 其他元素则以含有该元素的最稳定的纯物质（液态或固态）为其基准物质，作者考虑到实际固态物质的扩散难于利用，采取 T_0、p_0 条件下各纯固态基准物质的值为0。

④ 对于部分元素，出于实用方便的考虑，即使一种普遍存在的物质其稳定性比另一种不常见物质差些，作者仍以前者为基准物质。

从应用的角度看，斯蔡尔古特模型中的基准物质由于受环境中天然物质的限制，不一定能选出最稳定的基准物质，同时考虑到自然环境中基准物质的含量与成分不易测准等因素，龟山-吉田模型较为实用。

根据环境模型，可以计算各元素的标准化学㶲 $e^0(X)$。确定了各元素的标准㶲后，只要能查到某化合物的标准摩尔生成自由焓 $\Delta_f G_m^0$ 数据，就可以确定该化合物的标准化学㶲。

设纯物质 $A_a B_b C_c$ 由单质或元素 A、B、C 经过一般生成反应得到：

$$aA + bB + cC + \cdots \to A_a B_b C_c \cdots$$

如果已知元素 A、B、C 的标准㶲，则此物质的标准化学㶲为：
$$e^0(A_aB_bC_c\cdots)=\Delta_fG_m^0(A_aB_bC_c\cdots)+ae^0(A)+be^0(B)+ce^0(C)+\cdots \quad (2\text{-}84)$$

式中，$\Delta_fG_m^0(A_aB_bC_c\cdots)$ 是该化合物的标准摩尔生成自由焓。

下面以龟山-吉田模型为例，了解基准物质的选取方法以及计算相应元素标准㶲和物质标准㶲的方法。

(1) 确定基准元素的标准㶲　龟山-吉田模型规定 $T_0=298.15\text{K}$ 和 $p_0=1\text{atm}$（101325Pa）下的饱和湿空气作为空气中所包含气体的基准物，由此出发，可首先确定 O、N、C、H 元素的标准㶲。对于 O_2、N_2、CO_2、H_2O 纯气体来说，它们本身就是基准物质，只是与环境状态下的基准物质浓度不同，它们的化学㶲也就是扩散㶲。

$$e^0(O)=\frac{1}{2}e^0(O_2)=-\frac{1}{2}RT_0\ln(X_{0,O_2}) \quad (2\text{-}85)$$

$$e^0(N)=\frac{1}{2}e^0(N_2)=-\frac{1}{2}RT_0\ln(X_{0,N_2}) \quad (2\text{-}86)$$

对于碳元素，先计算纯 CO_2 的标准㶲：

$$e^0(CO_2)=-RT_0\ln(X_{0,CO_2}) \quad (2\text{-}87)$$

式(2-84)～式(2-86)中，X_{0,O_2}、X_{0,N_2}、X_{0,CO_2} 分别表示 O_2、N_2、CO_2 气体在环境状态下的摩尔分数。然后根据生成反应 $C+O_2\longrightarrow CO_2$，计算碳元素的标准㶲为：

$$e^0(C)=-\Delta_fG_m^0(CO_2)-2e^0(O)+e^0(CO_2) \quad (2\text{-}88)$$

同理，可以计算氢元素的标准㶲。

(2) 计算其他元素的标准㶲　为了计算元素 X 的标准㶲，从环境模型中找到元素 X 的基准物质 $X_xA_aB_bC_c$，则该物质的标准㶲 $e^0(X_xA_aB_bC_c)$ 等于 0，根据生成反应：

$$xX+aA+bB+cC\longrightarrow X_xA_aB_bC_c$$

由此得到元素 X 的标准㶲：

$$e^0(X)=\frac{1}{x}[-\Delta_fG_m^0(X_xA_aB_bC_c)-ae^0(A)-be^0(B)-ce^0(C)] \quad (2\text{-}89)$$

式中，$e^0(A)$、$e^0(B)$、$e^0(C)$ 为元素 A、B、C 的已知标准㶲。

为了选择基准物质，必须把一切已有标准摩尔生成自由焓（$\Delta_fG_m^0$）数据的物质都代入到此式中计算，选取求得 $e^0(X)$ 值最大的物质作为该元素的基准物质。

(3) 确定化合物的标准㶲　确定了各元素的标准㶲后，只要能查到某化合物的标准摩尔生成自由焓 $\Delta_fG_m^0$ 数据，就可以确定该化合物的标准㶲。

设纯物质 $A_aB_bC_c$ 由单质或元素 A、B、C 经过一般生成反应得到：

$$aA+bB+cC+\cdots\longrightarrow A_aB_bC_c\cdots$$

如果已知元素 A、B、C 的标准㶲，则此物质的标准㶲为：

$$e^0(A_aB_bC_c\cdots)=\Delta_fG_m^0(A_aB_bC_c\cdots)+ae^0(A)+be^0(B)+ce^0(C)+\cdots \quad (2\text{-}90)$$

三、常见化工过程的㶲分析应用

1. 换热器用能的㶲分析

传热过程的不可逆损耗主要有两个原因，一为流体阻力；另一为温差传热。要减少传热过程的不可逆损耗，就应该从减少传热温差和减少阻力入手。结构一定的换热器，通常流体阻力一定（当然，随着换热器内垢层增厚，阻力必然增大）。因此，影响传热过程㶲损失的主要因素是传热温差，具体表现为在换热设备中，由于流体的温差分布不合理，有较大的传热温差而引起的㶲损失，同时也包括设备保温不良而散热于大气，或低于常温的冷损失。

设某换热器，若不计此换热器的散热损失，高温流体 A 在温度为 T_A 时将热量 Q 传给温度为 T_B 的低温流体 B，$T_A > T_B$。根据高乌-斯托多拉公式，传热过程的损耗功即㶲损失为：

$$W_L = Ex_L = T_0 \Delta S_t = T_0 (\Delta S_{sys} + \Delta S_{sur}) \tag{2-91}$$

由于忽略换热器的热损失，则 $\Delta S_{sur} = 0$，即：

$$W_L = Ex_L = T_0 \Delta S_{sys} = T_0 (\Delta S_A + \Delta S_B) \tag{2-92}$$

式中，ΔS_A、ΔS_B 分别为高温流体和低温流体的熵变。

若为恒温传热，则有：

$$W_L = Ex_L = T_0 \Delta S_{sys} = T_0 (\Delta S_A + \Delta S_B) = T_0 Q \left(\frac{T_A - T_B}{T_A T_B} \right) \tag{2-93}$$

若为变温传热，T_A、T_B 都是变量，此时 T_A、T_B 要用热力学平均温度 $\overline{T_A}$、$\overline{T_B}$ 代替，于是上式变为：

$$W_L = Ex_L = T_0 \Delta S_{sys} = T_0 Q \left(\frac{\overline{T_A} - \overline{T_B}}{\overline{T_A}\, \overline{T_B}} \right) \tag{2-94}$$

其中，平均温度可以用下式计算：

$$\overline{T} = \frac{T_2 - T_1}{\ln \dfrac{T_2}{T_1}} \tag{2-95}$$

式中，T_1、T_2 分别是流体的初温和终温。

根据以上分析，换热设备即使没有热损失，热量在数量上完全回收，仍然有㶲损失（功损失）。在环境温度 T_0、传热量 Q 一定时，传热过程的㶲损失正比于传热温差（$T_A - T_B$）。因此，能耗费随传热温差减小而降低，但对于一定的传热量，为减少传热温差必须增加传热面，这就导致设备投资费用增大。这里存在能耗费和投资费的矛盾，考虑到投资费是一次性的，能耗费是经常性的，由于当前的能源价格急剧上涨，减小温差节约的能耗费在短期内可以补偿投资费的增加。

另外，传递单位热量的㶲损失还反比于热、冷流体温度的乘积（$T_A T_B$）。显然，低温传热比高温传热的㶲损失要大。例如，60K 级的冷交换器的功损失是 600K 级的热交换器的 100 倍！假如要求㶲损失 Ex_L 一定，则高温传热允许有较大的传热温差，低温传热只允许有较小的传热温差，深冷工业换热设备的温差有时只有 1~2℃，就是这个原因。

当 T_A、T_B 均大于环境温度 T_0 时，传热过程的热力学效率为：

$$\eta_e = \frac{Ex_{out}}{Ex_{in}} = \left(1 - \frac{T_0}{T_B}\right) \Big/ \left(1 - \frac{T_0}{T_A}\right) \tag{2-96}$$

【例 2-20】 有一锅炉，燃烧器的压力为 0.1013MPa，传热前后燃烧气的温度分别为 1400K 和 810K。水在 0.7MPa、423K 时进入锅炉，以 0.7MPa、523K 时的过热蒸汽送出。设燃烧气的 $\overline{c_p} = 4.56 \text{kJ/(kg·K)}$，试分析此锅炉产生过热蒸汽过程㶲损失和热力学效率。

解 将锅炉视为并流换热器，如图 2-17 所示。

(1) 由能量平衡分析确定燃烧气和水的质量比。

查蒸汽表，0.7MPa、423K 时的热水，$h_a = 632.2 \text{kJ/kg}$，$s_a = 1.8418 \text{kJ/(kg·K)}$；

0.7MPa、523K 时的过热蒸汽，$h_b = 2972\text{kJ/kg}$，$s_b = 7.144\text{kJ/(kg·K)}$

得到：$\dfrac{m_气}{m_水} = \dfrac{h_b - h_a}{\bar{c}_p(T_c - T_d)} = \dfrac{2972 - 632.2}{4.56 \times (1400 - 810)} = 0.87$

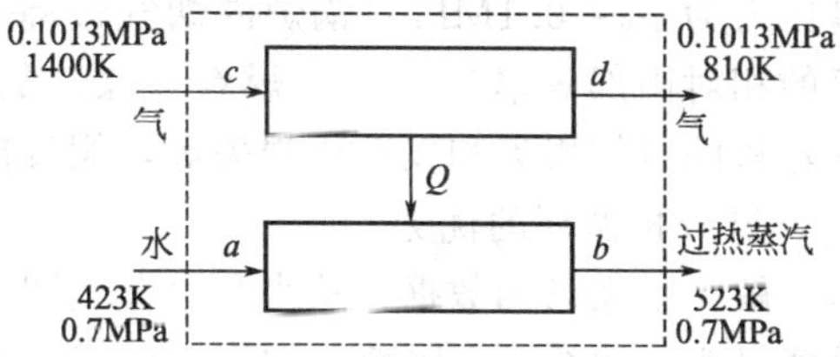

（2）计算燃烧气给出的㶲和水蒸气得到的㶲。取1kg水为计算基准，设环境温度 $T_0 = 298\text{K}$，环境压力 $p_0 = 0.1\text{MPa}$。

收益㶲 Ex_g 为：
$$Ex_g = Ex_b - Ex_a = (h_b - h_a) - T_0(s_b - s_a)$$
$$= (2972 - 632.2) - 298 \times (7.144 - 1.8418) = 759.7 (\text{kJ/kg})$$

支付㶲 Ex_p 为：
$$Ex_p = Ex_c - Ex_d = (h_c - h_d) - T_0(s_c - s_d) = 0.87 \bar{c}_p \left(T_c - T_d - T_0 \ln \dfrac{T_c}{T_d}\right)$$
$$= 1693.7 \ (\text{kJ/kg})$$

图 2-17 锅炉传热过程

（3）锅炉产生蒸汽过程的㶲损失 Ex_L。

对整个系统列㶲平衡式有：
$$Ex_a + Ex_c = Ex_L + Ex_b + Ex_d$$
$$Ex_L = Ex_a + Ex_c - (Ex_b + Ex_d) = Ex_c - Ex_d - (Ex_b - Ex_a) = 1693.7 - 759.7$$
$$= 934 \ (\text{kJ/kg})$$

（4）整个系统目的㶲效率
$$\eta_e = \dfrac{Ex_g}{Ex_p} = \dfrac{759.7}{1693.7} = 44.85\%$$

本例锅炉传热过程的㶲损失每千克水蒸气高达934kJ，热力学效率仅为44.85%。其原因在于锅炉的传热温差特别是热端温差太大，如果提高锅炉给水压力并进一步使蒸汽过热，则整个锅炉的传热温差将相应减小，㶲损失会降低，㶲效率便可得到提高。

2. 简单蒸汽动力循环的㶲分析

简单蒸汽动力循环——Rankine循环的系统以及其在 T-S 图上的表示如图 2-18 所示，对其进行㶲分析的关键是计算每个设备的㶲变化和整个循环系统的㶲效率。

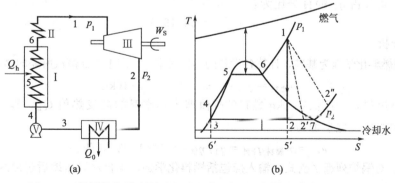

图 2-18 简单蒸汽动力循环系统示意图（a）及循环的 T-S 图（b）

【**例 2-21**】 某一蒸汽动力循环的已知参数如下：锅炉出口蒸汽压力为 $p_1 = 6\text{MPa}$，蒸汽温度为 $t_1 = 500°C$；汽轮机出口蒸汽压力为 $p_2 = 0.00516\text{MPa}$；环境温度为 $T_0 = 288\text{K}$，环

境压力为 $p_0=0.1$ MPa；锅炉内烟气最高温度 $T_{max}=1700$ K，锅炉效率 $\eta_{锅炉}=0.90$；汽轮机的相对内部效率为 0.88；燃料（煤）的热值为 $q_h=29300$ kJ/kg，忽略管道的阻力损失、汽轮机的机械损失和发动机损失等，假设冷却水的温度、压力即为环境温度 T_0、环境压力 p_0。试分析循环的优劣。

解 根据已知数据，从水和水蒸气图表中查出各点有关参数，并列于表 2-4 中，其中符号意义为：比焓 h、比熵 s、压力 p、温度 t、比㶲 e、下标 0 表示环境状态。比㶲 e 满足：

$$e=(h-h_0)+T_0(s-s_0)$$

表 2-4　各状态点的参数

状态点	p/MPa	t/℃	h/(kJ/kg)	s/[kJ/(kg·K)]	e/(kJ/kg)
1	6	500	3422	6.8814	1441.53
2	0.005	32.9	2098	6.8814	117.13
3	0.005	32.9	137.77	0.4762	2.0
4	6		144.35	0.4762	8.58
2′	0.005	32.9	2256.9	7.401	126.79
0	0.1	15	63.05	0.2237	0

下面的计算是以 1kg 蒸汽作为计算基准，为了分析比较，分别采用能量平衡法、㶲分析法来评价循环的优劣。

(1) 能量平衡分析

以 1kg 蒸汽为计算基准。产生 1kg 蒸汽需要燃料提供的热量 q_1 为：

$$q_1=(h_1-h_4)/\eta_{锅炉}=(3422-144.35)/0.9=3641.83 \text{ (kJ/kg)}$$

锅炉热损失占燃料提供热量 q_1 的百分比为 $(1-0.9)\times100\%=10\%$；故锅炉的排烟和散热等造成的热量损失为：

$$q'_{锅炉}=(1-0.9)\times3641.83=364.18 \text{ (kJ/kg)}$$

不计管道的阻力损失和汽轮机的机械损失时，装置实际的循环净功为：

$$w_{net}=(h_1-h'_2)-(h_4-h_3)=1158.52 \text{ (kJ/kg)}$$

$$w_p=h_4-h_3=6.58 \text{ (kJ/kg)}$$

$$w_{汽轮机}=h_1-h'_2=1165.1 \text{ (kJ/kg)}$$

循环功占 q_1 的百分比为（循环热效率）：

$$\eta_t=w_{net}/q_1=(1158.52/3641.83)\times100\%=31.81\%$$

冷凝器冷却水带走的热量 q_2（冷凝器热损失）：

$$q_2=h'_2-h_3=2119.13 \text{ (kJ/kg)}$$

冷凝器热损失占 q_1 的百分比为：

$$q_2/q_1=58.19\%$$

(2) 㶲分析

以燃料的燃料化学㶲为基准，计算各设备的㶲损失率，每产生 1kg 蒸汽所需的燃料量为：

$$m_{燃料}=q_1/(q_h\eta_{锅炉})=0.1243 \text{ (kg)}$$

对于固体燃料，一般假定 1kg 燃料的㶲值即为其本身的高发热值 Q_h，即每产生 1kg 蒸汽，燃料提供的燃料化学㶲为：

$$e_{ch}=m_{燃料}q_{h料}=q_1/\eta_{锅炉}=3641.83 \text{ (kJ/kg)}$$

① 锅炉。对锅炉列㶲平衡式。输入㶲包括燃料化学㶲，来自水泵压缩后过冷水具有的㶲 e_4，输出㶲 Ex_{out} 主要是 1kg 过热蒸汽具有的㶲；内部㶲损失包括燃料燃烧不完全、燃烧过程、有限温差传热过程等的㶲损失；外部㶲损失主要为散热、排烟以及灰渣带走的㶲损失。

以 $e_{L,锅炉}$ 表示锅炉中总的㶲损失。

$$e_{ch} + e_4 = e_1 + e_{L,锅炉}$$
$$e_{L,锅炉} = 3641.83 + 8.58 - 1441.53 = 2208.88 (kJ/kg)$$

对于1kg蒸汽而言，由锅炉中烟气传出的热量q_1所具有的烟气㶲$e_{烟气}$为：

$$e_{烟气} = \left(1 - \frac{T_0}{\overline{T_气}}\right) \times q_1$$

其中 $\overline{T_气} = \dfrac{h_{气,1700K} - h_{气,288K}}{s_{气,1700K} - s_{气,288K}} = \dfrac{1880.1 - 288.15}{8.5978 - 6.6612} = 822.03(K)$

即 $e_{烟气} = 2365.91 \ (kJ/kg)$

（说明：假设锅炉的燃烧过程在环境压力下进行，将烟气近似地看出空气，由已知的烟气最高温度1700K与环境温度288K，可以从空气热力学性质表查得对应的焓值和熵值。）

已知烟气㶲，可以进一步列相应㶲平衡式，求得锅炉中由于散热和有限温差传热的㶲损失$e_{L,锅炉1}$以及不可逆燃烧引起的㶲损失$e_{L,锅炉2}$。

$$e_{L,锅炉1} = e_{烟气} + e_4 - e_1 = 932.96 \ (kJ/kg)$$
$$e_{L,锅炉2} = e_{ch} - e_{烟气} = 3641.83 - 2365.91 = 1275.92 \ (kJ/kg)$$

对应的散热和有限温差传热的㶲损失率$\xi_{锅炉,1}$为：

$$\xi_{锅炉,1} = (932.96/3641.83) \times 100\% = 25.62\%$$

对应的不可逆燃烧引起㶲损失率$\xi_{锅炉,2}$为：

$$\xi_{锅炉,2} = (1275.92/3641.83) \times 100\% = 35.04\%$$

② 汽轮机。根据㶲平衡式，有：

$$e_1 = e_2' + w + e_{L,汽轮机}$$
$$e_{L,汽轮机} = 1441.53 - [126.79 + (h_1 - h_2')]$$
$$= 1441.53 - [126.79 + (3422 - 2256.9)] = 149.64 \ (kJ/kg)$$

故汽轮机由于摩擦和涡流引起的㶲损失率为：

$$\xi_{汽轮机} = (149.64/3641.83) \times 100\% = 4.11\%$$

汽轮机的目的㶲效率为：

$$\eta_{e,汽轮机} = w/(e_1 - e_2) = 88.62\%$$

③ 冷凝器。根据㶲平衡式，有：

$$e_{2'} = e_3 + e_{L,冷凝器}$$
$$e_{L,冷凝器} = e_{2'} - e_3 = 126.79 - 2.0 = 124.79 \ (kJ/kg)$$

故冷凝器的㶲损失率为：

$$\xi_{冷凝器} = (124.79/3641.83) \times 100\% = 3.43\%$$

④ 水泵。由于水泵被视为绝热可逆压缩，故㶲损失为0，列㶲平衡式有：

$$w_p = e_4 - e_3 = 8.58 - 2.0 = 6.58 \ (kJ/kg)$$

⑤ 整个蒸汽动力循环系统的总㶲损失。

$$e_L = e_{L,锅炉1} + e_{L,锅炉2} + e_{L,汽轮机} + e_{L,冷凝器}$$
$$= 932.96 + 1275.92 + 149.64 + 124.79 = 2483.31 \ (kJ/kg)$$

⑥ 整个装置的㶲平衡验算。

对整个装置列㶲平衡式：输入㶲主要包括燃料化学㶲$e_{ch} = 3641.83 kJ/kg$；输出㶲Ex_{out}主要是汽轮机对外做功的㶲$w_{汽轮机} = 1165.1 kJ/kg$，考虑水泵的耗功，装置实际的循环净功$w_{net} = 1158.52 kJ/kg$；其余为㶲损失e_L。故

$$e_L = 3641.83 + 6.58 - 1165.1 = 2483.31 \ (kJ/kg)$$

计算结果吻合。

整个装置的㶲损失率为：$\xi = (2483.31/3641.83) \times 100\% = 68.19\%$

整个装置的㶲效率为：$\eta_e = (w_{汽轮机} - w_p)/e_{ch} = 31.83\%$

（3）能量平衡分析和㶲分析比较

将能量平衡分析和㶲分析的分析结果分别画出对应的能流图与㶲流图，如图 2-19 所示。

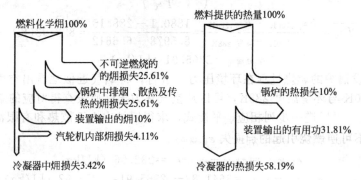

图 2-19　㶲流图与能流图

① 在锅炉里，锅炉效率为 90%，排烟以及散热的热损失仅占 10%，但㶲分析得出，在锅炉里由于不可逆燃烧、排烟、散热温差传热等引起的㶲损失率高达 60.65%。这从本质上指出，高温烟气传热给低温蒸汽，虽然热量的数量未变，但该热流的做功能力即能量的"品质"或"有用性"降低了，为此要设法提高水蒸气的最高温度或平均吸热温度。

② 冷凝器中乏汽放给冷却水的热量很大，占烟气提供的热量的 58.19%，但其㶲损失率只有 3.42%。说明冷凝器中的热量损失虽然很大，但实际的做功能力（㶲）损失并不大。

③ 汽轮机的不可逆膨胀引起的㶲损失占 4.11%，但通过能量平衡分析，无法反映出这部分能量损失。

因此，能量平衡分析虽然能够在数量上反映能量利用情况，但并不能真正揭示能量损失的本质原因，而通过㶲分析法可以具体地说明循环中各种不可逆因素造成的㶲损失。

日常生活用电中的节电措施

电能是日常生活必不可少的能源，如今伴随着科技的日益进步，电子产品越来越多地出现在人们的日常生活中，这一方面有利于促进人们生活水平的提高，然而另一方面也应该看到由此带来的电能消耗。因此日常生活中节约用电意义重大。以下就是关于日常生活节约用电的一点建议。

日常生活中的电能消耗主要是家用电器，每个人都应该有节电的意识，从小处做起。对于照明电器，要用日光灯来代替白炽灯，日光灯可大大降低耗电量。电视机作为日常生活必不可少的家电，使用时间最长，因此要把音量和光线亮度调至最佳状态，声音越大，亮度越强就越耗电。另外不要让电视机长时间处于待机状态，这样不仅耗电，而且会降低其寿命。电冰箱应放置在阴凉通风处，绝不能靠近热源，以保证散热片很好地散热。使用时，尽量减少开门的次数和时间。

对于空调，室温设置于 27～28℃ 为宜，另外开启空调时，要关闭门窗；定期清洗隔尘网，可节省 30% 的电力；不要频繁启动，停机后必须隔 2～3 分钟再开机。

对于热水器，温度设定一般在 60～80℃，不需用水时应及时关机，避免反复烧水。如家中每天都用热水，则应让热水器始终通电，并设置在保温状态。

以上就是一些常用的家用电器的节电措施。这对日常家庭节约用电很有效。然而对于工作中和公共场合如何节约用电这也需要引起大家的注意，在离开办公室或教室等公共场合时，要确保所有的电器都是关闭状态。

思考题

1. 什么是稳流体系？稳流体系有何特点？
2. 为什么在稳流体系的能量平衡计算中通常可忽略动能项和位能项？
3. 什么是轴功？如何计算轴功？
4. 气体压缩有几种方式？各种方式的压缩功如何计算？哪种压缩方式的功耗最小？实际生产中的压缩过程是哪一种形式？为什么？
5. 什么是多级压缩？多级压缩常应用在何种场合？多级压缩具有什么优点？其压缩功如何计算？
6. 可逆过程的必要条件是什么？对其讨论有何实际意义？
7. 什么是热力学第二定律？试述其在节能减排中的作用。
8. 试分析卡诺热机热效率的影响因素及提高措施。
9. 试说明克劳修斯不等式的物理意义。
10. 什么是熵增原理？讨论其有何实际意义？
11. 什么是封闭体系、孤立体系和敞开体系？
12. 什么是理想功？客观存在与轴功有何区别？
13. 损失功和过程熵变有何关系？
14. 试比较热效率、热力学效率及㶲效率。
15. 针对某一具体的化工单元过程进行㶲分析。

计算题

1. 已知蒸汽进入汽轮机时焓值为 $H_1 = 3230\text{kJ/kg}$，流速 $u_1 = 50\text{m/s}$，乏汽流出汽轮机时的焓值 $H_2 = 2300\text{kJ/kg}$，$u_2 = 120\text{m/s}$，蒸汽出口管比进口管低 3m，设散热损失可忽略不计，求：(1) 每千克蒸汽流经汽轮机时对环境所做的轴功 W_s；(2) 若蒸汽量为 10^4kg/h，求汽轮机功率；(3) 若忽略进出口动能差项和位能差项，其结果如何？由此引起的误差有多大？

2. 有一水平放置的热交换器，其进口的截面积相等。空气进入时的温度和压力分别为 30℃、0.105MPa，流速为 10m/s，离开时的温度和压力分别为 130℃、0.104MPa。试计算当空气的质量流量为 100kg/h 时，从热交换器吸收多少热量。已知空气的恒压热容为 1.005kJ/(kg·K)。

3. 某一空气压缩机每小时将压力为 $1.013 \times 10^5 \text{Pa}$、温度为 20℃ 的空气 120kg 压缩到 $40 \times 10^5 \text{Pa}$，设空气可视为理想气体，压缩过程为多变压缩，其多变指数为 $m = 1.20$。试分别计算单级压缩和两级压缩、中间冷却两种压缩过程所需功率及压缩后气体的终温。

4. 有 1kJ 的热量，分别从温度 T_1 为 1000K 和温度 T_2 为 900K 的高温热源传向温度 T_0 为 300K 的低温热源，试比较其所做的卡诺功。

5. 设有温度 $T_1 = 90℃$、流量 $m_1 = 20\text{kg/s}$ 的热水，与温度 $T_2 = 50℃$、流量 $m_2 = 30\text{kg/s}$ 的热水进行绝热混合。试求此过程产生的熵。此绝热混合过程是否可逆？

6. 试求 25℃、0.10133MPa 的水变为 0℃、0.10133MPa 冰的理想功。已知 0℃ 冰的熔解焓为 334.7kJ/kg。设环境温度为：(1) 25℃；(2) −25℃。

7. 某企业有一输送 90℃ 热水的管道，由于保温不良，致使使用时水温降至 70℃。计算每吨热水输送中由于散热而引起的损耗功。取环境温度 $t_0=25℃$。已知水的恒压热容为 $4.18685 kJ/(kg·K)$。

8. 有 1.57MPa、757K 的过热蒸汽推动透平机做功，并在 0.0687MPa 下排出。此透平机既不绝热也不可逆，输出的轴功相当于可逆绝热膨胀功的 85%。由于隔热不好，每 1kg 的蒸汽有 7.12kJ 的热量散失于 293K 的环境。求此过程的理想功、损耗功及热力学效率。

9. 合成氨生产一段转化气的组成见下表：

组分	H_2	N_2	CH_4	CO	CO_2	Σ
摩尔分数	67.5	2.2	9.6	9.8	10.9	100.0

设该气体为理想气体混合物，求其摩尔标准化学有效能。

10. 有一锅炉利用燃烧气来生产 1.10325MPa 的饱和水蒸气。锅炉给水温度为 100℃，燃气为常压，由 800℃冷却到 200℃，其热容为 $29.29 kJ/(kmol·K)$。环境温度为 25℃，传热过程中热损失忽略不计，求：(1) 燃烧气输出的热量；(2) 燃气所含的㶲；(3) 水所获得的㶲；(4) 传热过程的㶲效率。

化工单元节能减排

知识目标

了解化工单元操作过程、工业燃煤锅炉、热能利用过程、风机、泵使用过程节能技术的一般原理和方法；了解相关化工单元的节能新工艺新技术；理解相关化工单元的节能减排意义。

能力目标

能初步进行化工单元操作过程、工业燃煤锅炉、热能利用过程、风机、泵使用过程的节能技术分析；能根据生产实际，选择较优的节能技术方案或提出合理化建议。

素质目标

具备较强的化工单元节能减排意识，增加化工节能减排的社会责任感和历史使命感。

化工单元操作过程的节能减排

知识目标

了解流体输送、传热、蒸发、精馏、干燥、制冷、空气压缩等典型化工单元操作过程中能耗损失原因；理解典型化工单元操作过程中常见节能减排工艺的节能原理；掌握化工单元操作过程节能减排措施。

技能目标

能运用流体输送、传热、蒸发、精馏、干燥、制冷、空气压缩等典型单元操作过程中的节能理念和方法，分析化工单元操作中的能耗现状；能提出初步的节能减排解决方案及合理化建议，具备较强的单元操作过程的节能减排意识。

一、流体输送过程的节能减排

流体输送管路由管子、管件、阀门、输送机械（泵与风机）、流量计等部分组成。对于化工企业大量的输送管路和输送设备,必须做好设计、布置和选用,既要保证化工生产的正常进行,又要尽可能减少流体流过管路和设备所造成的压降和有效能损失,尽可能改善输送机械(泵与风机)的调节性能。

1. 流体在直管内流动时的有效能损失

不论是液体或气体,在管内流动过程中有效能损失有以下规律。

① 直管有效能损失与流体的绝对温度成反比,因而当高温输送时要注意保温;尤其在低温(低于环境温度)输送时,更应注意保冷。

② 直管有效能损失与压降成正比,所以要尽可能减少管路上各种管件和阀门的数量;或适当降低流速以减小直管阻力。

③ 直管有效能损失与流速的平方成正比。降低流速则有效能损失随之下降。但在输送流量一定的条件下,降低流速必须增大管径,这将使投资增加。因此要解决好阻力减小使能耗下降和投资增大之间的矛盾,应选择适宜的流速,寻求最经济的管径。

2. 节流过程的有效能损失

化工生产过程中到处可见管路中的缩扩变化,各种调节阀门,限流孔板和高压流体的泄压或排放等节流装置,应分析它们有效能损失的合理性,尽可能消除不必要的节流。

节流过程是等焓过程,因此在压力突降的同时,温度也有变化。节流过程有如下规律:

① 节流有效能损失随压力的变化率正比于流体的流量,故气体和蒸汽的节流有效能损失比液体大得多;

② 温度越低有效能损失越大,在各种冷冻及深冷过程尤甚;

③ 液体的节流有效能损失正比于压差,而理想气体的节流有效能损失正比于压力比。因此须注意低压下气体流动有效能的回收。例如气体压力由 0.2MPa 到 0.1MPa 的节流有效能损失同由 10MPa 到 5MPa 的节流有效能损失是一样的。

流体在管路和设备中流动时因摩擦阻力造成的压降和有效能损失也可按照上述等焓节流过程来考虑和计算。

3. 使用减阻剂降低有效能损失

为减少流体流动过程的不可逆能量损耗,可采用添加某些高分子量聚合物作为减阻剂的办法,使流体在管道中流动的压降大为减小。应用减阻剂减阻有两个突出的优点:一是减阻剂添加量极少,通常只需输送流体量的万分之一以下;二是减阻效果显著,可使管路阻力减少 50% 以上。因此,应用减阻剂具有很大的节能潜力。

(1) 减阻剂的特性　不同减阻剂的减阻效率差别很大,高效的减阻剂只需添加百万分之几就能达到百分之几十的减阻效果,因此选用适宜的减阻剂十分重要。高效的减阻剂都具有以下特性:①在输送的流体中有良好的溶解性;②有很大的分子量,通常达 $10^6 \sim 10^7$ 数量级;③具有柔性的线形分子结构;④在流动过程中具有良好的抗机械降解性;⑤对输送流体的使用无不良影响。

常见的高效减阻剂有适用于水相流体的聚丙烯酰胺、聚氧乙烯、胍胶等;适用于油相流体的聚异丁烯、聚辛烯-1、氢化聚异戊二烯、长链 α-烯烃共聚物等。

(2) 减阻剂的使用方法　减阻剂在强剪切力作用下会发生不可逆的降解破坏,因此用于管路系统时,减阻剂通常都在流体输送泵后再注入管道与流体混合。最常用的方法是先把减阻剂配成浓溶液(10% 左右),再用计量泵按所需比例注入管道。如果用于搅拌系统,则可直接加入容器中。图 3-1 为某系统减阻剂使用流程图。

(3) 减阻剂的应用场合　减阻剂的应用领域十分广泛,与化工过程有关的主要有以下几种场合。

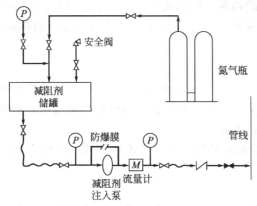

图 3-1 减阻剂注入系统

① 油品的输送。原油从油田或码头到炼油厂的输送，以及成品油从炼油厂到用户的输送是减阻技术的重要应用领域。最早使用减阻剂的是美国阿拉斯加输油管线。该管线每天加入约 44kg 减阻剂，节省了一台 393kW 的输送泵，每天节电 9400kW·h，即每天减排 9372kgCO_2。对世界各地的 20 条输送各种汽油、柴油、燃料油及原油的工业管线进行统计，结果显示，使用减阻剂后，平均减阻达 37.2%。

② 工业用水的输送。用于加热或冷却目的的工业用水输送也适于应用减阻剂。据在两条分别长 5km 和 7km 的热水输送管路上的试验表明，加入 0.0044% 的减阻剂可使阻力减小 20% 以上，并且对传热过程无不良影响。

③ 污水输送。工业或生活污水要用管道送往集中式的污水处理厂时，在污水中添加减阻剂可大大减少输送能耗。

④ 生化反应器的搅拌。在发酵罐或污水曝气池一类慢速生化反应器中使用减阻剂可节省搅拌功率，而不会影响反应过程的速率。

⑤ 液体喷嘴。在液体喷射泵或射流喷嘴系统中应用减阻剂可在不增加功率的情况下显著提高射流速度，从而提高泵的效率或增加射流的工作能力。

⑥ 固体物料的水力输送。利用水力输送粉状固体物料是非常方便而有效的运输方法。如水煤浆、矿浆、粉煤灰或灰渣的水力输送，在固体悬浮液中加入减阻剂不仅能降低输送能耗，而且还能增加悬浮液的稳定性。

流体输送过程中重要的节能环节——输送机械的节能技术将在任务四中作更多阐述。

二、传热过程的节能减排

热能是化工生产的主要能源，传热过程也是化工过程中最常见的单元操作，在传热过程中如何节约能源，对化工生产有普遍的指导意义。传热过程的节能减排措施很多，具体可归纳如下。

1. 改进工艺装置，提高燃料的热利用率

（1）合理利用热源，采用热-电联产系统　蒸汽、电力是化工过程中的两项主要能耗，目前我国化工企业一般都从厂外供电，而本厂自产的中压蒸汽却用减压阀降压后作热源使用，这样，能量利用率很低。而国外化工领域中热-电联产综合利用系统作为有效的工业节能举措正得到迅速发展和推广，能量做到综合利用。在化工过程中，工艺热可以通过废热锅炉产生高压蒸汽，或在生产中选用高压锅炉，尽量提高所产生蒸汽的压力，利用高压蒸汽，驱动透平机以产生电能，供厂内用电，排出的蒸汽（也可根据需要抽出一定压力的蒸汽）作为工厂的热源。这种综合系统具有显著的节能效果。如在大型合成氨生产中，采用热-电综合系统，合成氨生产电耗可由 2000kW·h/tNH_3 降到 75kW·h/tNH_3，即减排 1919kgCO_2/tNH_3。

（2）改进工艺，提高热能利用率　蒸发和蒸馏都是耗能较大的化工过程，为了减少蒸发与蒸馏过程的热能消耗，应尽可能采用多效蒸发与多效蒸馏，以充分利用热量。如碱厂节能措施之一就是将 2~3 效蒸发改为 3~4 效蒸发。蒸馏操作也可采用多效蒸馏的流程，即利用一个塔的塔顶蒸汽潜热作为另一个塔塔底再沸器的热源。例如从粗混合二甲苯中脱有机杂质的精馏过程,将原单塔流程改为双塔流程,用高压塔的塔顶蒸汽作为低压塔再沸器的热源,可节约能耗40%左右。

2. 热量的充分回收利用

(1) 最有效地利用工厂中大量低位热能　化工企业中所消耗的总热能80%左右最终以低品位热能形式向环境排放,造成能量的严重流失,因此,有效地利用低位热能是提高能源利用率的重要途径。低位余热的利用途径主要有以下几种类型。

① 充分利用热物流余热来预热物料。例如蒸馏过程可以充分利用塔顶或塔侧线产品的潜热或显热及塔底产品的显热来预热物料。

② 作为干燥过程的热源。

③ 采用蒸汽再压缩技术,提高蒸汽品位作热源。例如在蒸发中可以利用应为二次蒸汽或末效低位蒸汽,通过喷射泵提高其压力,作加热器的热源。

④ 作为溴化锂制冷的热源。

⑤ 利用低沸点介质发电。如利用异丁烷、戊烷或氟里昂等有机物,在蒸发器中蒸发产生的高压蒸汽,驱动透平机发电,废气再进入冷凝器被冷却水冷凝,然后用泵送回蒸发器中循环使用。

(2) 化学反应热的充分利用　在化工生产中,经常会遇到放热反应,例如甲醇氧化制甲醛工艺,反应物甲醛气的温度可超过600℃,若用冷却水冷却,无疑在能量上造成很大浪费。若采用余热回收,将反应气体温度从640℃降至240℃,每吨甲醛可副产1t蒸汽,同时还可节约冷却水120t。

3. 减少热量传输过程中的热损失

(1) 减少设备及管道的热损失　尽量减少设备及管道的热损失对节能有明显效果,不保温或保温较差的管道将对环境产生很大的散热量。一根1m长裸露的4″蒸汽管道,每小时将冷凝2~5kg的蒸汽,每年将要多消耗1000~2000kgce,即每年CO_2排放量将增加2493~4986kg。对冷冻管道及设备也要注意保冷,保冷的绝缘层要保持干燥,避免湿气进入,以影响保温效果。

(2) 降低换热器的传热温差,以减少有效能损失　传热温差愈小,有效能损失就愈小。如在蒸发操作中,为节约能耗,提高热利用率,就必须尽可能增加蒸发器的效数,也就必须降低蒸发器的传热温差。但一般仅适用于低温场合。

4. 减少换热器的压降损失,以降低动力消耗

减少换热器的压降损失可以降低系统的动力消耗,换热器的压降损失除与它的结构形式有关外,主要取决于流体在换热器内的流速。流速增加,阻力很快上升,但过低的流速会使流体中的杂物沉积,导致管道堵塞,严重的污垢也会影响传热效果,使传热系数下降。因此需要参考工业常用流速范围选择适宜的流速。

5. 采用新型高效换热元件和换热设备

采用结构紧凑、新型的高效换热器,促进换热设备的更新换代,改善热能利用状况。如使用钛制板式换热器和热管技术等。

6. 提高换热器传热速率

由传热速率方程可知,通过改变总传热系数、平均温差、传热面积,可提高传热速率,但提高哪一个因素有利,需与其他方面综合考虑,得到节能与经济的合理值。

(1) 提高传热平均温差　不同温位下的换热应采用不同的传热温差:高温下,换热时温差可以大一些，以减少换热面积；在低温下换热，应采用较小的传热温差，以减少有效能损失。

由于冷、热流体逆流换热较并流换热平均温差大，可减少载热体用量，节省操作费用，所以当两种流体均为变温的情况，尽可能采用逆流操作。提高加热剂的温度，或降低冷却剂的温度，可增大温差，但要合理选择。

（2）传热面积　增加传热面积可使传热量增大，间壁两侧对流传热系数相差很大时，应设法增加对流传热系数小的那一侧的传热面积，改进传热面结构，尽量提高单位容积内设备的传热面积，如用螺纹管、波纹管代替光滑管，或都采用翅片管换热器等，这样既可增加流体湍动程度，又使设备紧凑，结构、密度、压力和温度合理，但在既定的换热器上想增加传热面积是不现实的。如果进行换热的两流体，在工艺上允许直接接触，则应设法增加两种流体间的相互接触，以增大其接触面积，达到节能。如文丘里冷却器、泡沫冷却塔等属此类。

（3）总传热系数　传热的热阻是一串联热阻，所以应首先分析哪一项热阻是该过程的控制性热阻，再设法减小它，从而达到强化过程的效果。根据总传热系数关系式，应从以下几方面考虑。

① 增加湍动程度，以减小层流厚度。增加流体速度，可增强湍动程度，减小层流厚度，可有效地提高无相变流体的对流传热系数。如列管换热器中增加管程数，壳体内加设挡板等均可。但流速的提高会导致流体阻力增大，因此，提高流速有局限性。

改变流动条件，通过设计特殊的传热壁面，使流体在流动过程中不断改变流动方向，提高湍动程度。如管内装入麻花铁、螺旋圈或金属丝片等添加物，又如板式换热器的板片表面压制成各种凹凸不平的沟槽面等，均可提高总传热系数值，同样流体阻力也相应有所增大。

② 尽量采用有相变和热导率较大的载热体，可得到大的对流传热系数。如蒸气冷凝过程，设法使其维持滴状冷凝，液膜及时从壁面排除等。

③ 采取防止或减缓结垢的措施，并及时清除传热面上的垢层。

7. 加强企业管理，杜绝跑、冒、滴、漏

一般化工企业，加强对能源的管理可以节约能耗7%～20%。加强对能源的管理，可采取以下措施：①对能源实行定额管理与综合调配制度，严格控制消耗，做到层层计量，层层回收，不浪费点滴能源；②对能量进行分级综合利用，提高热利用率；③加强岗位责任制，健全操作管理与设备管理制度，改善设备运行状况，杜绝跑、冒、滴、漏现象发生；④加强对设备及管道的保温管理，改进保温材料，提高保温效果；⑤建立设备维修制度，定期对换热设备进行清洗、检修，去除污垢、杂质；⑥加强对疏水器的维修与管理。疏水器容易失灵，对跑、漏现象严重的疏水器应及时修理与更换。对蒸汽漏损严重的老式疏水器应予以淘汰更换，此外多考虑疏水器排出的冷凝水等的综合利用。

三、蒸发过程的节能减排

蒸发是大量消耗热能的过程，蒸发操作的热源通常为水蒸气，而蒸发的物料多为水溶液，蒸发时产生的蒸汽也是水蒸气。蒸发操作是高温位的蒸汽向低温位转化，其既需要加热又需要冷却（冷凝）。较低温位的二次蒸汽的利用率在很大程度上决定了蒸发操作的经济性。温度较高的冷凝液和完成液的余热，也应设法利用。下面介绍蒸发过程的主要节能途径。

1. 多效蒸发

蒸发过程中，若将加热蒸汽通入一蒸发器，则溶液受热沸腾所产生的二次蒸汽的压力和温度必比原加热蒸汽低。若将该二次蒸汽当作加热蒸汽，引入另一个蒸发器，只要后者的蒸发室压力和溶液沸点均较原来蒸发器中的低，则引入的二次蒸汽仍能起到加热作用。此时第二个蒸发器的加热室便是第一个蒸发器的冷凝器，此即为多效蒸发的原理。将多个蒸发器这样连接起来一同操作，即组成一个多效蒸发系统。

多效蒸发提高了加热蒸汽的利用率，即经济性。表 3-1 列出了不同效数的单位蒸汽消耗量。从表中可以看出，随着效数的增加，单位蒸汽消耗量（D/W）减少，因此所能节省的加热蒸汽费用越多，但效数越多，设备费用也相应增加。而且，随着效数的增加，虽然 D/W 不断减少，但所节省的蒸汽消耗量也越来越少，例如，由单效增至双效，可节省的生蒸汽量约为 50%，而由四效增至五效，可节省的蒸汽量约为 10%。同时，随着效数的增多，生产能力和强度也不断降低。由以上分析可知，最佳效数要通过经济权衡决定，而单位生产能力的总费用为最低时的效数为最佳效数。目前工业生产中使用的多效蒸发装置一般都是 2～3 效。近年来为了节约热能，蒸发设计中有适当地增加效数的趋势，但应注意效数是有限制的。

表 3-1　不同效数的单位蒸汽消耗量

效数		单效	双效	三效	四效	五效
D/W(kg汽/kg水)	理论值	1.0	0.50	0.33	0.25	0.20
	实际值	1.1	0.57	0.40	0.30	0.27

2. 额外蒸汽的引出

在多效蒸发操作中，有时可将二次蒸汽引出一部分作为其他加热设备的热源，这部分蒸汽称为额外蒸汽。其流程如图 3-2 所示，这种操作可使得整个系统总的能耗下降，使加热蒸汽的经济性进一步提高。同时，由于进入冷凝器的二次蒸汽量减少，也降低了冷凝器的热负荷。其节能原理说明如下。

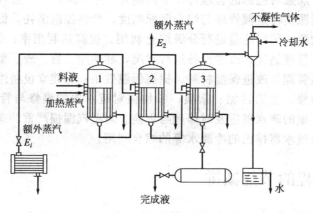

图 3-2　引出额外蒸汽的蒸发流程

若要在某一效（第 i 效）中引出数量为 E_i 的额外蒸汽时，在相同的蒸发任务下，必须要向第一效多提供一部分加热蒸汽。如果加热蒸汽的补加量与额外蒸汽引出量相等，则额外蒸汽的引出并无经济效益。但是，从第 i 效引出的额外蒸汽量实际上在前几效已被反复作为加热蒸汽利用。因此,补加蒸汽量必小于引出蒸汽量,从总体上看,加热蒸汽的利用率得到提高。只要二次蒸汽的温度能够满足其他加热设备的需要,引出额外蒸汽的效数越往后移,引出等量的额外蒸汽所需补加的加热蒸汽量就越少,蒸汽的利用率越高。引出额外蒸汽是提高蒸汽总利用率的有效节能措施,目前该方法已在一些企业(如制糖厂)中得到广泛应用。

3. 冷凝水显热的利用

蒸发过程中,每一个蒸发器的加热室都会排出大量的冷凝水,如果直接排放,会浪费大量的热能。为充分利用这些冷凝水的热能,可将其用来预热原料液或加热其他物料;也可以通过减压闪蒸的方法,产生部分蒸汽再利用其潜热;有时还可根据生产需要,将其作为其他工艺用水。冷凝水的闪蒸或称蒸发,是将温度较高的液体减压使其处于过热状态,从而利用自身的热量使其蒸发的操作,如图 3-3 所示。将上一效的冷凝水通过闪蒸减压至下一效加热室的压力,其中部分冷凝水将闪蒸成蒸汽,将它和上一效的二次蒸汽一起作为下一效的加热蒸汽,这样提高了蒸汽的经济性。

4. 热泵蒸发

所谓热泵蒸发,即二次蒸汽的再压缩,其工作原理如图 3-4 所示,单效蒸发时,可将二次蒸汽绝热压缩以提高其温度(超过溶液的沸点),然后送回加热室作为加热蒸汽重新利用。这种方法称为热泵蒸发。采用热泵蒸发只需在蒸发器开车阶段供应加热蒸汽,当操作达到稳定后,就不再需要加热蒸汽,只需提供使二次蒸汽升压所需压缩机动力,因而可节省大量的加热蒸汽。通常单效蒸发时,二次蒸汽的潜热全部由冷凝器内的冷却水带走,而在热泵蒸发操作中,二次蒸汽的潜热被循环利用,而且不消耗冷却水,这便是热泵蒸发节能的原因所在。

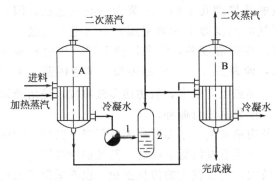

图 3-3 冷凝水的闪蒸
A、B—蒸发器;1—冷凝水排出器;2—冷凝水闪蒸器

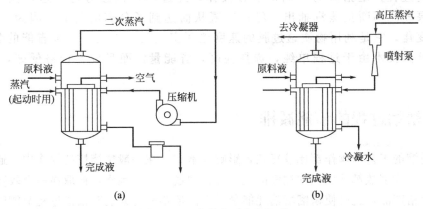

(a)   (b)

图 3-4 二次蒸汽再蒸发流程

二次蒸汽再压缩的方法有两种,即机械压缩和蒸汽动力压缩。机械压缩如图 3-4(a)所示,蒸汽动力压缩如图 3-4(b)所示,它是采用蒸汽喷射泵,以少量高压蒸汽为动力将部分二次蒸汽压缩并混合后一起进入加热室作为加热剂用。

实践证明,设计合理的蒸汽再压缩蒸发器的能量利用率相当于 3~5 效的多效蒸发装置。

其节能效果与加热室和蒸发室的温度差有关，也即和压力差有关。如果温度差较大而引起压缩比过大，其经济性将大大降低。故热泵蒸发不适合于沸点升高较大的溶液蒸发。其原因是当溶液沸点升高较大时，为了保证蒸发器有一定的传热推动力，要求压缩后二次蒸汽的压力更高，压缩比增大，这在经济上是不合理的。此外，压缩机的投资费用大，并且需要经常进行维修和保养。鉴于这些不足，热泵蒸发在生产中应用有一定程度的限制。

5. 多级多效闪蒸

利用闪蒸的原理，现已开发出一种新的、经济性和多效蒸发相当的蒸发方法，其流程如图 3-5 所示。稀溶液经加热器加热至一定温度后进入减压的闪蒸室，闪蒸出部分水而溶液被浓缩；闪蒸产生的蒸汽用来预热进加热器的稀溶液以回收其热量，本身变为冷凝液后排出。由于闪蒸时放出的热量较小（上述流程一般只能蒸发进料中的百分之几的水），为增加闪蒸的热量，常使大部分浓缩后的溶液进行再循环，其循环量往往为进料量的几倍到几十倍。闪蒸为一绝热过程，闪蒸产生的水蒸气的温度等于闪蒸室压力下的饱和温度。为增大预热时的传热温度差，常采用使上述减压过程逐级进行的方法，即为实际生产中的再循环多级闪蒸。考虑

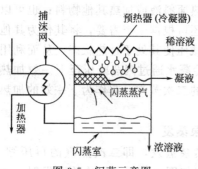

图 3-5 闪蒸示意图

到再循环时，闪蒸室通过的全部是高浓度溶液，沸点上升较大，故仿照多效蒸发，使溶液以不同浓度在多个闪蒸室（或相应称为不同的效）中分别进行循环。

多级闪蒸可以利用低压蒸汽作为热源，设备简单紧凑，不需要高大的厂房，其最大的优点是蒸发过程在闪蒸室中进行，解决了物料在加热管管壁结垢的问题，其经济性也较高，因而近年来应用渐广。它的主要缺点是动力消耗较大，需要较大的传热面积，也不适用于沸点上升较大物料的蒸发。

6. 渗透蒸发膜分离技术

前已叙述高效节能膜法分离技术，现对渗透蒸发膜分离技术作一简要介绍。渗透蒸发法膜分离过程，是指膜的一侧是混合液体，经过选择性渗透进入透过侧发生汽化，由于真空泵减压不断把蒸汽抽出，经过冷凝从而达到了分离的目的。因为一般膜分离没有相的变化，它是利用物质透过膜的速度差而实现的，因而是一种省能的分离技术。渗透蒸发分离技术由于过程单纯，选择性高，省能量，而且设备价格低廉，越来越受到重视。

四、精馏过程的节能减排

由于精馏的工艺和操作都比较复杂，影响因素多，在一般精馏塔的操作中，通常为获得合格的产品，大多数都是以牺牲过多的能量进行"过分离"操作，换取在一个较宽的操作范围内获得合格产品，这就使精馏塔消耗能量过大。近年来，人们对精馏过程节能问题进行了大量的研究，大致可归纳为以下几类。

1. 预热进料

精馏塔的馏出液、侧线馏分和塔釜液在其相应组成的沸点下由塔内采出，作为产品或排出液，但在送往后道工序使用、产品储存或排弃处理之前常常需要冷却，利用这些液体所放出的热量对进料或其他工艺流股进行预热，是最简单的节能方法之一。

2. 塔釜液余热的利用

塔釜液的余热除了可以直接利用其显热预热进料外，还可将塔釜液的显热变为潜热来利用。例如，将塔釜液送入减压罐，利用蒸汽喷射泵，把一部分塔釜液变为蒸汽作为它用。

3. 塔顶蒸气的余热回收利用

塔顶蒸气的冷凝热从量上讲是比较大的，通常用以下几种方法回收。

（1）直接热利用　在高温精馏、加压精馏中，用蒸气发生器代替冷凝器把塔顶蒸气冷凝，可以得到低压蒸气，作为其他热源。

（2）余热制冷　采用吸收式制冷装置产生冷量，通常能产生高于0℃的冷量。

（3）余热发电　用塔顶余热产生低压蒸气驱动透平发电。

4. 热泵精馏

热泵精馏类似于热泵蒸发，就是将塔顶蒸气加压升温，再作为塔底再沸器的热源，回收其冷凝潜热。图3-6所示为三种热泵精馏流程，流程（a）选用了另外的工作流体循环地操作，所选工作流体在压缩特性和汽化潜热（潜热大则用量小）等方面可具有优良的特性，但必须采用两台换热器，为确保一定传热推动力，要求压缩升温较高。流程（b）对塔顶蒸气直接进行压缩，升温后直接作为塔釜加热剂。流程（c）将塔釜液节流闪蒸后作为塔顶冷却介质，自身受热进一步汽化，再经压缩增压后流回塔底。当塔顶蒸气或釜液具有较好压缩特性和较大汽化潜热时，流程（b）或流程（c）将更具有吸引力。考虑到冷凝器和再沸器热负荷的平衡以及方便控制，在流程中往往设有附加冷却器或加热器。

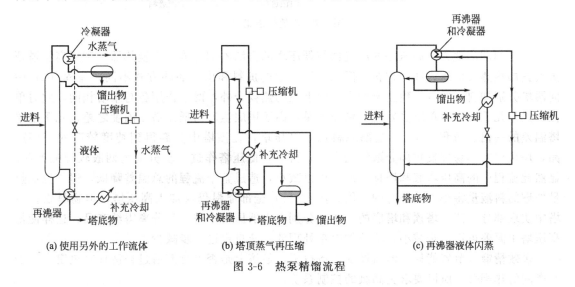

(a) 使用另外的工作流体　　(b) 塔顶蒸气再压缩　　(c) 再沸器液体闪蒸

图3-6　热泵精馏流程

这种称为热泵精馏的操作虽然能节能，但要消耗机械能，未能得到广泛采用。目前热泵精馏只用于沸点相近组分的分离，其塔顶和塔底温差不大。

5. 增设中间冷凝器和中间再沸器

在设有中间冷凝器和中间再沸器的塔中，只在塔顶和塔底对塔内物料进行冷凝和加热再沸，在一座精馏塔内温度自塔底逐渐升高，如能在塔中部设置中间冷凝器，就可以采用温度较高的冷却剂。如能在塔的中间设置中间再沸器，对于高温塔，则可以应用温位较低的加热剂。一般中间冷凝器和中间再沸器的热负荷需适当选择，保持塔中的最小回流比时的恒浓区仍在进料板处，以使全塔的可逆性较好。因此，进料板处级间气液两相流量仍同无中间冷凝器和中间再沸器一样。在生产过程中必须要有适当温位的加热剂和冷却剂与其相配，并需有足够大的热负荷值得利用,如此才有效益。

6. 多效精馏

多效精馏与多效蒸发十分相似,只要精馏塔的塔底和塔顶温度之差比实际采用的加热剂和冷却剂的温差小得多,就可以考虑采用多效精馏。图 3-7 所示为双效精馏的三种流程。

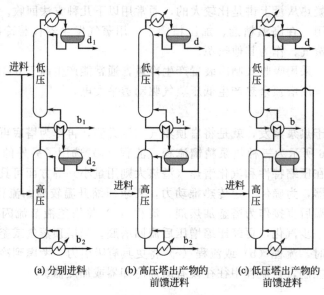

(a) 分别进料　　(b) 高压塔出产物的　　(c) 低压塔出产物的
　　　　　　　　前馈进料　　　　　　　前馈进料

图 3-7　双效精馏流程

三者相同的地方是高压塔的冷凝器与低压塔的再沸器耦合成一个换热器,利用高压塔顶蒸气去加热蒸发低压塔底的物料。但三种流程中的加料和出产品的方式不同,流程(a)中向两塔分别加料,并各自独立出产品,除上述的热耦合外,两塔作用各与单塔相同,此时单位加热量几乎可以比单塔多处理一倍原料量,高压塔底温度与低压塔顶温度之差也几乎是单塔温差的一倍。流程(b)中全部原料加入高压塔,在该塔中分离得到纯度较高的塔底产品,塔顶仅得到易挥发物部分浓缩的产物,再引入低压塔作进一步分离为两股较纯的产品。显然此流程中的高压塔底和塔顶的温差可以减小,造成整个流程的总温差降低,但单位加热量处理的料液量将小于单塔时的一倍。流程(c)全部原料仍仅加入高压塔,但物料仅在该塔中实现部分分离,塔顶和塔底的产物均分别引入低压塔中进一步分离得纯产品,这样使得高压塔中温差可进一步减小,单位加热量处理的料液量也进一步减少。

多效精馏可节省能耗,但需增加设备投资,经济上是否可行需通过经济核算决定。由于两塔间的热耦合,所以要求更高级的控制系统。

7. 热偶精馏

在多元组分的分离中,精馏塔的塔数等于组分数减 1。常规分离流程中,每塔需分别配置再沸器与冷凝器,为保证传热过程的实现,再沸器与冷凝器中的冷热流体都必须有足够的温差,因此有效能损失较大,热力学效率也就较低。

图 3-8 为热偶精馏的流程,它将第一塔的塔釜再沸器省去,通过与第二塔直接换热来实现,这样做不仅减少了设备投资,还节约了蒸汽与冷凝水的消耗量,实现了节能的效果。在大致相同或稍多一些塔板数的情况下,一般热偶精馏可节能 20%。

8. 反应精馏

在化工生产中一般反应和分离两个单元操作分别在两个单独的设备中进行。反应精馏过程是将反应及蒸馏两种操作放在同一设备内完成的过程，由于它可以提高产品的回收率，降低设备的投资和能耗，因此在工业上已得到广泛的应用。

此外，在精馏塔的操作中，还可以通过控制循环蒸馏、精馏序列热集成等方式来达到节能的目的，这里就不再叙述。

五、干燥过程的节能减排

由于干燥都要将液态水分变成气态，需要较大的汽化潜热，所以干燥是能量消耗最大的单元操作之一。从理论上讲，在标准条件（即干燥在绝热条件下进行，固体物料和水蒸气不被加热，也不存在其他热量交换）下蒸发1kg水分所需要的能量为2200～2700kJ/kg。实际干燥过程的单位能耗比理论值要

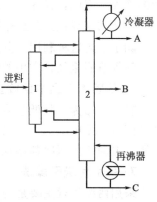

图 3-8　热偶精馏流程
1—第一精馏塔；2—第二精馏塔

高得多，据统计，一般的间歇式干燥其单位能耗为2700～6500kJ/kg；对某些软薄层物料（如纸张、纺织品等）的干燥则高达5000～8000kJ/kg。因此，必须设法提高干燥设备的能量利用率，以节约能源。

目前，工业上常采取改变干燥设备的操作条件、选择热效率高的干燥装置、回收排出的废气中部分热量等措施来节约能源和降低生产成本。

1. 减少干燥过程的热损失

一般说来，干燥器的热损失不会超过10%，大中型生产装置若保温适宜，热损失约为5%。因此要做好干燥系统的保温工作，但也不是保温层愈厚愈好，应当求取一个最佳保温层厚度。

为防止干燥系统的渗漏，一般在干燥系统中采用送风机和引风机串联使用，经合理调整使系统处于零压状态操作，这样可以避免对流干燥器因干燥介质的漏入或漏出造成干燥器热效率的下降。

2. 降低干燥器的蒸发负荷

物料进入干燥器前，通过过滤、离心分离或蒸发等预脱水方法，增加物料中固体含量，降低干燥器蒸发负荷，这是干燥器节能的最有效方法之一。例如将固体含量为30%的料液增浓到32%，其产量和热量利用率提高约9%。对于液体物料（如溶液、悬浮液、乳浊液等）干燥前进行预热可以节能。对于喷雾干燥，料液预热还有利于雾化。

3. 提高干燥器入口空气温度、降低出口废气温度

由干燥器热效率定义可知，提高干燥器入口热空气温度，有利于提高干燥热效率。但是，入口温度受产品允许温度限制。

一般来说，对流式干燥器的能耗主要由蒸发水分和废气带走这两部分组成，而后一部分占15%～40%，有的高达60%，因此，降低干燥器出口废气温度比提高进口热空气温度更经济，既可以提高干燥器热效率又可增加生产能力。但出口废气温度受两个因素限制：一是要保证产品湿含量（出口废气温度过低，产品湿度增加，达不到要求的产品含水量）；二是废气进入旋风分离器或布袋过滤器时，要保证其温度高于露点20～60℃。

4. 部分废气循环

由于利用了部分废气的余热使干燥器的热效率有所提高，但随着废气循环量的增加而使热空气的湿含量增加，干燥速率将随之降低，使湿物料干燥时间增加而带来干燥装置设备费

用的增加,因此,存在一个最佳废气循环量。一般的废气循环量为 20%～30%。

5. 从干燥器出口废气中回收热量

除了上述这种利用部分废气循环来回收热量的节能方法外,还可以用间接换热设备来预热空气等节能途径,常用的换热设备有热轮式换热器、板式换热器、热管换热器、热泵等。

6. 从固体产品中回收显热

有些产品为了降低包装温度,改善产品质量,需对干燥产品进行冷却,这样可以利用冷却器回收产品中的部分显热。常用的冷却设备有液-固冷却器(可以得到热水等)、流态化冷却器、振动流化床冷却器及移动床冷却器等(可以得到预热空气)。

7. 采用两级干燥法

采用两级干燥主要是为了提高产品质量和节能,尤其是对热敏性物料最为适宜。牛奶干燥系统就是一个典型的实例,它是由喷雾干燥和振动流化床两级干燥组成,其单位能耗由单一喷雾干燥的 5550kJ/kg 降低为 4300kJ/kg,同时又使奶粉的速溶性提高。牛奶两级干燥的另一种形式是把振动流化床位于喷雾干燥室的下部,这样就把两个单元合二为一,合理利用干燥空气,其单位能耗降低为 3620kJ/kg。

8. 利用内换热器

在干燥器内设置内换热器,利用内换热器提供干燥所需的一部分热量,从而减少干燥空气的流量,可节能和提高生产能力 1/3 或更多。这种内换热器一般只适用特定的干燥器,如回转圆筒干燥器的蒸汽加热管、流化床干燥器内的蒸汽管式换热器等。

9. 过热蒸汽干燥

与空气相比,蒸汽具有较高的热容和较高的热导率,可使干燥器更为紧凑。如何有效利用干燥器排出的废蒸汽,是这项技术成功的关键。一般将废蒸汽用作工厂其他过程的工作蒸汽,或经再压缩或加热后重复利用。

过热蒸汽干燥的优点:可有效利用干燥器排出的废蒸汽,节约能源;无起火和爆炸危险;减少产品氧化变质的隐患,可改善产品质量;干燥速率快,设备紧凑。但目前还存在一些不足:工业使用经验有限;加料和卸料时,难以控制空气的渗入;产品温度较高。

六、制冷过程的节能减排

在石油化工、有机合成(橡胶、塑料、化纤、药物、染织等)、基本化工(酸、碱)等工业中的分离、精炼、结晶、浓缩、液化、控制反应速率等单元操作有时需涉及制冷过程。制冷过程的节能主要包括制冷装置设计和运行调整方面的技术。

1. 制冷装置设计中的节能措施

(1) 确定被冷却对象的温度及冷却方式　被冷却对象的温度不要定得过低,这样蒸发温度也就不会过低;选用最有效的冷却方式,使冷凝温度不要偏离。

(2) 选配适宜的制冷压缩机和换热器　制冷压缩机的容量应与制冷装置的冷量负荷相适应,不可过大,以免造成不必要的浪费。对于冷量负荷经常变化的制冷装置,应选多台制冷压缩机或选用具有能量调节机构的压缩机,以便在运转中能合理调配。选用的制冷换热器应采用较小的传热温差和制冷剂流动阻力,可适当考虑强化传热的方法来减少传热温差。

(3) 做好管路保温　选择保温效果好、耐久性的保温材料,设置适当厚度的管道绝热层,以减少冷量损失。

(4) 充分利用低位热能　工业中如果有大量中、低品位热能,可选用热泵技术、新型吸收式或蒸汽喷射式制冷等循环技术,充分利用工业余热。

2. 运行调整与节能

制冷装置运行过程中精心操作与调整,制冷装置的节能效果可达40%。此处重点介绍制冷装置运行中蒸发温度和冷凝温度的运行调整与节能技术。

(1) 蒸发温度和蒸发压力的运行调整与节能　蒸发温度是指制冷剂在蒸发器内沸腾时的温度,与蒸发压力相对应。提高蒸发温度,能使制冷系统的压缩比减少、压缩机的输气系数增大,单位容积制冷量急剧增加,能耗减少。在一定的冷凝压力下,可通过调节热力膨胀阀(或节流阀)的开度来提高蒸发压力,或在部分负荷时减小蒸发器的传热温差,以提高蒸发温度。但制冷装置的蒸发温度必须低于生产工艺需要的温度。

(2) 冷凝温度和冷凝压力的运行调整与节能　冷凝温度是指制冷剂在冷凝器中由气态冷凝成饱和液态时的温度,与冷凝压力相对应。

① 适当提高冷凝压力,降低冷凝温度。一般在特定的制冷系统中,冷凝温度升高,冷凝压力也升高,压缩比增大,压缩机的压缩功增大,制冷效率降低。同时,还将引起压缩机排气压力过高,排气温度升高,容易造成压缩机事故。因此,应控制制冷装置在尽可能低的冷凝温度下运行,以提高制冷效率,降低运行费用。但有时工业上在合理的冷凝温度和压力范围内,减少冷却介质的流量、流速或者适当提高水温,虽适当升高了冷凝温度和压力,但减少了冷凝动力的消耗,这时制冷系统的总能耗也可能降低。如国外许多风冷冷凝器,采用了部分负荷调节或调速装置,即在部分负荷时,停止部分风机运行或降低风机转速,减少空气流量,此时虽冷凝压力有所升高,但包括风机在内的总电耗下降,达到了节能效果。

② 合理调节水泵、冷却塔的开启台数。因全年只有3~5个月水泵、冷却塔处于满负荷运行状态,更多时间冷却水系统具有较大裕量,所以应调节水泵、冷却塔的开启台数,使之与制冷负荷相匹配,这是水泵、冷却塔节能的关键。首先,要合理选择水泵扬程,不宜富裕过大,冷却塔风机配置要合理。其次,制冷操作人员应能根据制冷机的开启台数及其排气压力和温度的变化合理地调节水泵、冷却塔风机的开启台数。亦可根据水温的变化,通过温感控制或电机的变频控制来自动调节水泵、冷却塔风机的开启台数。

③ 降低冷却介质传热及流动阻力。一方面,保持换热面积的清洁,消除影响热交换的因素,即及时除垢、放油、排除不凝性气体;另一方面,控制冷却介质的流量、流速,保证冷却介质均匀地流过换热表面;还要特别注意冷却水在冷凝器中分配的均匀性。

(3) 夜间运行及多级分段运行充分利用　制冷装置夜间运行,特别是深夜运行,环境湿球温度低,使冷凝温度降低,装置制冷量增加,能耗下降,而且夜间电价低,企业可获得明显的经济效益。另外,采用多级分段制冷工艺使制冷装置在各时段采用不同的运行参数,降低传热温差,并利用连续变温调节时制冷系数大的原理,以不增加投资实现制冷过程的节能,也都具有较为明显的经济效益。

七、空气压缩过程的节能减排

空压系统被广泛应用于化工领域,一般属于企业公用系统,运转时间长,利用率高,其能耗占企业全部能耗的10%~40%,所以应引起足够的重视。

1. 空气压缩机的选择

空压机种类繁多,型式多样,空压机的选择要从经济性、可靠性与安全性三大方面考虑。选择一台好的空压机要注意以下几点。

(1) 应考虑排气压力的高低和排气量大小　选择空压机的气量要和所需的排气量相匹

配，并留有10%的余量。在选排气量时还要考虑高峰用量及低谷用量，要以经常运行的工况为选择依据，而不应该以最大工况为选择依据。

(2) 选择适当的空压机压缩段数　定排量式空压机以两段式压缩为较优选择，离心式空压机则以三段式压缩为较优选择。从节能的观点来衡量，不妨多比较并考虑多增加一个压缩段所能获得的实际利益。

(3) 选择适宜的电机大小　定排量式空压机为了避免电机过载，配备的电机大小要以冬季的能源消耗量为依据；离心式空压机选择比制动马力大10%~15%的电机。

(4) 要考虑用气场合和条件　如用气场地狭小，应选立式；如用气场合有长距离的变化（超过500m），则应考虑移动式；如果使用场合不能供电，则应选柴油机驱动式；如果使用场合没有循环水，则应选择风冷式。

(5) 要考虑压缩空气质量　一般空压机产生的压缩空气均含有一定的润滑油，并有一定量的水，有些场合是禁油禁水的，这时不但对压缩机选型要注意，必要时还要增加附属装置。

(6) 要考虑压缩空气运行的安全性　空压机是一种带压工作的机器，工作时伴有温升和压力，其运行的安全性要放在首位。国家对压缩机的生产实行规范化的"两证"制度，即压缩机生产许可证和压力容器生产许可证（储气罐）。

2. 节能措施

(1) 空压机的搭配选择及变频技术的适当应用　虽然单台大风量的空压机要比多台小风量的空压机在总体能效上高很多，但有时受电力系统、操作弹性等因素限制，采用大小型空压机的搭配选择效果更好。在负荷变化大时，采用变频技术节能效果明显，但由于空压机功率与转速近似一次方的关系，且不允许长时间在低频下运行，变频调速须适当选择。

(2) 调节好冷却水系统　冷却水的温度每增减5℃会影响空压机的功率大约1.5%，因此，冷却水的温度调节要尽可能供应较低温的冷却水。如有过剩的冷冻水不妨考虑改用冷冻水，但定排量式空压机若使用水冷式气缸，则应避免使用过低温的冷却水，使用低温冷却水的气缸应在冷却水的进/出口处装温度控制阀，以避免在气缸中形成冷凝水。

(3) 管路的规划及管径的正确选择　理想的管路设计是否正确、良好，可以用压损的高低作为衡量的标准，从空压机的排气压力到管路末端的压损以不超过5%或0.035MPa为原则（两者中取低者为标准）。

(4) 应用中央控制系统　中央控制系统就是根据系统压力和需求变化，通过中央控制系统的分析来控制不同容量和控制方式空压机的启动/停止、上载/下载和容积变化等，可以保持系统一直有合适数量和容量的空压机处于运行状态，维持系统供气压力的稳定和整个系统高效运行。中央控制系统特别适合于在多台空压机同时运行的场合，系统负荷变化范围越大则节能效果越明显。

(5) 减少系统泄漏　供气量不足经常是由于系统泄漏引起，系统漏气是损失动力的一个连续根源，所以应尽量减少。几个相当于1/4in（约6.4mm）小孔的泄漏，在0.69MPa压力下，可能漏掉多至2.8m^3的压缩空气，等于损失一台18.75kW的空气压缩机的气量，以电力0.5元/(kW·h)、每年运行8000h计算，这些泄漏将使企业损失7.5万元。

(6) 压缩空气干燥工艺改进　通过改进干燥工艺以减少能源消耗，达到相同的压缩空气露点需求，特别适用于企业原来使用无热再生干燥工艺的场合。

(7) 能源回收/余热利用　空压机所消耗的电能有80%~93%转化成热的形式散失掉，可使用如辅助采暖、工艺加热、水加热和锅炉补水预热等方法回收利用余热。实践证明，通过合理改进，50%~90%的热能可以回收并利用。对水冷式空压机可以用来加热冷水或加热空间，回收率在 50%～60%。

（8）重视操作与保养对能源消耗的影响　空压机能耗高低与操作、保养是否得当息息相关。选择理想的控制方式以及冷凝水的排放、控制阀的保养与调整，可达到节能减排的目的。冷却水的温度是影响空气温度的主要因素，但是往往因保养工作不到位造成冷却器或冷却水系统的散热效果不佳，从而影响空气温度。压力表、温度表、压力传送器、温度传送器或压力开关、温度开关等监控配件需要定期检查，一旦发现偏差应立即校正或更新，只有如此，监控配件才能发挥其应有的作用。

燃煤锅炉的节能减排

知识目标

了解工业燃煤锅炉节能减排的重要性及工业燃煤锅炉的节能问题所在；理解燃煤锅炉节能减排的基本原理；了解循环流化床锅炉的特点；掌握燃煤锅炉节能减排常见技术方法。

技能目标

能分析工业燃煤锅炉常见节能问题；能结合生产实际初步拟订燃煤锅炉的节能减排方案和对燃煤锅炉的使用提出合理化建议；能分析燃煤锅炉技改节能效果，具备较强的燃煤锅炉节能意识。

工业锅炉广泛应用于工厂动力、采暖通风、热电联产和生活热水供应等领域，化工行业应用也相当广泛。据 1998 年工业普查统计，全国工业锅炉保有量为 52 万台、120 万吨蒸汽，其中燃煤锅炉约 48 万台，年耗燃煤约 3 亿吨。由于多种原因，锅炉效率普遍较低。目前平均效率仅为 60%～75%，比锅炉的铭牌效率低 10%～15% 以上，比国际水平差约 20%。因此燃煤锅炉节能潜力巨大，年节约可达 4000 万吨标准煤，即年可减排 CO_2 量约 9972t。由于在用的工业锅炉主要有链条炉和沸腾炉，而链条炉的热效率更低，当前推广应用的节能改造技术，大部分是针对链条炉的。任务主要从燃烧、运行维护、新技术及新设备的应用、锅炉水处理等燃煤锅炉节能途径进行探讨。

一、燃烧节能

1. 炉拱改造

工业锅炉的炉拱十分重要。炉拱的作用在于促使炉膛中气体的混合以及组织辐射和炽热烟气的流动，使燃料及时着火燃烧。而目前工业锅炉的实际用汽量与其额定负荷往往不匹配，使用的煤种变化较大，且与设计煤种往往有较大的差异，因此在实际使用中，导致燃烧状况不佳，直接影响锅炉的热效率，甚至影响锅炉出力，往往要对炉拱进行必要的改造以适应煤种的需要。现已有适用多种煤种的炉拱配置技术，这项改造可获得10%左右的节能效果，技改投资半年左右可收回。

2. 合理的送风与调节

在链条炉、振动炉、沸腾炉中，根据燃烧过程的不同特点，合理的送风对促进炉内燃烧很重要。如在链条炉中，燃料随炉排不停地运动，依次发生着火、燃烧、燃尽各阶段。燃烧是沿炉排长度方向分阶段、分区进行，所以沿炉排长度方向所需的空气量也就不同。在炉排头部的预热区和尾部燃尽阶段，空气需要量小；在炉排中部的燃烧阶段，空气需要量大。根据这一特点，必须采用分段送风，以满足燃烧的需要。目前国内生产的锅炉虽然都考虑到这一特性，采用了分段风室，并装有调节风门。但不少单位在实际运行中没有按照燃烧特性进行风量调节，从而使燃烧所需要的空气量与实际供风量没有很好地配合，使不完全燃烧损失增大。因此，在锅炉燃烧调整中，要根据燃烧需要对供给空气量及时进行调节，以降低热损失，提高热效率。

3. 采用二次风

二次风对强化气流燃烧很有效，如能和炉拱配合使用，效果更加明显。

二次风有以下作用：①加强炉内气流的扰动和混合，使炉内的氧气和可燃气体均匀地混合，使化学不完全燃烧损失和炉膛过量空气系数降低。②二次风在炉内形成烟气旋涡，一方面延长了悬浮细煤粒在炉膛中的行程，增加了悬浮细粒子在炉内的停留时间，使其有较充分的时间燃烧，使不完全燃烧热损失降低；另一方面由于气流旋涡的分离作用，把煤粒和灰粒甩回炉内，减小了飞灰逸出量，使机械不完全燃烧热损失降低。③二次风使炉内高温烟气的充满度得到改善，缩小以致消除死滞区，提高了炉内受热面的利用率。二次风除了对节能有明显效果外，对消烟除尘也十分有效。

4. 控制正常燃烧指标

锅炉正常燃烧，包括均匀供给燃料、合理送风和调整燃烧三项基本内容。三者互相联系，相辅相成，为达到安全经济运行的目的，锅炉热效率、排烟温度、排渣含碳量和排烟处过量空气系数等技术指标，应符合国家标准《工业锅炉经济运行》（GB/T 17954—2007）的规定。

5. 均匀分层燃烧

分层给煤装置与均匀分层燃烧技术具有节能与环保的双重效益。均匀分层燃烧技术由五项技术组成。一是用均匀给煤技术解决煤仓颗粒不均，导致炉排上煤层横断面颗粒不均匀影响燃烧的问题。二是用均匀分层给煤技术，使煤层颗粒不但按下大上小逐级均匀分层排列，而且分层煤层任何横断面上的分层颗粒一致。均匀分层煤层不但通风阻力小，透气性好、供氧充足，而且煤颗粒的均匀分层分布特点符合煤氧化燃烧的特点，因而大大提高了煤的燃烧效率。该技术从根本上解决了原始密实煤层通风不良缺氧燃烧的问题。三是使煤层上面小颗粒的煤层，在火床上跳跃起来半沸腾燃烧。四是使煤中的煤粉在火床上方空间，类似煤粉炉悬浮燃烧。五是采用强化燃烧措施，强化悬浮在燃烧室内的多相燃料燃烧。实践证明这项技术不但提高了煤的燃烧效率，而且提高了锅炉对煤种的适应性，从而解决了链条炉不适宜烧次煤的问题。均匀分层燃烧另一个优点是燃烧温度均匀一致，消除了局部温度高，烧毁炉排侧密封件、老鹰铁和炉排膨胀不均造成的故障。

6. 预热空气

为了提高炉内温度，工业锅炉应设置空气预热器，加热助燃空气，这样既有利于提高炉内温度、强化燃烧，减少不完全燃烧热损失，同时也使烟气余热得到充分利用，减少排烟热损失，这两个方面都使锅炉的热效率得到提高。

7. 实现燃烧自动调节

在锅炉运行中，为适应锅炉负荷变化，常需要进行必要的燃烧调整。如在链条锅炉中常需要进行煤层厚度、分段送风、炉排速度、二次风量和过量空气系数的调整。锅炉的燃烧好坏与运行操作技术有很大的关系。为了减少由于操作不当对燃烧的影响，便于迅速地根据负荷变化进行燃烧调整，提高锅炉的热效率，只有实现燃烧自动调节。

燃烧自动调节一般以蒸汽压力为调节参数，根据蒸汽压力的高低来调节炉排速度及送风和引风量。实现燃烧自动调节能根据锅炉负荷变化及时进行燃烧调整，从而有效地提高锅炉热效率。如上海化纤五厂一台 20t/h 燃煤锅炉，煤风配比能按蒸汽负荷的变化进行自动调节，节煤效果显著，每天可节煤 4t 左右，即每天可减少 CO_2 排放量为 9.972t，锅炉热效率比原来手工操作提高 5% 以上；同时由于鼓风量、引风量大小均随蒸汽负荷而变化，鼓风机和引风机的耗电量也随之变化，这样也降低了运行电耗。

二、锅炉运行维护节能

1. 锅炉按额定负荷运行

锅炉负荷变化时，对燃烧和热效率的影响可以从以下对机械化层燃炉的分析中看出。锅炉超负荷时，因为燃煤量必须增大，所以锅炉煤层要加厚，炉排速度要加快，才能满足负荷增大的需要，煤层加厚和炉排速度加快使炉内温度升高，排烟温度相应增大，这使排烟损失加大。锅炉负荷降低时，燃煤量减少，炉内温度降低，使燃烧工况变差，不完全燃烧损失加大，当锅炉负荷只有 50% 时，因炉内温度下降幅度很大，难以维护炉内稳定的燃烧。因此，锅炉超负荷或低负荷都会降低热效率，应控制锅炉按额定负荷运行。

2. 清除受热面的积灰

积灰对锅炉热效率的影响很明显，灰垢的热导率仅为 $0.1163W/(m \cdot ℃)$，约为水垢热导率的 1/15，为钢板热导率的 1/750～1/450。因此，及时且有效地清除锅炉受热面上的积灰，就能在不增加煤耗的情况下提高锅炉的热效率。

目前，工业锅炉清除积灰的办法有机械法（使用蒸汽吹灰器和空气吹灰等）和化学法。化学法比机械法效果好。化学法是用化学清灰剂与烟垢起化学反应，使其变松变脆后脱落，达到清除积灰的目的。

3. 加强保温、堵漏风、防泄、防冒

(1) 保温 由于锅炉炉墙、热力管道系统的温度总是比周围的环境温度要高，所以炉墙和汽水管道系统的部分热量要通过辐射和对流方式散发到周围空气中去，造成锅炉的散热损失增大，同时也使炉膛温度降低，影响燃烧，使不完全燃烧损失增大。这都使锅炉热效率降低，因此，要重视并加强锅炉炉墙和管道的保温，采用新型节能保温材料，减少炉壁和管道热损。

(2) 堵漏风 中小型工业锅炉炉膛和尾部漏风现象很普遍。漏风使烟气量增加，同时，炉膛的漏风还使炉膛温度降低，对燃烧影响很大。因此，一旦发现炉膛的尾部漏风，要尽快设法堵漏。

(3) 防泄、防冒 锅炉房内热力管道及法兰、阀门填料处，蒸汽和热水的"跑、冒、滴、漏"现象普遍存在，这使锅炉有效利用热量减少，补充水量增加，降低了锅炉热效率。因此，要及时维修，减少这项热损失。

三、采用新工艺、新设备节能

1. 热管换热器用于烟气余热利用

目前国内已有不少单位将热管技术用于工业锅炉的烟气余热回收,安装在锅炉烟道内,利用烟气余热加热锅炉给水。据介绍,一台 2791kW·h 热水锅炉使用气-液热管换热器后,烟气温度由原来的 230℃ 下降到 170℃,给水温度由 10℃ 上升到 60℃,热量回收率达 26%,锅炉热效率提高 3.1%,节能效果显著。热管换热器阻力小,成本低,投资少,见效快。

2. 凝结水与废蒸汽回收

提高凝结水回收率,防止凝结水的损失是锅炉节能中的重要环节。提高凝结水回收率不仅使锅炉软化水补充量减少,减轻了水处理系统的负荷,同时提高凝结水回收率使给水温度提高。锅炉给水温度每提高 6℃,节省燃料约 1%,凝结水的排放问题由安装蒸汽疏水阀来解决,而凝结水输送问题始终没有得到很好的解决。用户的凝结水回收除非地形高差很大,一般都须在锅炉房设置地下室,使凝结水自流回来,或在锅炉房和用户中途设置加压泵回收凝结水。用上述方法回收凝结水使回收费用大为增加,是不理想的。国外已开始采用凝结水自动输水泵回收凝结水。这种泵无需外力,只要在蒸汽管线中通入少量蒸汽,即可连续不断地工作。既可使凝结水高位提升,又可使凝结水远距离回输到锅炉房。使用这种泵可使锅炉热效率得到一定提高。

3. 蒸汽蓄热器的应用

蒸汽蓄热器的原理是当锅炉负荷减少时,将锅炉多余蒸汽供入蒸汽蓄热器内,使蒸汽在一定压力下变为高压饱和水。当供热负荷增加,锅炉蒸发量供不应求时,降低蓄热器中压力,高压饱和水即分离为蒸汽和低压饱和水,产生的蒸汽供用户使用。

采用蓄热器,可以在用热负荷多变条件下,保持锅炉的运行工况稳定,使锅炉一直以额定负荷状况工作,保持锅炉的额定设计热效率。采用蒸汽蓄热器一般可节约燃料 5%~15%,且对系统有益。上海纸浆厂 100m³ 蒸汽蓄热器,投入运行后锅炉热效率提高 8.38%,节煤率为 13%。在供热系统中应推广蓄热器。

4. 真空除氧

真空除氧是一种节能型除氧方法。目前,大型工业锅炉的给排水除氧方法大多采用大气热力除氧。这种方法要把给水加热到大气压力下的沸点温度,才能排走水中的氧。大气热力除氧有两个不足之处:一是达到大气压力的沸点温度,需要耗费大量蒸汽,使锅炉有效利用热量减少;二是由于锅炉给水温度提高使省煤器平均水温提高,省煤器传热温差减少,排烟温度增高,排烟热损失加大。以上两点都使锅炉热效率降低。而采用真空除氧,真空度维持在 8.0kPa 时,给水温度只要加热到 60℃ 就能达到除氧目的。这样既节约了蒸汽,又减少了排烟损失,从而提高了锅炉热效率。

5. 锅炉燃烧型煤

锅炉燃烧型煤可以获得较高的热效率和节煤率。由于粉煤成型后的型煤具有一定粒度,不易从炉壁上掉落,从根本上改变了层燃炉的燃料结构和炉排通风条件,从而大大降低了炉排漏煤量和灰渣含煤量,减少了飞灰热损失和粉尘量,因此,燃烧时机械不完全燃烧损失很小。应用洁净煤、优质生物型煤替代原煤作为锅炉用煤,可提高效率,减少污染,与原煤散烧相比,节省燃料可达 10% 以上。

四、鼓风机、引风机和给水泵的选型节能

目前，国内锅炉配套的鼓风机、引风机效率约为85%，随工业锅炉配套的GC型锅炉给水泵的效率为38%~62%，而常用的GC型给水泵的效率一般在47%以下。这说明鼓风机、引风机的效率，特别是给水泵的效率不高，节能潜力很大。最近10年，国内制造企业已陆续生产出一些高效节能型锅炉鼓风机、引风机和给水泵。如适合于2~20t/h锅炉配套用的5-48系列风机，用它来代替Y4-70等系列引风机，其最佳全效率可达87.5%，节电效果特别明显。新设计的锅炉应尽量选用高效节能型鼓风机、引风机和锅炉给水泵。

五、水处理节能

1. 除去水垢

一般锅炉给水中含有大量的溶解气体和硬度盐类，如果给水未加处理或处理不当，会使锅炉受热面上产生腐蚀和结垢现象。结垢对锅炉的主要危害有以下几方面。

① 热阻增大，影响传热，降低锅炉热效率，增加煤耗。水垢的热导率为1.28~3.14W/(m·℃)，为钢板热导率的1/50~1/30。经测定，锅炉受热面上结1mm水垢，燃料消耗就要增加2%~3%，水垢对传热的影响必须予以重视。

② 损坏锅炉，影响安全。一则水垢使钢板温度升高，许用应力下降，易造成锅炉爆炸事故；二则水垢使工质流通截面减少，易造成水循环故障。

③ 水垢很不易清除，清垢既费力又费时，增加了检修费用，并使锅炉寿命缩短。

因此，要普及锅炉水处理，推广先进的过滤、离子交换等水软化处理技术，对锅炉的给水要进行严格的化验，达到工业锅炉给水标准的要求，防止结垢。

2. 降低排污热损失

降低锅炉排污热损失的途径有两条：一是加强锅炉给水处理，对给水进行脱碱去盐处理，使锅炉排污量减少；二是对排污水进行回收利用，如设置定期排污膨胀器或连续排污膨胀器，其二次蒸汽可以用来加热除氧器的给水，高温排水通过水-水换热器预热给水。

六、循环流化床锅炉

1. 循环流化床锅炉简介

循环流化床锅炉是在流化床锅炉（又称鼓泡床或沸腾床锅炉）的基础上改进和发展起来的一种新型锅炉。循环流化床锅炉保留了流化床锅炉的全部优点，而避免和消除了流化床锅炉存在的热效率低、埋管受热面磨损严重和脱硫剂石灰石利用不充分、消耗量大和难于大型化等缺点。

循环流化床锅炉采用单锅筒，自然循环方式，总体上分为前部及尾部两个竖井。前部竖井为总吊结构，四周有膜式水冷壁组成。自下而上，依次为一次风室、浓相床、悬浮段、蒸发管、高温过热器、低温过热器及高温省煤器。尾部竖井采用支撑结构，由上而下布置低温省煤器及管式空气预热器。两竖井之间由立式旋风分离器相连通，分离器下部联接回送装置及灰冷却器。燃烧室及分离器内部均设有防磨内衬，前部竖井用敷管炉墙，外置金属护板，尾部竖井用轻型炉墙，由钢柱承受锅炉全部重量（见图3-9）。

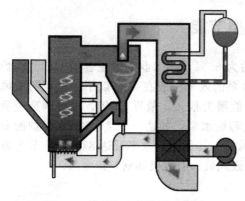

图 3-9 循环流化床锅炉示意图

锅炉采用床下点火（油或煤气），分级燃烧，一次风率占 50%～60%，飞灰循环为低倍率，中温分离灰渣排放采用干式，分别由水冷螺旋出渣机、灰冷却器及除尘器灰斗排出。炉膛是保证燃料充分燃烧的关键，采用湍流床，使得流化速率在 3.5～4.5m/s，并设计适当的炉膛截面，在炉膛膜式壁管上铺设薄内衬（高铝质砖），即使锅炉燃烧用不同燃料时，燃烧效率也可保持在 98%～99%。

分离器入口烟温在 450℃ 左右，旋风筒内径较小，结构简化，筒内仅需一层薄薄的防磨内衬（氮化硅砖）。其使用寿命较长，循环倍率为 10～15。

循环灰输送系统主要由回料管、回送装置、溢流管及灰冷却器等几部分组成。床温控制系统的调节过程是自动的。在整个负荷变化范围内始终保持浓相床床温 860℃ 的恒定值，这个值是最佳的脱硫温度。当自控系统不投入时，靠手动也能维持恒定的床温。

2. 循环流化床锅炉应用现状

从 1988 年国产首台 10t/h 蒸发量循环流化床锅炉投运后的十几年来，循环流化床锅炉在国内集中供热领域的应用发展十分迅速。在中小热电厂方面，1989 年首台国产 35t/h 循环流化床锅炉投运，1992 年首台国产 75t/h 循环流化床锅炉在浙江嵊县热电厂投运，1995 年首台国产 220t/h 循环流化床锅炉在大连化学工业公司自备热电厂投运，2000 年首台国产 130t/h 循环流化床锅炉在石家庄热电三厂投运，2002 年首台国产 420t/h 循环流化床锅炉在保定热电厂投运。在区域供热锅炉方面，首台国产 29MW 循环流化床高温水锅炉 1993 年在河南濮阳中原油田投运，首台国产 14MW 循环流化床低温水锅炉 1999 年在石家庄时光供热站投运，首台国产 58MW 循环流化床高温水锅炉 2000 年在济南投运，首台国产 116MW 循环流化床高温水锅炉 2001 年在石家庄时光供热站投运。

以石家庄市的集中供热为例，从 1995 年开始循环流化床锅炉即得到了广泛采用，至 2003 年年底共投产 35t/h 或 29MW 以上容量循环流化床锅炉 34 台，而同期其他炉型只有 6 台 29MW 链条炉和 4 台 75t/h 旋风炉、1 台 130t/h 旋风炉安装投运。

3. 循环流化床锅炉的应用特点

从已投运的循环流化床锅炉看，其在实际应用中的优势主要有以下几点。

(1) 锅炉热效率较高　由于循环床内气-固间有强烈的炉内循环扰动，强化了炉内传热和传质过程，使刚进入床内的新鲜燃料颗粒在瞬间即被加热到炉膛温度（850℃），并且燃烧和传热过程沿炉膛高度基本可在恒温下进行，因而延长了燃烧反应时间。燃料通过分离器多次循环回到炉内，更延长了颗粒的停留和反应时间，减少了固体不完全燃烧损失，从而使循环床锅炉可以达到 98%～99% 的燃烧效率。据有关热电企业不同容量和型号锅炉的运行测试，同容量的循环流化床锅炉比链条炉的运行热效率高出 10% 左右。循环床锅炉渣的含碳量在 1%～5% 之间，飞灰含碳量在 8%～35% 之间；而链条炉渣的含碳量在 15%～25% 之间，飞灰含碳量在 40%～50% 之间。

(2) 运行稳定，操作简单　循环流化床锅炉燃料系统的转动设备少，主要有给煤机、冷渣器和风机，较煤粉炉省去了复杂的制粉、送粉等系统设备，较链条炉省去了故障频繁的炉排部分，给燃烧系统稳定运行创造了条件。20 世纪 90 年代循环流化床在国内应用初期，由于研究、设计、制造、安装、运行等各方面经验的缺乏，其应用中的确存在着连续运行时间短、出力不够、点火难、磨损严重、易结焦、辅机故障率高等许多问题，但经过十多年各方面不断完善化工作，不仅可以保证连续运行时间高于4000h，对有经验的设计、制造、安装和运行单位而言其他问题也已克服。石家庄时光供热站两台116MW循环流化床锅炉在2003~2004年整个采暖季连续稳定运行，无一次故障停炉。许多用户对循环流化床锅炉从点火启动、升降负荷、连续排渣、压火备用到故障排除都能够熟练操作。只要保证不间断地给煤，保持炉膛料差稳定，控制好炉膛温度，在50%~110%的负荷下连续稳定运行不成问题。

(3) 燃料适应性广，对煤炭供应市场波动有较强的适应性　循环流化床锅炉具有很高的燃烧热强度，其截面热负荷为$4\sim6MW/m^2$，是链条炉的2~6倍，其炉膛容积热负荷为$1.5\sim2MW/m^3$，是煤粉炉的8~11倍，因此它几乎可以燃烧在煤粉炉或链条炉中难以点燃和燃尽的贫煤、无烟煤、煤矸石等一切种类的燃料，并达到很高的热效率，这对于燃用当地劣质燃料、应对煤炭供应紧张形势有重要意义。石家庄在近几年几次煤炭市场波动时，供热企业的用煤得不到保障。煤炭发热量在12.56~25.12MJ/kg（3000~6000kcal/kg）之间大幅波动，但循环流化床锅炉始终基本稳定运行，其优越性非常明显。而链条炉、煤粉炉由于煤种变化较大，不是达不到出力，就是频繁发生灭火、结焦等故障。

(4) 污染物排放量低　循环流化床内的燃烧温度可以控制在850~950℃的范围内稳定而高效燃烧，这一燃烧温度抑制了热反应型NO_x的形成，同时采用分级燃烧方式向炉膛内送入30%~40%的二次风，又可控制燃料型NO_x的产生。只要操作得当，运行平稳，可以控制在标准状况下NO_x的排放量小于200~300mg/m³，其生成量仅为煤粉炉的1/4~1/3。此外，根据煤中含硫量的大小直接向炉膛内喷入或在给煤中掺入一定量的0~1mm的石灰石粉，可以脱去在燃烧过程中生成的SO_2，脱硫效率可达到90%。

(5) 预处理系统简单　循环流化床锅炉燃料预处理系统简单（与煤粉炉相比），易于实现灰渣的综合利用。

因此，循环流化床锅炉是燃煤锅炉进行节能减排的改造方向。

七、锅炉热效率的测定

某链条炉的型号为SHL10-25/400-AⅡ，设计热负荷为10t/h，设计工作参数为400℃、2.45MPa。

1. 锅炉参数的测定

对此锅炉进行正、反平衡测定时的燃料为渣煤（渣煤为当地的烟煤与合成氨造气的灰渣混合而成的），测定时间为4h，测定的参数如下。

蒸汽压力（绝对）为2.28MPa，过热蒸汽温度为481℃，过热蒸汽焓为$i=3411kJ/kg$（查表）

锅炉出力为9917kg/h

当地大气压为0.1MPa，环境温度为$t_a=30℃$

给水温度为$t_给=104℃$，给水的焓为$i_给=435.9kJ/kg$（查表）

给煤量（渣煤）为$B=3529kg/h$，渣煤的低位发热量为$Q_{DW}^Y=12497kJ/kg$，渣煤灰分$A_y=47.17\%$

粗灰排出温度（炉层温度）$t_{lz}=940℃$，粗灰（炉渣）量$G_{lz}=951kg/h$，粗灰灰分$A_{lz}=97.9\%$，粗灰碳分$C_{lz}=0.675\%$

对流管落灰量 $G_{GD1}=196\text{kg/h}$，对流管落灰灰分 $A_{GD1}=80.46\%$，对流管落灰碳分 $C_{GD1}=17.75\%$

省煤器落灰量 $G_{GD2}=49\text{kg/h}$，省煤器落灰灰分 $A_{GD2}=69.0\%$，省煤器落灰碳分 $C_{GD2}=28.12\%$

除尘器落灰量 $G_{GD3}=660\text{kg/h}$，除尘器落灰灰分 $A_{GD3}=71.49\%$，除尘器落灰碳分 $C_{GD3}=28.015\%$

烟气去灰碳分 $C_{fh}=27.165\%$

烟气成分（平均）：$n_{CO_2}=10.83\%$，$n_{O_2}=9.743\%$，$n_{CO}=0.2857\%$

排烟温度 $t_{py}=238℃$

2. 锅炉的正平衡效率 η

$$\eta=\frac{D(i-i_{给})}{BQ_{DW}^Y}\times 100\%=\frac{9917\times(3411.6-435.9)}{3529\times 12497}\times 100\%=66.91\%$$

说明：设备正平衡效率=有效能量/供给能量×100%

3. 锅炉的反平衡效率 q

(1) 粗灰物理热损 q_1

粗灰的热容（查取）为 $Ct_{lz}=916.7\text{kJ/kg}$

粗灰的物理显热 Q_6 为：

$$Q_6=\frac{A_y}{1-C_{lz}}\times\frac{G_{lz}A_{lz}}{BA_y}\times Ct_{lz}=\frac{0.4717}{1-0.00675}\times\frac{951\times 0.979}{3529\times 0.4717}\times 916.7=243.49\text{ (kJ/kg)}$$

粗灰的物理热损 q_1 为：

$$q_1=\frac{Q_1}{Q_{DW}^Y}\times 100\%=\frac{243.49}{12497}\times 100\%=1.95\%$$

(2) 燃煤机械不完全燃烧热损 q_2

烟气飞灰量（由灰平衡法计算）G_{fh} 为：

$$G_{fh}=(BA_y-G_{lz}A_{lz}-G_{GD1}A_{GD1}-G_{GD2}A_{GD2}-G_{GD3}A_{GD3})$$

$$=(3529\times 0.4717-951\times 0.979-196\times 0.8046-49\times 0.690-$$

$$660\times 0.7149)=70.25\text{ (kg/h)}$$

燃煤的热容（查取）为 $C=33900\text{kJ/kg}$

燃煤机械不完全燃烧量 Q_2 为：

$$Q_2=33900\times\frac{1}{B}\times\left(G_{lz}A_{lz}\times\frac{C_{lz}}{1-C_{lz}}+G_{fh}\times\frac{C_{fh}}{1-C_{fh}}+G_{GD1}A_{GD1}\times\frac{C_{GD1}}{1-C_{GD1}}+\right.$$

$$\left.G_{GD2}A_{GD2}\times\frac{C_{GD2}}{1-C_{GD2}}+G_{GD3}A_{GD3}\times\frac{C_{GD3}}{1-C_{GD3}}\right)$$

$$=33900\times\frac{1}{3529}\times\left(951\times 0.979\times\frac{0.00675}{1-0.00675}+70\times\frac{0.27165}{1-0.27165}+\right.$$

$$196\times 0.8046\times\frac{0.1775}{1-0.1775}+49\times 0.69\times\frac{0.2812}{1-0.2812}+660\times 0.7149\times$$

$$\left.\frac{0.28015}{1-0.28015}\right) = 2528 \text{ (kJ/kg)}$$

燃煤机械不完全燃烧热损 q_2 为：

$$q_2 = \frac{Q_2}{Q_{DW}^Y} \times 100\% = \frac{2528}{12497} \times 100\% = 20.23\%$$

(3) 可燃气体不完全燃烧热损 q_3

空气过剩系数 α_{py} 为：

$$\alpha_{py} = \frac{21}{21 - 79 \times \frac{n_{O_2} - 0.5n_{CO} - 0.5n_{H_2} - 2n_{CH_4}}{100 - n_{CO_2} - n_{O_2} - n_{CO} - n_{H_2} - n_{CH_4}}}$$

$$= \frac{21}{21 - 79 \times \frac{9.743 - 0.5 \times 0.2857}{100 - 10.83 - 9.743 - 0.2857}} = 1.839$$

可燃气体不完全燃烧热损 q_3（由于分析结果可燃气体仅有 CO，故可利用下式计算）为：

$$q_3 = 3.2\alpha_{py} n_{CO} = 3.2 \times 1.839 \times 0.2857\% = 1.68\%$$

(4) 排烟热损 q_4（由于渣煤变化较大，对它未做元素分析，故采用下式计算）为：

$$q_4 = (3.5\alpha_{py} + 0.5) \times (1 - q_2) \times (238 - 30)/100 = 11.51\%$$

(5) 炉墙散热损失 q_5

炉墙散热损失 $q_5 = 1.7\%$（根据生产现场情况进行取值）

锅炉的反平衡效率 q 为：

$$q = 1 - (q_1 + q_2 + q_3 + q_4 + q_5) = 1 - (1.95\% + 20.23\% + 1.68\% + 11.51\% + 1.7\%)$$

$$= 62.93\%$$

说明：设备反平衡效率＝（1－损失能量/供给能量）×100%

4. 锅炉的正反平衡热效率差 Δ

$$\Delta = \eta - q = 66.91\% - 62.93\% = 3.98\%$$

$\Delta < 5\%$，符合要求，链条炉的热效率取正平衡热效率 $\eta = 66.93\%$。

总之，从链条炉正反平衡热效率测定结果来看，锅炉运行状况总的来说是良好的，但按设计热效率（设计值为 74%）还存在一些问题。

① 锅炉蒸汽过热问题，按有关规定，过热温度不得大于额定温度的 10%（即不得大于 440℃）。现在该厂链条炉在日常运行中温度为 480℃左右，这对安全生产运行是不利的。建议该厂采取措施，降低其过热温度，以确保锅炉的安全运行。

② 锅炉燃烧效率问题，从锅炉反平衡计算中可看出，燃煤机械不完全燃烧热损（$q_2 = 20.23\%$）很大，主要是由于空气量大、流速大及燃煤碎屑过多、在炉膛内的停留时间短造成的。可燃气体不完全燃烧热损（$q_3 = 1.68\%$）主要取决于 CO 在烟气中的含量，这是由于入炉渣煤变化太大，炉膛内燃烧不稳定，因此如何控制好掺入的炉渣，稳定入炉渣煤的发热量，对稳定炉膛燃烧有决定意义。若使 q_3 下降为零，则有效利用热量约 36.7kgce/h，减排

CO_2 量约为 91.5kg/h。

③ 热力除氧耗蒸汽，建议改真空除氧，工艺余热加热炉水。

八、工业锅炉的节能技术改造案例

洛阳中吴化学工业有限公司 5 号锅炉是上海某锅炉厂生产的 SG 35/3.82-M439 型链条锅炉，该锅炉 1992 年投入使用，由于当时生产规模小，用汽负荷低，锅炉降温降压使用，经济性较差，随着生产能力的提高和节能降耗的深入，锅炉效率低、出力小的问题日益突出，并且严重地制约生产。为了解决存在的问题，技术人员经过认真分析、研究，结合近年来锅炉的实际运行情况，有针对性地对锅炉进行了技术改造。改造后的锅炉出力明显增强，热效率大大提高，节约了能源，取得了较好的效果。

1. 锅炉存在问题及原因分析

(1) 锅炉存在的主要问题

① 锅炉出力严重不足，仅能达到额定蒸发量的 65% 左右；② 火床不均匀，煤烧不透，炉温较低，炉渣含碳量高达 25% 以上；③ 锅炉普遍存在着结焦、漏风现象，引风阻力大，锅炉冒正压，锅炉房烟尘飞舞，环境污染现象严重；④ 锅炉停炉频繁，链条炉排经常卡死和拱起，每年达 20 余次，此外，清焦及消除漏点情况也会造成锅炉无法正常运行。

(2) 原因分析　为了解决锅炉存在的诸多问题，技术人员通过大量的试验、分析和讨论，找出了锅炉效率低的主要原因。

① 燃料煤达不到设计要求。锅炉实际使用燃料煤的低位发热值为 17556kJ/kg，灰分含量高达 32%，硫含量为 2%，与设计燃料有较大的差距，由于灰分高、硫含量高，极易造成炉膛和受热面的积灰和结焦，烟道及风机壳体有腐蚀磨穿现象。特别是空气预热器，由于其空气进口温度低，造成管壁温度往往会低于烟气中三氧化硫的露点温度，从而形成硫酸。煤灰与硫酸作用后便在管子下部出口处形成坚硬的灰垢，时间一长，管子就会被腐蚀穿孔，增大引风阻力。

② 给煤装置不合理。锅炉原设计的给煤装置是依靠煤的自重下落，经闸板的挤压，形成异常密实的火床，大颗粒间的缝隙被煤屑填充，使火床通风能力差，在颗粒集中或火床薄处易形成火口、沟流，而煤屑多或火床厚处没有足够的助燃空气，造成燃烧不均匀，经常需要人工拨火调整火床；但人工拨火又造成冷空气的大量进入，加上煤质本身的原因，造成锅炉燃烧不稳定、炉温低、炉渣含碳量高、锅炉出力不足。

③ 链条炉排设计不合理。链条炉排所采用的迷宫式侧密封结构复杂，强度差，而且与边夹板的间隙大，造成大量的漏风，在炉排和炉墙连接处经常出现跑红火现象，侧密封和边夹板很容易被烧坏变形，从而造成炉排卡死和拱起，掉炉排片和边夹板现象更是频繁，严重影响锅炉的安全、稳定运行。

④ 锅炉维护保养不当。锅炉出现的跑、冒、滴、漏现象未能及时消除，转动机械的油位未及时加，冷却水不畅等造成锅炉故障多，负荷不稳。

⑤ 燃烧调整不合理。没有严格按要求进行调整，烧太平炉也是造成锅炉运行状况不好的原因。

2. 锅炉的技术改造及改进措施

(1) 炉排侧密封及边夹板改造　将原设计的迷宫式侧密封结构改为新型的接触式侧密封结构，并将边夹板作适当改进。改进后的侧密封和边夹板虽结构简单，但强度大，不易损坏，炉排两侧的漏风减少，可大大缓解因漏风多而造成炉排和炉墙之间的跑火现象。通过改造，基本上解决了炉排易卡死拱起的问题，炉排故障率明显下降。

（2）给煤装置改造　采用机械筛分式分层给煤装置（如图3-10所示）取代原设计的闸板式给煤装置。该装置通过炉排主动轮带动有拨煤条的滚筒转动，使煤仓下来的煤经给煤闸板挖量后滑落到分层筛子上，经筛分后大小不同的煤粒经过不同途径先后落到炉排面上和炉排煤层上，其落煤的方向与链条炉排的运动方向相反，从而通过炉排的连续移动，使落煤在炉排面上形成上小下大、层次分明且疏松有序的火床结构。

分层燃烧技术的应用能很好地改善火床的通风条件，提高炉膛温度，避免风洞、火口等现象的发生，机械不完全燃烧热损失明显降低，节煤效果显著；同时，锅炉对煤种的适应能力增强，可减少因煤种的变化引起的锅炉负荷频繁波动。

（3）炉排下加装助燃装置　助燃装置是在锅炉的每一个分段风室内安装一套喷水助燃系统（如图3-11所示），利用燃烧室产生的废热将系统内的水汽化，汽化水从喷水装置的小孔喷出并在送风作用下与空气混合后进入炉膛，使炉膛内增加微量的雾化水分子，雾化水分子与炉膛内的碳在高温下发生如下反应：$C+H_2O \longrightarrow H_2+CO$。

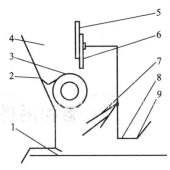

图3-10　分层给煤装置示意图
1—炉排；2—拦煤板；3—滚筒；4—煤仓；5—支撑板；
6—煤闸板；7—筛子；8—阻燃拱；9—前拱

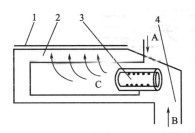

图3-11　助燃装置示意图
1—炉排；2—分段风室；3—助燃装置；4—送风道；
A—水；B—热风；C—汽化水和空气混合物

反应中生成的氢气在点燃条件下与高温空气中的氧发生剧烈反应，产生微爆燃，从而加速了燃烧反应，同时破坏了煤中的无机盐阻燃壳，使炉膛内可燃物质的燃烧反应速率增加，局部气体分子动能增加，反应温度升高。

正常情况下系统水压只需控制在0.1MPa左右，水压可根据锅炉负荷大小，即各风室风压情况进行调整，当送风机停止运行时，系统自动停止供水。

助燃装置投运后，炉膛温度明显提高，炉渣含碳量和飞灰可燃物含量大幅度下降，烟尘的排放量也有所降低，经济效益和社会效益十分显著。

（4）其他提高锅炉效率的措施　提高锅炉热效率，不仅需要进行新技术的改造，而且还要同锅炉的运行管理、运行调整有机地结合起来，具体措施如下：①尽可能地提高燃料煤的质量，严格控制灯灰分、硫的含量；②每址按时向炉膛内添加助燃剂和清灰剂，防止结焦、黏灰的产生，同时提高炉膛温度；③锅炉原设计的二次风重新恢复使用，使炉膛内产生涡流，延长煤粒在炉膛内的燃烧时间；④搞好锅炉的检修和维护保养，定期消除炉膛及各受热面的积灰，疏通省煤器和空气预热器，并及时消除跑、冒、滴、漏现象；⑤合理调整燃烧，做到给煤量、炉排速度、送风量的最佳配合，并及时调整助燃系统的水量，以达到锅炉在最佳工况点的运行。

3. 经济效益分析

通过对链条炉的技术改造及改进措施的实施，锅炉对煤种的适应能力大大增强，且燃烧工况稳定，火床平整，基本上杜绝了火口和沟流现象，炉膛在负压情况下，炉膛温度有较大幅度的提高。炉排卡死和拱起的情况很少出现，锅炉故障率明显降低，大大地减少了维修费用。锅炉改造前、后测试结果见表3-2。

表3-2　锅炉改造前、后测试数据对比

项　目	改造前	改造后	项　目	改造前	改造后
过热蒸汽压力/MPa	3.5	3.5	飞灰含碳量/%	30.7	18.8
炉膛温度/℃	680	762.4	吨蒸汽耗煤/(kg/t)	242.3	187.1
锅炉出力/(t/h)	22.7	29.4	锅炉热效率/%	66.8	75.5
炉渣含碳量/%	26.7	10.2			

由于锅炉改造后热效率提高了8.7%，节煤率可达9.9%，年节约原煤4276t（折标煤为3054tce），年减排CO_2量为7614t；按每吨煤价850元计，每年可节约资金363.46万元，链条锅炉的改造总费用约4个月的时间便可收回全部投资。

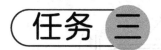

热能利用的节能

知识目标

了解工业余热种类、加热炉节能设备、冷凝水回收系统分类；理解余热回收技术、加热炉节能技术、凝结水回收技术的基本原理；掌握余热回收、加热炉应用及凝结水回收等常见的节能技术方案。

技能目标

能分析某系统的热能利用现状；能初步拟订余热回收、加热炉应用及凝结水回收相关节能技术方案和对热能利用过程提出合理化建议。

一、余热回收节能

1. 余热的品位与种类

化工企业中大量的余能没有充分利用，这些尚未充分利用的余能中绝大部分是以热能的形式存在。也有少数是气体的压力能和一部分带压力的冷却水的剩余压头。余热资源属于二次能源。从广义来说，凡是具有一定温度的排气、排液和高温待冷却的物料所包含的热能均属于余热。它包括燃料燃烧产物经利用后的排气显热、高温成品的显热、高温废渣的显热、冷却水带走的显热。在不同的工序有着不同的种类和形态，不同的余热，其数量和品位有很大差别。余热品位的高低主要与其温度高低有关，温度越高，余热的品位越高，余热做功能力越大。工业企业中,余热资源的形态通常有固体、气体、液体三种。具体可将余热分为以下六种。

(1) 排气余热　气体余热中,大多数为炉窑排出的废气所带的余热。这种余热资源数量大,分布广,占余热资源总量的一半左右。排气余热的温度范围差别很大,既有200~500℃的中温气体,也有大量700℃以上的高温气体,例如,转炉炉气高达1600℃以上,焦炉煤气出口温度有750℃,玻璃窑炉的排气温度高达650~900℃。

(2) 高温产品和炉渣的余热　工业生产上有许多高温加热过程,如煤的气化和炼焦;石油炼制;水泥、耐火材料、陶瓷烧制等。因此,它们的成品或半成品及炉渣废料都有很高的温度,一般温度在500℃以上,例如红焦炭、石油炼制中的汽油或柴油等,这些产品一般都要冷凝/冷却到常温后才能使用,所以在冷凝/冷却过程中还有大量余热可以利用。在能量平衡分析中,成品得到的热属于有效热,它的热再次加以回收利用,所以又叫重热回收。

(3) 冷却介质的余热　工业上各种高温炉窑和动力、电气、机械等用能设备,在运行过程中温度会急剧上升,为了保证设备的使用寿命和安全,需要进行人工冷却;化工生产中许多化学反应需要冷却降温,许多气态物质需要冷凝冷却成常温液体。常用的冷却介质为水,也有用油、空气和其他物质的。从设备的冷却要求来说,可分为两类。一类是由于生产的要求,冷却介质的温度要尽可能低。例如,为了提高热力发电厂的效率,要求蒸汽冷凝器中的冷却水的温度不超过25~30℃。另一类是对金属构件的冷却,从保证金属的强度来说,水温超过100℃,采用汽化冷却方式也是允许的。但是,有时是因受硬水结垢温度的限制,不能超过45℃。根据调查,冷却介质的余热占总余热量的15%~25%,它们带走的热量很大,但品位较低,回收利用价值较小。

(4) 化学反应余热　化学反应余热是在化工企业中,放热反应过程所放出的热量。例如,在硫酸生产过程中,硫铁矿焙烧时发生下列化学反应:

$$4FeS_2 + 11O_2 \Longrightarrow 2Fe_2O_3 + 8SO_2 + 3696 kJ/mol \tag{3-1}$$

即每生成1mol的SO_2,可伴随产生462kJ的热量,反应热使炉内温度达到850~1000℃。如果用余热锅炉回收60%的热量,则每焙烧10t硫铁矿可得到相当于1tce的发热量。在氨合成塔、硝酸氧化炉、盐酸反应炉等反应设备中也都有这类余热。

(5) 废气、废液、废料余热　工业生产会产生大量的可燃废气、废液和废料,这些可燃废气、废液和废料都具有能量。例如焦化厂的焦炉煤气、炼油厂的可燃废气、化工厂电石炉废气等,其可燃成分及发热量见表3-3。可燃废液包括炼油厂下脚渣油、废机油、造纸厂黑液、油漆厂的废液及化工厂的废液等。可燃废料包括木材废料及其他固体废料,如纸张、塑料、甘蔗渣、甜菜渣等。

表3-3　工业废气可燃成分及发热量

种　类	可燃成分/%			标态发热量/(kJ/m³)
	CO	H_2	CH_4	
焦炉煤气	5~8	55~60	23~27	16300~17600
高炉煤气	27~30	1~2	0.3~0.8	3770~4600
转炉煤气	56~61	1.5		6280~7540
铁合金冶炼炉排气	70	6		>8400
合成氨甲烷排气			15	14650
化工厂流程排放气			20	8400~12600
电石炉排放气	80	14	1	10900~11700

(6) 废汽、废水余热　在使用蒸汽和热水为生产所需热源的工厂,例如化工、机械、轻

工、纺织、冶金等,均存在这种余热。蒸汽锤的排汽余热占用汽热量的70%~80%;蒸汽凝结水有90~100℃的温度。

2. 余热利用的策略

回收余热可以节约能源消耗,但是,不能为了回收而回收。因此,在考虑余热回收方案前首先要调查装置本身的热效率是否还有提高的潜力。若装置的热效率存在提高的潜力,则应先研究提高装置热效率的方法,尽管提高装置热效率会减少余热量,但它可以直接节约能源消耗,比通过余热装置回收更为经济、有效。同时,如果不考虑装置本身的潜力而设置了余热回收装置,则当装置提高效率后,余热源会减少,余热回收装置就不能充分发挥作用,造成投资浪费。其次应考虑余热能否返回到装置本身,例如用于预热助燃空气或燃料。它可以起到直接减少装置的能源消耗,节约燃料的效果,比回收余热供其他用途(例如产生蒸汽)时,节能效果要大。最后才具体研究回收余热的方案。如工厂有多种余热有待回收时,余热回收方案优先顺序如图3-12所示。从余热资源状态看,首先回收气体余热,然后回收液体余热,最后才回收固体余热;从余热资源温度看,首先回收高温余热,然后回收低温余热;从余热资源数量看,首先回收量大余热,然后才回收量小余热。

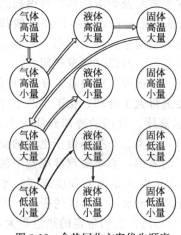

图3-12 余热回收方案优先顺序

余热利用总的原则是根据余热资源的数量和品位以及用户的需求,尽量做到能级的匹配,在符合技术经济原则的条件下,选择适宜的系统和设备,使余热发挥最大的效果。余热回收的难易程度及其回收的价值与余热的温度高低、热量大小、物质形态有关。

根据先易后难、效益大的优先原则,按图3-12的顺序进行回收。其中,以数量大的高温气体的热回收最为容易,效益也大。

3. 余热利用途径

工厂的余热利用有多种途径,常用的有以下三种。

(1) 余热的直接利用　如果有合适的热用户直接利用余热,则最为经济、方便,常用的热用户有以下几种。

① 预热空气或煤气。利用烟气余热,通过换热器(空气预热器等)预热工业炉的助燃空气或低热值煤气。将热返回炉内,同时提高燃烧温度和燃烧效率,节约燃料消耗。

② 预热或干燥物料。利用烟气余热来预热、干燥原材料或工件,将热带回装置内,也可起到直接节约能源的作用。

③ 生产蒸汽或热水。通过余热锅炉回收烟气余热,产生蒸汽或热水,供生产工艺或生活的需要。温度在40℃以上的冷却水也可直接用于供暖。

④ 余热制冷。用低温余热或蒸汽作为吸收式制冷机的热源,加热发生器中的溶液,使工质蒸发,通过制冷循环达到制冷的目的。当夏季热用户减少,余热有富裕时,余热制冷不失为一种有效利用余热的途径。

(2) 余热发电　电能是一种使用方便、灵活的高级能。对高温余热,采用余热发电系统更符合能级匹配的原则。对较低温度的余热,在没有适当的热用户的情况下,将余热转换成电能再加以利用,也是一种可以选择的回收方案。余热发电有以下几种方式:①利用余热锅炉首先产生蒸汽,再通过汽轮发电机组,按凝汽式机组循环或背压式供热机组循环发电;②以高温余热作为燃气轮机工质的热源,经加压、加热的工质推动汽轮机做功,在带动压气机工作的同时，带动发电机发电；③采用低沸点工质回收中、低温余热，产生的低沸点工质蒸气按朗肯循环在透平中膨胀做功，带动发电机发电。

（3）热泵系统　对不能直接利用的低温余热，可以将它作为热泵系统的低温热源，通过热泵提高其温度水平，然后加以利用。

除上述三种方式外，根据余热资源的具体条件，还可考虑综合利用系统，做到热尽其用。例如，高温烟气余热的梯级利用，除预热空气外，同时供余热锅炉产生蒸汽；在进行蒸汽动力回收时，尽可能提高蒸汽参数，采用热电联合循环机组，在发电的同时进行供热；对有一定压力的高温废气，可先通过燃气轮机膨胀做功，然后再利用其排气供给余热锅炉，在余热锅炉中产生的蒸汽还可供汽轮机膨胀做功，形成燃气-蒸汽联合循环，以提高余热的利用率。在比较不同的余热回收方案时，基本原则是：回收效率尽可能高；回收成本尽可能低，或投资回收期尽可能短；适应负荷变化的能力强。各种余热回收利用的基本方式如图3-13所示。

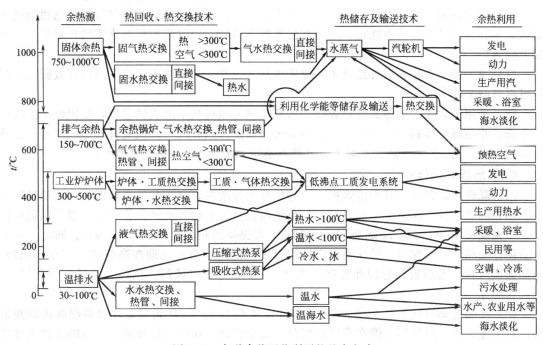

图3-13　各种余热回收利用的基本方式

二、加热炉的主要节能

加热炉是石油化工生产中的主要设备之一，在石油炼制和石油化工生产中得到广泛应用，加热炉的节能一般来说有以下几个方面。

1. 工艺节能

一提到加热炉的节能，大家都想到的是提高加热炉的效率。提高效率确实可以节能，但节能的根本目的是节约燃料，节约燃料有多种途径，工艺上节能是根本。如对现在的常减压装置，从以往的湿式减压到现在的干式减压，应用先进的网络设计方法，提高换热终温等，加热炉的有效负荷大幅度下降。对于大型装置，装置之间的热联合，采用大型加热炉集中供热等都可以有效地降低燃料消耗。燃气轮机与加热炉联合，焚烧工艺废气作为加热炉的有效热量,利用工艺废热,减少加热炉的电、汽、气消耗等,这些手段的节能效果通常是其他的节能措施不可比拟的。

2. 优化加热炉的设计方案,设计节能

加热炉设计方案的合理是节能的最重要环节。需要注意加热炉系统的总体布局和被加热介质的分配及余热回收利用方案等设计。

3. 应用成熟可靠的设备,设备节能

通过加热炉的新材料和新设备的应用来提高加热炉效率,实现节能的目的。

(1) 应用新型热管,提高空气预热器效率　热管的结构紧凑,在较大风量下压力损失小,重量轻,应用热管空预器可较好地提高空气预热器的效率。

(2) 应用新型节能炉衬材料,做好保温　应用新型隔热衬里和保温材料,保证炉外壁温度均匀,没有热点,减少热损失。如使用轻质耐火纤维、岩棉等为保温层,用轻质砖作为炉体的内衬,在炉围内壁涂高温高辐射涂料,其综合保温效果好,节能效果可达30%以上。

(3) 应用新型节能燃烧器,减少不完全燃烧　燃烧器是加热炉的关键部件,选用新型节能燃烧器和改进操作,使燃烧在低过剩空气系数下进行,同时应加强对火嘴的日常维护,保证燃烧效果。

(4) 应用黑体强化辐射传热技术　应用该技术可实现热流源头的热射线的有效调控,通常可以节能20%~30%。

(5) 采用搪瓷作为尾部的传热表面　搪瓷传热表面在技术上成熟可靠,是国外标准的推荐方法,并在国外得到了广泛应用。在尾部采用搪瓷传热表面与其他完善的回收措施相比还可以至少再提高1%的加热炉热效率,其年效益可以增加100万~200万元。

4. 加热炉在操作中的节能

(1) 降低排烟温度,减少排烟损失　降低排烟温度主要是要保证余热回收系统的热回收率。热管换热器被广泛应用于加热炉烟气余热回收。热管烟气余热回收技术一般可以把加热炉烟气温度从300~330℃降低至160~200℃,可提高加热炉热效率5%~9%。同时,控制上采用排烟温度自动控制,操作上锁定排烟温度,可使加热炉长期在高效率下工作。此外,要加强风门和烟道挡板的管理和控制,重视"三门一板"(风门、汽门、油门、烟道挡板)的优化操作。

(2) 降低过剩空气系数,减少烟气中的 O_2 和 CO 含量　加热炉是靠燃料燃烧供给热量的,在工业炉中,燃料不可能在理论空气量下完全燃烧,在有一定过剩空气量的条件下才能完全燃烧。如果过剩空气系数过大,排烟时大量的过剩空气将热量带走,使排烟损失增加,热效率降低。所以应在允许的范围内降低过剩空气系数,减少不完全燃烧损失。另因不完全燃烧而造成的化学热损失,引起 CO 含量增加,造成了大气污染,所以应尽量减少不完全燃烧,控制燃烧供风,适当减少 CO 排放量。对于大部分烧气的燃烧器,通常可增加旋流供风;对于燃油燃烧器,要适时更换燃烧器的喷头。推广使用平焰、水火焰、高速、可调焰等新型烧嘴,可节能5%~15%。

(3) 控制好加热炉的漏风　加热炉在传热区漏风是有害的,不但能量损失增加,还较大幅度地降低传热能力。目前新设计的加热炉对流室的漏风量很少,控制加热炉的漏风主要是控制辐射室的漏风,其中控制底部的漏风最为有效。

(4) 缩小对流室传热温差　通过适当增加对流室换热面积,以达到合理的排烟温度。通过在对流室采用翅片管、钉头管和高效吹灰器等办法,充分利用对流室加热工艺介质,降低被加热介质温度以及缩小烟气和介质之间的温差,可将该温差缩小至50℃。与过去采用的温差相比,加热炉热效率可提高2%~6%。

三、凝结水回收

在蒸汽供热系统中,用汽设备凝结水的回收是一项重要的节能措施。通常用汽设备(如蒸发器、烘燥机)排出的凝结水,其热量占蒸汽热量的12%~15%,回收凝结水就回收了这部分热量,提高了蒸汽的热能利用率,节省了燃料。因为凝结水温度比新鲜的锅炉给水温度高,用100℃的凝结水代替30℃的锅炉给水,可节约燃料12%左右。另一方面,凝结水是品质良好的锅炉给水,回收至锅炉房,既可以节省大量水处理费用,又可减少锅炉的排污热损失,使锅炉热效率提高2%~3%。因此凝结水的回收利用,经济意义很大,已经得到工业企业节能工作的普遍重视,也已取得相当好的节能效果。

(一)凝结水回收系统

根据使用蒸汽的工艺流程及用汽参数不同,实际所采用的凝结水回收利用系统千差万别,按凝结水是否与大气相通可将这些系统分为开式和闭式两大类。

1. 开式凝结水回收与利用系统

开式凝结水回收与利用系统是指从用汽设备来的冷凝水,经疏水器,或蒸汽动力设备的排汽经冷凝器凝结后,由冷凝水本身的重力(或由凝结水泵)排至凝水箱中(详见图3-14)。此凝水箱与大气相通,剩余凝结水温度大约是100℃,实际由于闪蒸散热或为防止水泵汽蚀而兑入凉水,回收温度仅为70℃左右,加之与大气相通有空气进入凝结水管道,容易引起管道腐蚀。但开放式系统装置简单,投资较少,与凝结水直排相比,仍有一定的节能效果。

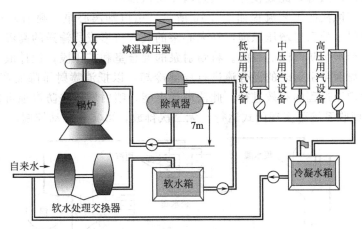

图3-14 开式凝结水回收与利用系统示意图

2. 闭式凝结水回收系统

闭式凝结水回收系统的凝结水集水箱以及所有管路都处于恒定的正压下,系统是封闭的(如图3-15所示)。系统中凝结水所具有的能量大部分通过一定的回收设备直接回收到锅炉里,凝结水的回收温度仅丧失在管网降温部分,由于封闭,水质有保证,减少了回收进锅炉的水处理费用。闭式凝结水回收系统注重蒸汽输送系统、用汽设备和疏水阀的选型;冷凝水汇集及输送的科学设计、优化选型以及梯级匹配,使用能系统、余热回收更加科学合理,达到最佳的用能效率。该系统是目前凝结水回收的较好方式,得到了大力推广,其优点是凝结水回收的经济效益好,设备的工作寿命长,但系统的初始投资大,操作不方便。

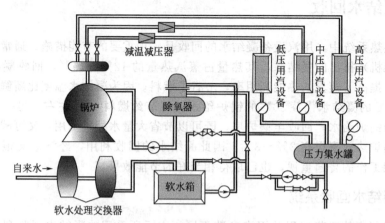

图 3-15 闭式凝结水进除氧器流程图

(二) 凝结水回收的方法

冷凝水回收的主要障碍是水泵输送高温凝结水时的汽蚀现象。要防止汽蚀发生,必须采取各种防汽蚀措施,提高水泵入口处的压力,使凝结水温度低于该处压力对应的饱和温度。最简单的措施就是提高水泵入口前凝结水的重力压头,把凝结水储罐布置在较高的位置,把凝结水泵布置在较低的位置。如果工艺条件不允许或者仅仅靠重力压头达不到要求,就要使用专门的凝结水回收装置。按防汽蚀原理不同,冷凝水回收方法有蒸汽加压法、位差防汽蚀法、喷射增压防汽蚀法等,此处仅介绍喷射增压防汽蚀法。

喷射增压防汽蚀法的工艺流程如图 3-16 所示,由电动离心泵、喷射泵和增压排汽管路组成。它利用喷射泵的引射增压原理,在离心泵的吸入口形成所输送的高温冷凝水对应的防汽蚀压头,达到给水泵防汽蚀的目的。将喷射泵的混合室和扩压段,设计成双层夹套,用给水泵的冷却水对喷射泵引射时的混合流进行局部冷却,以抵消喷射压降而产生的闪蒸汽蚀,保证了整个喷射增压过程的有效进行。此法消耗电能,喷射增压法防汽蚀可提高冷凝水回收温度至 150℃,回收系统可实现闭式运行,无二次排放,可实现自动控制。

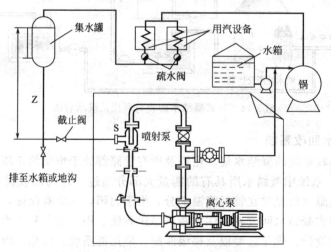

图 3-16 喷射增压防汽蚀法原理图

（三）凝结水回收技术的选择方法

1. 按用汽设备使用蒸汽的压力和温度选择回收方法

① 用汽设备疏水压力小于 0.15MPa 时，凝结水可以利用重力自流回收。尽量用集水罐与水泵吸入口的液位差提供防汽蚀压头，如果工艺布置不能保证必要的防汽蚀压头，要采取专门的防汽蚀装置。

② 用汽设备疏水压力在 0.15~0.6MPa 之间，多数采用增压回收方式回收凝结水。要仔细核算阻力损失，设计集水罐超压排气装置，考虑直接喷淋吸收和增压回收两种方式利用超压排汽。需要选用泵叶轮耐温 150℃ 的水泵，配置专门的防汽蚀装置。

③ 用汽设备凝结水压力大于 0.6MPa 的高压、中压回水系统闪蒸装置，闪蒸汽供中压或低压用汽设备。闪蒸量小于或等于低压热用户蒸汽使用量，具有周期使用系数时，可直接利用。无中低压热用户时，设中压或低压热交换装置，加热其他工艺介质，以达到相同的热能利用效果。采用喷射压缩方式，增压增量利用。

2. 按冷凝水用途选择

（1）冷凝水作锅炉补水

① 冷凝水作锅炉汽包补水。将回收装置出口管接至原锅炉上水管在省煤器前端的某处（一般应在原上水泵止回阀后端），如图 3-17 所示。由于上水温度提高，应注意省煤器安全问题，可通过有关计算，确定省煤器出口的温度，对于非沸腾式省煤器，此温度应至少低于饱和温度 30℃，对于沸腾式省煤器，省煤器出口温度应保证汽水混合物的干度≤20%。

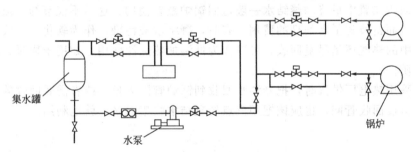

图 3-17　凝结水进锅炉汽包流程图

② 冷凝水直接进热力除氧器。大型锅炉对上水连续性和平稳性要求很高，这时凝结水不再直接输入锅炉而是进入热力除氧器，然后由原锅炉上水系统完成输入锅炉的任务，如图 3-18 所示。

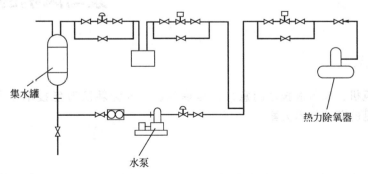

图 3-18　凝结水进除氧器流程图

凝结水不管是直接上锅炉还是间接上锅炉，从安全角度考虑，还应设置一根当锅炉或除氧器满水时供凝结水排放的管道，此管一般接到软化水箱中，具有溢流管的性质。凝结水的这种去向选择是自动的，一般通过电磁阀、双回路调节器等控制阀门来完成。

(2) 冷凝水作低温热源　当企业利用热电厂供汽，由于回收管网太长等原因无法直接回收到锅炉房时，或当凝结水水质受到二次污染，不能作锅炉补水时，可作为低温加热热源使用，其方式如下。

① 企业用于取暖热源。利用冷凝水的余热，根据供热负荷确定是否需要补充部分软水（或生水）作采暖循环用水，根据余热量确定供暖面积，可节省集中供热费用。

② 用于直接热水用户。对于印染、纺织、橡胶、轮胎等企业，需要大量自用高温软化热水，利用凝结水，污染介质并不影响同行业加热的目的。

③ 间接换热热源。当冷凝水受到污染无法直接利用时，可考虑间接换热方式。如加热工艺用水，采暖循环水等非饮用水场合。

总之，凝结水回收的原则是：通过凝结水回收系统中能量的综合利用，达到最经济的能量回收利用，保持整个蒸汽热力系统利用率最高，经济性最好。凝结水回收中的能量回收实际上有交错在一起的三种方式：含热能的凝结水回收，闪蒸汽的有效利用，软化水的回收。

对于高、中压回收系统，在系统中设专门的闪蒸装置，闪蒸汽供低压用汽设备使用。同时也减少了其余凝结水的回收难度。如果没有下一级低压蒸气用户，可以设置热交换器，加热其他用途的工艺介质，做到能量的有效利用。凝结水回收管网中可以设多级闪蒸装置，使蒸汽按梯级方式利用。

凝结水回收装置中最终的凝结水一般送回锅炉重新使用，这样不仅节约了热能，也节约了软化水，从而也节省了水处理的费用。有时，凝结水被污染，作为软化水回收已经没有意义，但是其中的热能还是尽量回收，可以作为低温加热热源使用，如用于取暖、间接加热热水或其他工质。

当企业采用热电厂供汽时，把凝结水回收到锅炉管网太长，或者需要回收的凝结水数量太少，不值得设回收管网，也应该把用汽点的凝结水收集起来，就地利用。

泵与风机的节能减排

知识目标

了解风机、泵节能技术的意义；理解风机、泵能耗及节能技术原理；掌握风机、泵常见的节能技术方案。

技能目标

能初步拟订风机、泵相关节能技术方案和对风机、泵运行安装提出合理化建议。

风机与泵既是应用最广的化工通用机械,也是企业中能耗最大的流体机械,它在石油化工中的耗电量一般都为全厂用电量的70%~80%。目前,在泵与风机的运行中尚存在着不少问题,主要表现在:

① 系统与设备不匹配,选型不适当,考虑裕量过大,或估算过高,使设备长期处在低效区工作,"大马拉小车"现象较为普遍,造成能源的极大浪费;

② 调节方法简单,运行的经济性考虑不周,节流损失严重;

③ 设计不够完善,管路系统等布局不够合理,系统阻力较大,增加了能耗;

④ 管理不善,维修不及时,泄漏严重。

以上表明,风机和泵运行中有很大的节能潜力。据估计,提高风机和泵运行效率的节能潜力可达 $(300\sim500)\times10^8 kW\cdot h/a$,即减排 CO_2 量可达 $(299\sim499)\times10^5 t/a$,相当于 6~10 个装机容量为 1000MW 级的大型火力发电厂的年发电总量。

风机和泵的主要节能措施如下。

① 采用高效节电风机和泵,淘汰低效老式风机和泵。

② 采用调速装置调节风量和流量,因为风机或泵的轴功率与其转速的三次方成正比。不要采用调节风挡门或节流阀的方法调节风量和流量。

③ 正确选择风机或泵的电机的功率,防止"大马拉小车"现象。

④ 减少管道阻力。如果管道设计不合理,则水流在管道中通过时阻力增大,造成压头或扬程损失,并浪费电能。

一、泵的节能减排

(一) 泵的能耗分析

泵的能耗与扬程、流量、效率有密切关系。

1. 扬程

工艺扬程 H 大小为用户所需扬程 H_S、吸水高差 H_1、吸水管道水头损失 H_2、输水管道水头损失 H_3 及安全水头 H_4 之和。即:

$$H=H_S+H_1+H_2+H_3+H_4 \tag{3-2}$$

安全水头一般取 1~2m。

所以,卧式泵轴标高或立式泵第一个叶轮标高与进水最低水位差越大则工艺扬程越大;吸水管道和输水管道的距离越长、配件越多,会使水头损失增大,造成工艺扬程增大。

吸水管由于以下情况会产生漏气、吸气现象,使泵出水量减少,增加电耗:①管道接口不严或管壁漏气;②吸水管敷设不当,致使水中溶解气体因管路内压力减少而不断逸出,形成空气囊;③吸水管进口淹没深度不够,由于进口处水流产生漩涡,吸水时带进空气。

为避免吸水池(井)水面产生旋涡,导致泵吸入空气,吸水管进口在最低水位下的深度不应小于 0.5~1.0m,如图 3-19 所示。若淹没深度不能满足要求,应在管末端设置水平隔板。为了防止泵吸入池底的杂质,使泵工作有良好的水力条件,应注意吸水管的进口高于井底 0.8D。D 为吸水管喇叭口(或底阀)扩大部分的直径,通常取 D 为吸水管直径的 1.3~1.5 倍。

在一定流量下,管径越小流速越快,则水头损失越大。吸水管道流速过大,容易吸进空气,影响泵的工况,吸水管道流速建议采用以下数值:管径小于 250mm 时,为 1.0~1.2m/s;管径大于或等于 250mm 时,为 1.2~1.6m/s。

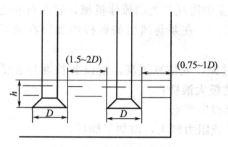

图 3-19 吸水管安装深度

泵的输水管路一般距离很短,水头损失相比整个供水管网只占很小部分,适当缩小管径可降低整个建设投资,一般压水管设计流速为:管径小于 250mm 时,为 1.5～2.0m/s;管径大于或等于 250mm 时,为 2.0～2.5m/s。

供水管道的水头损失对泵扬程影响较大,选择较大口径的管道虽可降低水头损失,但由于管网距离长,会增加比较多的建设投资,应通过经济技术比较,以经济流量确定管径。

在泵吸水管上取消底阀,采用真空保持设备或水射器,可节电 4%～10%,提高吸水量 5%～15%。在泵输水管上用多功能阀替代止回阀和检修阀门,在相同情况下可降低水头损失 1.5～2.0m。

2. 供水量

管网泄漏和浪费用水会使供水量增加导致能耗增加,同时供水量的供大于求会使开泵台数增加,工艺扬程提高,也造成浪费。经测算,当机泵的流量由 100% 降到 50% 时,若采用出口阀门的节流调节方式,则此时电机的输入功率分别为额定功率的 84%,而此时机泵的轴功率仅为 12.5%,即损失功率为 71.5%,这说明即使机泵的设计效率为 100%,在不采用先进的调节措施时,其实际的运行效率可能只有百分之十几或更低。

3. 系统效率

泵的水力摩擦、容积损失和装配检修质量对泵的运行效率有很大影响。匹配电机的选择以及传动机构的选择对电机效率和传动效率也有着直接影响。

4. 泵效率的测定

一台型号 4GC-3 的清水泵,配用电机型号 JO2-82-23。通过现场测得该水泵的相应参数见表 3-4。

表 3-4 水泵效率的测定数据

项目	电流/A	电压/V	$\cos\phi$	输入功率/kW	输出功率/kW	泵压力/MPa 进口	泵压力/MPa 出口	泵流量/(m³/h)
数据	68	380	0.81	30.2	27.03	0.1	0.95	55

$$N = \sqrt{3}IV\cos\phi \tag{3-3}$$

式中　I——电机的电流,A;
　　　V——电机的电压,V;
　　$\cos\phi$——电机的功率因素。

电机实际消耗功率为 $N = \sqrt{3}IV\cos\phi = 1.73 \times 68 \times 380 \times 0.81 \times 10^{-3} = 36.2$(kW)

电机效率:$\eta_{电} = 27.03/30.2 = 0.895$

水泵电机的轴功率:

$$N_{轴} = \sqrt{3}IV\eta_{电}\cos\phi = 1.73 \times 68 \times 380 \times 0.895 \times 0.81 \times 10^{-3} = 32.407 \text{(kW)}$$

水泵的效率计算式有:

$$\eta = \frac{DH}{367 N_{轴}} \times 100\% \tag{3-4}$$

式中 D——泵的流量，m³/h；

H——泵的扬程，m；

$N_{轴}$——水泵电机的轴功率，kW。

已知：泵的流量为 55m³/h，泵的扬程为（95－10）m，即扬程85m，则水泵的效率为：

$$\eta = \frac{DH}{367N_{轴}} \times 100\% = \frac{55 \times 85}{367 \times 32.407} \times 100\% = 39.31\%$$

（二）合理选用泵

在泵的选择中，首先要确定泵的类型，然后确定其型号、规格、台数、转速以及配套电机的功率。利用"泵性能表"或"泵综合性能图"选择泵，在具体选定了泵的型号后，应从"水泵样本"中查出该台泵的性能曲线，并标绘出系统中管路运行性能曲线，复查泵在系统中运行的工作情况，看它在流量、扬程变化范围内，泵是否处在最高效率区附近工作。如果效率变化幅度不是太大，则选择就此为止。若偏离最高效率区较大，最好另行选择，否则运行经济性较差。

离心泵选择时还应注意以下问题。

① 避免使用过大型号的泵，克服大马拉小车现象。实际选泵过大是普遍存在的问题，泵在运行一段时间后间隙增大，泄漏增加，管路阻力也随着运行时间而增加，所以在选择泵时留有一定的裕量是必要的。但也要注意裕量过大，使泵长期在比实际需要的流量与压头高得多的情况下工作，利用节流调节维持泵正常运行，造成大量能量的损失。一般选择泵时裕量控制在8%为宜。

② 精心设计、精确计算。在选泵时，不要单凭经验，只有精心设计、精确计算，才能保证泵在最佳效率区工作。

③ 对大多数多级泵应避免流量低于最高效率点流量的20%。

④ 采用大小泵配置的运行方式。在系统中配置半流量泵或 2/3 流量泵，当系统负荷要求发生变化时，启用相适应流量的泵，减少大泵的运行周期，可大大节约能耗，这是降低用电单耗的有效措施。

（三）泵运行的节能调节

由于受设计规范、泵系列、型号等限制，往往所选择泵的流量或扬程过高，在运行中需要对泵的工况点进行调节，以满足实际流量与扬程的需要。

改变泵的特性曲线的方法有：①变速调节；②切割叶轮调节。改变管路特性曲线的方法有出口节流调节。同时改变泵特性曲线与管路性能曲线的方法为入口节流调节。

1. 节流调节

（1）出口节流调节　在泵的出口管路上装置阀门，关小阀的开启度，管路的性能曲线随之改变，如图 3-20 所示。R_1 为阀全开时的阻力曲线，工作点为 M。当出口阀关小时，阻力曲线向左移动，如 R_2 曲线，工作点也由 M 点移至 A 点。阀本身节流所造成的压头损失为 h_3，因节流损失而多消耗的功率为：

$$\Delta N = \frac{h_3 Q_A \rho}{102\eta} \tag{3-5}$$

式中 ΔN——因节流损失而多消耗的功率，kW；

h_3——阀门本身节流所造成的压头损失，m；
Q_A——节流后泵的流量，m^3/s；
ρ——流体的密度，kg/m^3；
η——泵的效率，%。

(2) 入口节流调节　用改变安装在进口管路上的阀门开启度来改变输送流量的方法称为入口节流调节。由于进入泵或风机前流体的压力已下降，所以入口节流调节不仅改变了管路性能曲线，同时也改变了泵与风机本身的性能曲线。如图 3-21 所示，当关小进口阀时，泵与风机的特性曲线将由 I 移到 II，管路性能曲线由 R_1 移到 R_2，交点 B 为改变工况后的工作点。

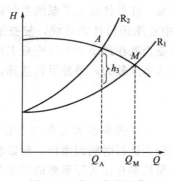

图 3-20　出口节流调节

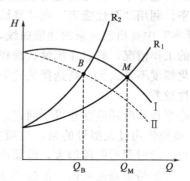

图 3-21　入口节流调节

由图可知，对相同的流量变化，入口调节的附加节流阻力损失小于出口节流损失，表明入口节流调节优于出口节流调节。但入口调节容易使泵产生汽蚀现象，因此在水泵中不宜采用，一般只在风机中采用。

2. 调速调节

(1) 变频调速　对同一台泵，由比例定律可知，流量 Q、扬程 H、功率 N 与转速 n 的关系为：

$$\frac{Q_1}{Q_2}=\frac{n_1}{n_2} \qquad \frac{H_1}{H_2}=\left(\frac{n_1}{n_2}\right)^2 \qquad \frac{N_1}{N_2}=\left(\frac{n_1}{n_2}\right)^3 \qquad (3-6)$$

上式表明当实际所需的流量与压头低于泵的设计值时，可以通过改变泵的转速达到，同时也表明采用变速调节方法轴功率随着转速的三次方下降，因此其节能效果显著。

调速法对有无背压的离心泵管路产生的节能效果是不同的。无背压系统，即流体通过泵的能量增值全部用于克服管路阻力的系统。如空调冷却水系统、通风系统、热水采暖系统及其他液体闭式循环系统等。有背压系统，即流体通过泵的能量增值一部分用于克服管路阻力，另一部分用于提升液体势能（包括位能和压力能）的系统。如高塔供水系统、高层建筑给水系统、锅炉及压力容器非循环式供水系统等。

管道中无背压系统采用变速调节具有显著的节能效果，背压系统采用变速调节，随着背压的增大，变速调节的节能效果会逐渐降低。背压增大到一定程度，变速调节也就失去了节能的意义。所以对有背压系统采用变速调节，必须针对具体情况进行认真的分析和计算。

从节能观点来看，有高效调速方法和低效调速方法两种。高效调速时转差率不变，因此无转差损耗，如多速电动机、变频调速及串级调速等。低效调速属有转差损耗，如转子串电阻、电磁离合器、液力耦合器等。一般来说，转差损耗随调速范围扩大而增加，如调速范围不大，能量损耗是很小的。

目前采用变频调速对泵进行转速调节无疑是最有吸引力的。风机、泵类等设备采用变频调速技术实现节能运行是我国节能的一项重点推广技术，受到政府的普遍重视，《中华人民共和国节约能源法》第 39 条就把它列为通用技术加以推广。现在，变频器已成为系列化产品，技术成熟。变频器可分成交-直-交变频器和交-交变频器两大类，目前国内大都使用交-直-交变频器。根据电压、频率协调方法不同，可获得恒转矩特性或恒功率特性的调速方式。

如有一电机容量较大，实际负载较小，若将电机的运行频率从 50Hz 下调到 42Hz，则电机的实际输出降为额定转速的 42/50＝84%，即 $N=0.84N_e$。

$$P=KN^3=K(0.84N_e)^3=0.593N_e^3=0.593P_e$$

$$节电率=\frac{P_e-0.593P_e}{P_e}\times100\%=40.7\%$$

显而易见，节电效果非常显著。

采用变频调速的优点主要体现在以下几方面。

① 节能效果非常显著，采用变频调速技术后，提高了电机的功率因数，减少了无功功率消耗。

② 采用变频调速技术后，电机定子电流下降，电源频率下降，水泵出水压力降低。由于电机水泵的转速普遍下降，电机水泵运行状况明显改善，延长了设备的使用寿命，降低了设备的维修费用。同时，由于变频器软启动电流小，正常运行电流和调速平稳，减少了对电网的冲击。

③ 采用变频调速技术后，由于水泵出口阀全开，消除了阀门因节流而产生的噪声，改善了工人的工作环境。同时，克服了平常因调节阀故障对生产带来的影响，具有显著的社会效益。

④ 系统采用闭环控制，参数波动范围小，偏差能及时进行控制。变频器的加速和减速可根据工艺要求自动调节，控制精度高，能保证生产工艺稳定，提高了产品的质量。

⑤ 由于变频调速器具有十分灵敏的故障检测、诊断、数字显示功能，提高了电机水泵运行的可靠性。其他常见的调速方案经济技术比较见表 3-5。

表 3-5 常见调速方案经济技术比较

项目	全级调速	电磁转差离合器	液力耦合器	串级调速	变频调速
适用电动机	笼式	笼式	笼式	绕线式	笼式、同步机
容量范围/kW	1.5~5000	<2500	<19000	<20000	<2000
调速级别	有级	无级	无级	无级	无级
调速精度/%	—	±2	±1	±1	±0.5
对电网干扰	无	无	无	较大	有
故障处理	停车处理	停车处理	停车处理	不停车,全速运行	不停车,工频运行
维护保养	最易	较易	较易	较难	易
特点	简单,有级调速,恒转矩或恒功率,无附加转差损耗,效率高	恒转矩,无级调速,效率随转数降低而成比例下降。有较大转差损失,使最高转数为同步的 80%~90%	平滑启动,无级调速,效率随转数降低而成比例下降。有较大转差损失,负载无法达到额定转数。转差功率释放的热能需要采取冷却措施解决	无级调速,效率高,有转差损耗	无级调速,恒转矩,效率高,系统较复杂,存在高次谐波污染
适用场合	适用于需要分级调速的机械	适用于中、小功率,要求平滑启动,短时间低速运行的机械	适用于中、大功率的水泵、风机等,短时间低速运行的机械	适用于中、大功率的水泵、风机	适用于各种不同功率的水泵、风机

泵调速注意事项如下。

① 水泵机组的转子与其他轴系一样,在配置一定的基础后,都有自己的固有频率。当机组的转子调至某一转速时,转子旋转引起的振动频率如正好接近其固有的振动频率,水泵机组就会因共振而猛烈振动,易对水泵造成损害。通常把水泵产生共振时的转速称为临界转速。调速水泵安全运行的前提是调速后的转速不能与其临界转速重合、接近或成倍数。因此,大幅度的调速必须慎重,要密切注意水泵的临界转速。

② 水泵机组的转速调到比原额定转速高时,水泵叶轮与电动机转子的离心应力将会增加,如果材质的抗裂性能较差或铸造时的均匀性较差时,就可能出现机械性的损裂,严重时可能出现叶轮飞裂现象。因此水泵的调速一般不轻易调高转速(指高于额定转速)。

③ 调速装置价格昂贵,一般采用调速泵与定速泵并联工作的方式。当管网中用水量变化时,采用控制定速泵台数进行大调,利用调速泵进行细调。调速泵与定速泵配置台数的比例,应以充分发挥每台调速泵的调速范围以及调速后有较高的节能效果为原则。

④ 调速后工况点的扬程如果等于调速泵的启动扬程,调速泵不起作用(即调速泵流量为零)。因此,水泵调速的合理范围应根据调速泵与定速泵均能运行于各自的高效段内来确定。

⑤ 在一定的调速范围以外,效率随水泵转速的降低而降低,最低转速选取不当时,水泵的实际效率特性将偏离理论效率曲线,引起效率的下降。一般调速后水泵的转速应在额定转速的50%~65%。

(2) 调速调压法 泵系统机组的总效率 η_T 等于泵的效率 η、机械传动效率 η_k 以及电机本身运转时存在一定的损耗等能耗而形成的电机效率 η_g 的乘积,即 $\eta_T = \eta \eta_k \eta_g$,所以若能提高电机的运行效率,同样能起到一定的节能效果。

对于轻载下的电机,可以采用降低电机端电压的方法得到与轻载相适应的弱磁场,这样既可满足在运行条件下所需转矩较低的要求,又降低了电机的损耗,使电机的功率因素与电机效率都得到改善,此时不仅因调速下降了轴功率,又提高了电机效率,与单纯调速相比节能效果更好,这种调节方法称为调速调压法。

对一台 4kW 的离心泵在变频机组上试验,用变频调速,并用调压器调压,调整端电压后电机功率因素、机组效率及电流都得到了改善。表3-6列出了调速调压法的节能效果。

表3-6 调速调压法的节能效果

项 目	节流调节	调速调节	调速调压调节
电流 I	7	5	4.4
机组效率 η/%	43	45.2	47.8
功率因素 $\cos\phi$	0.90	0.69	0.85
电机输入功率/kW	4.2	2.3	1.9

3. 切削叶轮调节

对于泵流量、扬程偏大的情况,切削叶轮是改变泵性能、降低电耗的一种简便易行的方法。根据泵的切削定律:

$$\frac{Q'}{Q} = \frac{D'}{D} \qquad \frac{H'}{H} = \left(\frac{D'}{D}\right)^2 \qquad \frac{N'}{N} = \left(\frac{D'}{D}\right)^3 \tag{3-7}$$

由此可知,通过切削叶轮,泵的轴功率随叶轮直径比的三次方下降。

叶轮的切削量与水泵的比转数有关,常用的叶轮切削限量见表3-7。

表 3-7 常见叶轮的切削量

项 目	数 值					
比转数	60	120	200	300	350	350 以上
最大允许切削量/%	20	15	11	9	7	0
效率下降值	每切削 10%,效率下降 10%			每切削 10%,效率下降 10%		

应用切削定律,除应注意其切削限量以外,还要注意以下几点。

① 对于不同构造的叶轮切削时,应采取不同的方式。低比转数的叶轮,切削量对叶轮前后两盖板和叶片都是一样的,对于高比转数离心泵叶轮,则切削量不同,后盖板的切削量应大于前盖板。对于混流式叶轮只切削前盖板的外缘直径,在轮毂处的叶片完全不切削,以保持水流的流线等长。如果叶轮出口处有导流器或减漏环,则切削时只切削叶片,而不切削盖板。

② 离心泵叶轮切削后,其叶片的出水舌端就显得比较厚,如能沿叶片弧面在一定的长度内锉掉一层,则可改善叶轮的工作性能。

4. 多级泵运行工况的节能调节

在多级泵运行中泵的实际压头往往高于系统装置所需的压头,造成不必要的能量损失。如果根据不同需要,将此多级泵拿下 1~2 个叶轮,减少级数,在使用中可节能。例如化工厂中的锅炉常在以下两种工况下运行:①额定蒸发量为 10m³/h,蒸汽出口压力为 1.3MPa,给水温度为 60℃;②额定蒸发量为 10m³/h,蒸汽出口压力为 2.5MPa,给水温度为 105℃。对这两种运行情况的锅炉都选用 50DG50×8 多级泵供水,该泵配用电机的电流为 74.3A,但少数现场运行的电机电流达 90~110A,故有出现跳闸、烧坏电机的现象。50DG50×8 泵一般在 0.8~2.5MPa 工况下运行,为了节能可以拿下中间级,并以定位套代替叶轮。如某单位的锅炉给水泵,拿下三、五级叶轮后,电流量比原来降低 1/8~1/4,既节约能源,又保证了安全生产。

二、风机的节能减排

1. 风机的能耗分析与风机效率测试

(1) 风机的能耗分析 风机运转所耗能量 W (kW·h) 为:

$$W = K \frac{pQt}{1000N} \tag{3-8}$$

$$N = N_1 N_2 N_3 N_4 \tag{3-9}$$

式中 W——风机运转所耗能量,kW·h;

          Q——工艺所需风量,m³/s;

          K——与气体密度有关的系数;

          N——风机系统效率,%;

          p——工艺所需风压,N/m²;

          t——通风时间,h;

N_1,N_2,N_3,N_4——分别为电机效率、传动效率、风机效率、管道效率,%。

管道漏风和风量的供大于求会造成能耗增加;通风管道的距离、管道配件、管道截面、管壁粗糙度以及风速对管道效率有直接影响;电动机的合理选型、传动方式的选择对整个风机机组的效率影响很大。降低管道气流的沿程阻力损失,可减少风压,提高管道效率,该阻力损失由气流速率、管道长度、管道截面及管壁粗糙度等因素决定。

降低阻力损失要注意以下几点：①按经济流速设计和选择管道截面，一般通风系统、空调系统、除尘通风管道的空气流速可查找手册获得；②缩短管道长度，缩短管长既可节能，又可节约投资；③减少管壁粗糙度；④保持风道气流畅通，清除杂物；⑤降低成本。为减少管道气流局部阻力损失，管道断面最好是圆形。拐弯时，要作成缓慢圆弧形。

提高风机机组效率要注意以下几点：①合理配套，防止大马拉小车；②采用合理的调节运行手段改变负荷（约70％的风机需要在运行中调节流量），避免用阀门节流或用放空回流的办法调整工况；③选用传动效率高的传动方式。

（2）风机效率测试 一台鼓风机型号为6-23 NO10.5。通过现场测得该鼓风机的相应参数见表3-8。

表3-8 鼓风机效率的测定数据

项目	电流/A	电压/V	$\cos\phi$	$\eta_电$	风机温度/℃		风机出口压力（表）/mmHg	风机风量/(m³/h)	当地大气压/mmHg
					进口	出口			
数据	225	380	0.9	0.91	24	48	130	12511	756

注：1mmHg=133.322Pa。

电机轴功率：$N_轴 = \sqrt{3} IV\eta_电 \cos\phi = 1.73225 \times 380 \times 0.9 \times 0.91 \times 10^{-3} = 121.142$（kW）

风机的有效功率为：

$$N_{有效} = (p_出 - p_进)V \tag{3-10}$$

式中 $p_出$，$p_进$——风机出口、进口的压力；
V——风机的风量。

$$N_{有效} = (p_出 - p_进)V = (756+130-756) \times 13.6 \times 12511 \times \frac{273}{273+48} \times \frac{760+130}{760}$$
$$= 22029686 \text{(kg·m/h)} = 6119.3 \text{(kg·m/s)} = 6119.3 \times 9.8 \times 10^{-3} \text{(kW)}$$
$$= 59.97 \text{(kW)}$$

风机的效率为：

$$\eta = \frac{59.97}{121.142} \times 100\% = 49.50\%$$

2. 风机的合理选择

风机运行效率低是导致用电率高的主要原因，选用新型节能风机，合理地与系统配套，并使风机经常处于最佳效率工况是保证风机有良好运行经济性的关键。在风机选择中应注意以下几点。

（1）采用新型高效节能风机 后向弯曲机翼形叶片的风机效率较高，效率可达80％以上，且体积小、噪声低，目前已大量应用于锅炉鼓风机、引风机、空调、采暖等部门；斜流型风机运行范围较宽，效率达80％，在高比转速下可以代替离心式风机；轴流式风机风量大，负荷变化适应性好，与其他型式风机相比，轴流式风机的效率高。

（2）合理的风机裕量 高效风机的风量与风压曲线一般都比较陡，故调节性能差，当工况点不在设计点时，风机的效率将明显下降，因此在选择风机时裕量不能过大，否则高效风机不高效，运行效率低。一般在风机选择中，按实际运行所需的最大风量与风压留有适当的裕量，取风量裕量为5％，风压裕量为10％，即在风机的最高效率点稍偏右，但不低于最高效率的90％区域。

3. 风机运行的节能调节

（1）入口节流调节 前已介绍过入口节流调节，此调节法因节流后的工作点常使风机在较低效率下运行,同时风机的风压还有一部分消耗在阀门上,因此很不经济。但其调节方法简单,使得实际工程中仍有大量应用。

(2) 改变转速调节 进行变转速调节时,管路特性曲线不变,风量的减少是靠降低风机转速使风机风压变小来达到的,即使风机自身的特性曲线发生改变。改变转速的常用方法与离心泵转速调节相同,离心风机变速工况亦可用比例定律分析,这种调节方法由于不存在附加阻力而引起能量损耗,所以效率较高。风机调速分类如图 3-22 所示,各种调速的节能效

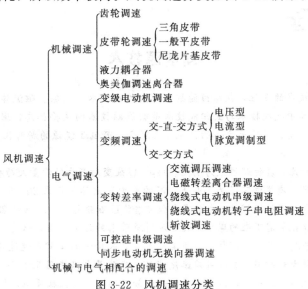

图 3-22 风机调速分类

果见表 3-9。

表 3-9 各种调速方式的调速比率和节能效果

调速方式	调速比率/%	节能效果	调速方式	调速比率/%	节能效果
交-交变频调速	33~100	好	滚力耦合器调速	30~97	较好
交-直-交变频调速	0~100	好	转子串电阻调速	50~100	中等
可控硅串级调速	50~100	好	电磁转差离合器	20~97	中等
变级调速	2、3、4 的成倍转数	好	调压调速	80~100	中等

(3) 进气导叶调节 导叶调节和阀门节流调节有共同之处:改变导叶的开度改变了节流阻力,从而调节风量。但两者也有很大差异,即导叶的主要作用在于使气流进入风机前先行转向,从而改变风压达到调节风量的目的。尽管采用导叶调节会使风机效率降低,但在调节幅度不大的范围中 (70%~100%),其经济性还是比节流调节高得多,且导叶的结构较简单,维护方便,在大、中型风机中得到了较广泛应用。

将以上三种调节方法相比较,可以得出如下结论。

① 节流调节的经济性最差,导叶调节次之,调速调节最经济。节流调节的经济性与叶片形式无关,导叶调节和调速调节的经济性与叶片的形式有关,即前向式风机的调节经济性较好、后向式风机的调节经济性较差。

② 调节范围很大时,宜采用改变转速调节法;当风机出力变化范围小时,采用导叶调节节较为合理。

③ 对后向式风机采用调速调节法的经济性比导叶调节法好，当调节范围大时更为明显；对于前向式风机，当调节范围在70%以内时，轴向导叶调节的经济性可以与调速调节相媲美。

④ 在考虑采用调节方法时，还应在调节装置的尺寸、造价、制造的复杂程度以及维护检修等方面综合权衡，择优选用。

新能源技术

新能源技术是高技术的支柱，包括核能技术、太阳能技术、燃煤、磁流体发电技术、地热能技术、海洋能技术等。其中核能技术与太阳能技术是新能源技术的主要标志，通过对核能、太阳能的开发利用，打破了以煤炭、石油为主体的传统能源观念，开创了能源的新时代。

1. 核能技术

核能与传统能源相比，其优越性极为明显。1kg ^{235}U裂变所产生的能量大约相当于2500t标准煤燃烧所释放的热量。现代一座装机容量为100万kW的火力发电站每年需200万～300万吨原煤，大约是每天8列火车的运量。同样规模的核电站每年仅需含^{235}U百分之三的浓缩铀28吨或天然铀燃料150吨。所以，即使不计算把节省下来的煤用作化工原料所带来的经济效益，只是从燃料的运输、储存上来考虑就便利得多和节省得多。据测算，地壳里有经济开采价值的铀矿不超过400万吨，所能释放的能量与石油资源的能量大致相当。如按目前速度消耗，充其量也只能用几十年。不过，在^{235}U裂变时除产生热能之外还产生多余的中子，这些中子的一部分可与^{238}U发生核反应，经过一系列变化之后能够得到^{239}Pa，而钚^{239}Pu也可以作为核燃料。运用这些方法就能大大扩展宝贵的^{235}U资源。

目前，核反应堆还只是利用核的裂变反应，如果可控热核反应发电的设想得以实现，其效益必将极其可观。核能利用的一大问题是安全问题。核电站正常运行时不可避免地会有少量放射性物质随废气、废水排放到周围环境，必须加以严格的控制。现在有不少人担心核电站的放射物会造成危害，其实在人类生活的环境中自古以来就存在着放射性。数据表明，即使人们居住在核电站附近，它所增加的放射性照射剂量也是微不足道的。事实证明，只要认真对待，措施周密，核电站的危害远小于火电站。

2. 太阳能技术

太阳能电池是利用半导体材料的光电效应，将太阳能转换成电能的装置。光生伏特效应：假设光线照射在太阳能电池上并且光在界面层被接纳，具有足够能量的光子可以在P型硅和N型硅中将电子从共价键中激起，致使发作电子-空穴对。界面层临近的电子和空穴在复合之前，将经由空间电荷的电场结果被相互分别。电子向带正电的N区和空穴向带负电的P区运动。经由界面层的电荷分别，将在P区和N区之间发作一个向外的可测试的电压。此时可在硅片的两边加上电极并接入电压表。对晶体硅太阳能电池来说，开路电压的典型数值为0.5～0.6V。经由光照在界面层发作的电子-空穴对越多，电流越大。界面层接纳的光能越多，界面层即电池面积越大，在太阳能电池中组成的电流也越大。

太阳向宇宙空间辐射能量极大，而地球所接受的只是其中极其微小的一部分。因地理位置以及季节和气候条件的不同，不同地点和在不同时间里所接受到的太阳能有所差异，地面所接受到的太阳能平均值大致是：北欧地区约为2kW/（h·m²），大部分沙漠地带和大部分热带地区以及阳光充足的干旱地区约为6kW/（h·m²）。目前人类所利用的太阳能尚不及能源总消耗量的1%。

3. 洁净煤技术

采用先进的燃烧和污染处理技术和高效清洁的煤炭利用途径（如煤的气化与液化），减少燃煤的污染物排放，提高煤炭利用率，已成为我国乃至全世界的一项重要的战略性任务。

4. 地热能技术

据测算，在地球的大部分地区，从地表向下每深入100m温度就约升高3℃，地面下35km处的温度为1100~1300℃，地核的温度则高达2000℃以上。估计每年从地球内部传到地球表面的热量，约相当于燃烧370亿吨煤所释放的热量。如果只计算地下热水和地下蒸汽的总热量，就是地球上全部煤炭所储藏的热量的1700万倍。

现在地热能主要用来发电，不过非电应用的途径也十分广阔。世界上第一座利用地热发电的试验电站于1904年在意大利运行。地热资源受到普遍重视是20世纪60年代以后的事。目前世界上许多国家都在积极地研究地热资源的开发和利用。地热能主要用来发电，地热发电的装机总容量已达数百万千瓦。

我国地热资源也比较丰富，高温地热资源主要分布在西藏、云南西部和台湾等地。

5. 海洋能技术

海洋能包括潮汐能、波浪能、海流能和海水温差能等，这些都是可再生能源。

海水的潮汐运动是月球和太阳的引力所造成的，经计算可知，在日月的共同作用下，潮汐的最大涨落约为0.8m。由于近岸地带地形等因素的影响，某些海岸的实际潮汐涨落还会大大超过一般数值，例如我国杭州湾的最大潮差为8~9m。潮汐的涨落蕴藏着很可观的能量，据测算全世界可利用的潮汐能约10^9kW，大部分集中在比较浅窄的海面上。潮汐能发电是从20世纪50年代才开始的，现已建成的最大的潮汐发电站是法国朗斯河口发电站，它的总装机容量为24万kW，年发电量5亿kW·h。我国从50年代末开始兴建了一批潮汐发电站，目前规模最大的是1974年建成的广东省顺德县甘竹滩发电站，装机容量为500kW。浙江和福建沿海是我国建设大型潮汐发电站的比较理想的地区，专家们已经作了大量调研和论证工作，一旦条件成熟便可大规模开发。

6. 超导能技术

超导储能是一种无需经过能量转换而直接储存电能的方式，它将电流导入电感线圈，由于线圈由超导体制成，理论上电流可以无损失地不断循环，直到导出。目前，超导线圈采用的材料主要有铌钛（NbTi）和铌三锡（Nb_3Sn）超导材料、铋系和钇钡铜氧（YBCO）高温超导材料等，这些材料的共同特点是需要运行在液氦或液氮的低温条件下才能保持超导特性。因此，目前一个典型超导磁储能装置包括超导磁体单元、低温恒温以及电源转换系统等。

超导磁储能具有能量转换效率高（可达95%）、毫秒级响应速度、大功率和大容量系统、寿命长等特点，但与其他技术相比，超导储能系统的超导材料及维持低温的费用较高。未来要实现超导磁储能的大规模应用，仍需在发展适合液氮温区运行的MJ级系统的超导体，解决高场磁体绕组力学支撑问题，与柔性输电技术结合，进一步降低投资和运行成本，分布式超导磁储能及其有效控制和保护策略等方面开展研究。

思考题

1. 简要分析流体输送过程的节能减排措施。
2. 简要分析传热过程的节能减排措施。
3. 简要分析蒸发过程的节能减排措施。
4. 简要分析精馏过程的节能减排措施。
5. 简要分析干燥过程的节能减排措施。
6. 简要分析制冷过程的节能减排措施。
7. 简要分析空气压缩过程的节能减排措施。

项目训练题

1. 针对某一单位的燃煤锅炉进行测试,并提出节能减排的方案与措施。
2. 针对某一余热系统进行节能分析。
3. 针对某一台水泵或风机进行测试,并提出节能减排的方案与措施。

单元四

化工企业节能减排

知识目标

掌握典型化工生产过程的节能减排测试的基本方法；理解典型化工生产的节能减排测试方案。

能力目标

能制定典型化工生产的节能减排测试方案；能进行现场节能减排测试；能对生产过程进行节能减排分析。

素质目标

具备良好的道德品质、职业素养、敬业和创新精神；具备良好的团队协作意识；具备较强的节能减排意识和社会责任感。

任务一 小氮肥企业节能减排

知识目标

了解合成氨生产的主要工艺过程及主要耗能设备；掌握合成氨生产节能减排测试的基本方法；理解合成氨生产的节能减排测试方案。

技能目标

能制定合成氨生产节能减排测试方案；能进行现场节能减排测试；能对生产过程进行节能减排分析。

一、氮肥企业生产概况

1. 企业概况

某氮肥厂是以合成氨生产为主，生产经营范围涉及液氨、氨水等领域的企业。现具有合成氨生产能力为 3.0×10^4 t/a。主要生产碳酸氢铵、液氨、氨水等产品。在合成氨生产装置上，采用了 DCS 控制系统，提高了生产装置的自动化水平。在质量检验方面，配备了国内最先进的检验、分析仪器。管理上成功导入了全面质量管理体系。

2. 合成氨生产系统工艺流程图

合成氨生产系统工艺流程图如图 4-1 所示。

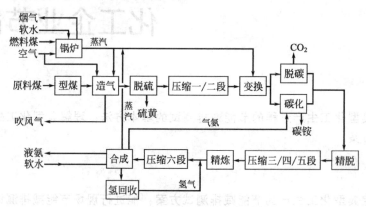

图 4-1 合成氨生产系统工艺流程图

3. 工艺流程说明

(1) 软水及锅炉系统　软水岗位是锅炉生产及工艺用水的岗位，由供水岗位来的河水，经过阳离子交换器处理，制成合格的供锅炉及工艺用水，送往锅炉及各生产岗位使用。

在本工艺中，锅炉的作用是生产工艺用水蒸气。燃料煤通过自动加煤机进入炉膛燃烧，鼓风机把大气中的空气送入炉膛助燃，将锅炉内的软水加热产生蒸汽，供生产系统使用。锅炉采用的是沸腾炉。

水系统所需用的水全部来自河水，通过抽水泵从河中提取，一部分为供水系统补水，一部分为加工型煤及冷却用水，一部分供给软化器制成软水，供给碳化及精炼系统使用。软水部分由加压泵送往变换系统预热后回到循环水槽，然后由加压泵送往造气、变换、锅炉、合成废锅等处进行换热产生蒸汽，供造气、变换、碳化、精炼、硫回收、废油回收、供暖及生活使用。

(2) 原料煤的制作系统　原料煤经过筛选、破碎，与由褐煤和烧碱制成的黏结剂混合、搅拌，送至煤仓沤制，经 8h 沤制后的原料煤，由皮带机送至煤棒机挤压成型煤（煤棒），供造气炉制备工艺半水煤气用。

(3) 原料气的制作及造气系统　造气炉是用来生产半水煤气的设备，是造气工段的主要设备。原料煤（型煤）由造气炉口加入，在炉内燃烧，水蒸气由炉上部和下部按程交替吹入，和炉内炙热的碳层发生化学反应，生成 CO、CO_2、H_2 等工艺气体。鼓风机将大气中的空气按程序间断吹入炉内碳层，空气中的氧能使碳层燃烧旺盛，维持炉内温度，吹出造气炉的吹风气进入吹风气回收岗位，同时部分吹风气回收入半水煤气系统，使其中随空气吹入的氮气作为工艺气体使用。软水岗位送来的软水进入造气炉外部的夹套，回收部分热量，产生压力约 0.06MPa 的低压水蒸气，和锅炉及吹风气回收来的减压过的水蒸气一起汇入造气低压蒸汽总管，然后再送入造气炉生产半水煤气。出造气炉的半水煤气温度约 300℃，经除尘器分离部分煤粉后进入造气煤气显热回收装置，回收部分热能，副产 0.06MPa 水蒸气进入造气低压蒸气总管。冷却后温度约 40℃ 的半水煤气送入气柜（气柜是收集、暂时储存半水煤气的容器）。

(4) 气体压缩、净化及产品的产出系统
① 脱硫岗位由罗茨风机将气柜中的半水煤气加压到约 0.04MPa 送入脱硫塔下部，和脱

硫塔上部进入的脱硫液逆流接触，被脱硫液吸收掉大部分硫化氢，达到工艺要求的半水煤气出脱硫系统进入静电除焦塔除去部分煤焦油后进入氮氢压缩机一段，经一、二级压缩后压力升至 0.8MPa 送变换岗位。吸收了硫化氢的脱硫富液经再生泵送至再生槽进行再生，再生后的脱硫贫液由脱硫泵送至脱硫塔循环使用。再生出的硫泡沫送至熔硫釜，经蒸气加热，分离出硫黄，同时达到了环保要求。脱硫过程采用栲胶脱硫。

② 氮氢气压缩机岗位：氮氢气压缩机为六级压缩，是根据工艺需要将工艺气体加压到不同压力后，经冷却、分离掉油水后送往各工段使用。压缩机采用 LH3.3-17/320 型压缩机、4M 型压缩机。

③ 变换岗位是使压缩机送来的半水煤气与锅炉来的水蒸气在中变炉和低变炉内发生变换反应，使半水煤气中的 CO 变成易除去的 CO_2，同时制得合成氨所需的 H_2，出变换岗位的气体去碳化及脱碳岗位。变换岗位既是原料气的净化工序，又是原料气的制作工序。变换过程采用传统的中温变换串低温变换的工艺流程。

④ 吸收岗位是将合成、精炼来的气氨和碳化来的母液、稀氨水及弛放气来的氨水混合制成浓氨水，冷却后由氨水泵送至碳化塔制作碳酸氢铵使用。

⑤ 碳化岗位是使变换工段来的工艺气体中的 CO_2 和吸收工段来的浓氨水在碳化塔内发生化学反应，除去工艺气体中无法参与合成氨反应的 CO_2，同时生成含水的碳酸氢铵，经离心机分离掉水分（母液）的成品碳酸氢铵去包装岗位。母液去吸收岗位循环使用。碳化工序既是原料气的净化工序，又是产成品的产出工序。

⑥ 包装岗位是将碳化工段生成的碳酸氢铵进行装袋、保存，制成成品出售。

⑦ 脱碳岗位同样是除去工艺气体中无法参与合成氨反应的 CO_2。变换来的工艺气体按程序依次进入吸附塔，塔内吸附剂吸附掉大部分 CO_2，出吸附塔工艺气去碳化综合塔或精脱硫塔。脱碳过程采用变压吸附脱碳工艺。

⑧ 精脱硫岗位是经脱碳和碳化岗位后的工艺气体，进入装有活性炭的精脱硫塔内，活性炭吸收掉微量的硫化氢后去压缩三段进行提压使用。

⑨ 精炼岗位是气体的精制工序。经压缩机三、四、五级提压为 12.5MPa、温度 35℃氢氮气进入铜洗岗位的铜洗塔下部和塔顶下来的醋酸铜氨液逆流接触，吸收工艺气体中的微量 CO、CO_2、O_2 等，出铜洗塔的氢氮气去压缩六段提压后，供合成氨系统使用。塔底出来的醋酸铜氨液经减压及水蒸气加热器换热后，在再生器内得到再生，再生后的气体去脱硫工段继续使用。醋酸铜氨液经冷却、过滤后进入铜液氨冷器，用氨合成岗位液氨储槽来的液氨蒸发所产生的冷量，将醋酸铜氨液降温至 8℃，由铜泵加压后，重新送入铜液洗涤塔再次循环使用，蒸发的气氨送至吸氨岗位制作浓氨水。

(5) 氨合成系统　出精炼岗位的气体经氮氢压缩机六段加压、冷却至 30MPa、35℃后补入氨合成循环系统。合成循环系统的工艺气体在氨合成循环机的加压下，进入氨合成塔，在合成塔内催化剂的作用下，一定比例的 N_2、H_2 在氨合成塔内发生化学反应，进行氨的合成。进入合成塔催化床的氮氢混合气只有一小部分反应生成氨，部分未反应物的温度在 220～290℃的氮氢气和生成的氨气混合在一起出催化剂层，经换热降温、分离出的液态氨送至液氨槽使用及出售。液氨槽内逸出的弛放气（含有 H_2、CH_4 和氨气），送至氨回收，经氨回收后，剩下的气体送入吹风气回收系统燃烧，产生热量生成水蒸气。出合成塔的高温气体在废热锅炉内的加热软水，产生水蒸气，并入蒸气管网供生产使用（主要供变换岗位使用）。出废热锅炉的气体经过再次换热、冷却后，进入氨冷器用液氨再次冷却并分离出液氨。冷却时产生的气氨送至吸收岗位做氨水使用。分离出液氨后的气体进入循环机作下一个循环。

二、氮肥生产节能减排现场测试工作

在进行现场测试前，必须对现场生产非常熟悉。特别是生产工艺过程要求非常清楚。现场测试主要是对合成氨生产过程中的主要用能岗位及"三废"排放岗位。

测试生产工艺过程中的主要参数：温度、压力、流量、原料及中间品与成品分析等。

1. 生产测定准备工作

（1）熟悉生产工艺过程　熟悉整个生产工艺过程及主要耗能设备。

（2）在线仪表校核　主要是温度计或温度表或热电偶；压力表或差压变送器；流量计；工序电度表；气体分析仪。

（3）利用小修停车机会适当安装一些计量仪表

2. 测试期要求工厂配合

（1）煤电供应正常

（2）生产负荷 48h 稳定运行

（3）生产记录要求如实定时准确记录

（4）配合测定如实准确记录

（5）稳定整个工艺操作条件

3. 测试期连续进行

测试期为 48h，要求生产能连续稳定地进行，测试期如遇不正常情况需实时记录影响时间及产量。

4. 测试方案

各工序测试的参数，可参考各工序的测试数据，再根据测试数据制定出现场测试方案。

三、锅炉工序及蒸汽平衡测试数据及结果

1. 蒸汽产、耗情况测试

(1) 蒸汽蒸发量　　　　　　　$Q_1 = 9.78$ t/h

(2) 合成废锅产汽量　　　　　$Q_2 = 0.40388$ t/tNH$_3$ × 4.01tNH$_3$/h = 1.62t/h

(3) 变换工段耗用蒸汽量　　　$Q_3 = 3.334$ t/h

(4) 造气外供蒸汽量　　　　　$Q_4 = 5.35$ t/h

(5) 夹套自产蒸汽量　　　　　$Q_5 = 2.6$ t/h

(6) 生活取暖及煤棒铜洗用汽　$Q_6 = Q_1 + Q_2 - Q_3 - Q_4 = 2.716$ (t/h)

2. 蒸汽平衡情况

(1) 产汽总量：$Q_{产} = Q_1 + Q_2 + Q_5 = 9.78 + 1.62 + 2.6 = 14.0$ (t/h)

(2) 耗汽总量：$Q_{耗} = Q_3 + Q_4 + Q_5 + Q_6 = 3.334 + 5.35 + 2.6 + 2.716 = 14.0$ (t/h)

(3) 产汽与耗汽可以平衡

3. 锅炉效率

(1) 测试数据

锅炉产汽：9780kg/h

饱和蒸汽压力：0.924 MPa　相应焓值：$i_1 = 662.2$ kcal/kg = 2772kJ/kg

给水温度：82℃

对应焓值：$i_2 = 82 \text{kcal/kg} = 343.25 \text{kJ/kg}$（查水和水蒸气热力学性质图表）
给煤量（烟煤及造气炉渣混合物）：$B = 1999.29 \text{kg/h}$
发热量（分析数据）$Q_{DW}^Y = 4844 \text{kcal/kg} = 20277 \text{kJ/kg}$

（2）正平衡效率
$$\eta = D(i_1 - i_2)/(B Q_{DW}^Y) = 9780 \times (662.2 - 82)/(1999.29 \times 4844) = 58.59\%$$

4. 吨氨耗燃料煤情况

（1）测试数据

48h：烟煤为 55647 kg　炉渣为 40319 kg

混合煤（烟煤+炉渣）95966 kg（48h），相当于 1999.29 kg/h

（2）热值分析结果

第一天：4806 kcal/kg = 20118.0 kJ/kg　第二天：4882 kcal/kg = 20439.0 kJ/kg

平均为 4844 kcal/kg = 20277 kJ/kg

炉渣 4717 kcal/kg = 19745.4 kJ/kg

烟煤　第一天：5037 kcal/kg = 21084.9 kJ/kg　第二天：4659 kcal/kg = 19502.6 kJ/kg

以入炉煤分析为准计算

（3）吨氨耗烟煤量

小时产氨：$4.01 \text{tNH}_3/\text{h}$

小时耗烟煤：1159.3 kg/h

烟煤：第一天含碳为 62.81%　第二天含碳为 59.24%　平均含碳为：61.03%

吨氨耗烟煤：$W = 1159.3/4.01 = 289.1$（kg/tNH$_3$）

折标煤：$W_b = 210.0 \text{ kgce/tNH}_3$（按标准煤含碳 84% 计算）

5. 讨论

① 锅炉效率为 58.51%，可进一步提高。

② 生活取暖用汽进一步加强管理以确保生产用汽。

③ 软水热回收效果好，水温可达 82~98℃。

四、造气工序测试数据及结果

1. 概述

该厂造气用固定层煤气发生炉间歇生产半水煤气，主要设备有六台 $\Phi 2400$ 煤气发生炉，两台空气鼓风机，型号 10-19№-9D 及 10-19№-9.8D 各一台，附电机 132kW 及 185kW，三台蒸汽过热除尘器，三台软水加热器，六台洗气塔，一个 1000m³ 气柜。

48h 测定期，生产状况为 12 台高压机（按 L3.3-17/320 型压缩机折算）运转，标准状况下半水煤气流量为 13070 m³/h，吨氨半水煤气为 3256.9 m³/tNH$_3$，5 台煤气炉工作，开一台风机，造气系统回收蒸汽 2.6 t/h。

2. 测试数据

（1）入炉煤工业分析

项　目	W^Y/%	V^Y/%	A^Y/%	C^Y/%	Q_{DW}^Y/(kJ/kg)
原煤工业分析	7.52	1.85	21.4	69.25	23136
煤棒工业分析	14.75	3.67	17.57	64.01	21775

注：W^Y——水分；V^Y——挥发分；A^Y——灰分；C^Y——碳；Q_{DW}^Y——低位发热值。

(2) 煤渣及带出物分析

项 目	$W^Y/\%$	$V^Y/\%$	$A^Y/\%$	$C^Y/\%$
沉淀池灰分的分析	16.59	1.85	28.1	53.46
炉渣分析	12.98	2.98	71.6	14.3
过滤器灰分分析	0.68	2.74	28.58	67.7

(3) 气体成分分析

单位：%

项 目		CO_2	CO	N_2	H_2	O_2	CH_4
半水煤气成分分析		6.3	32.3	19.0	40.8	0.6	1.0
吹风气成分分析		13.0	10.4	73.5	1.3	0.8	1.0
水煤气成分分析	上行煤气	2.3	40.2	6.9	49.0	0.6	1.0
	下行煤气	2.1	41.4	3.2	51.5	0.8	1.0

(4) 煤气炉操作条件

① 温度

单位：℃

项 目	吹风气温度	上行煤气温度	下行煤气温度
1号炉	380	360	250
3号炉	500	490	250

② 测定环境温度：12℃

③ 循环时间分配

单位：s

项 目	吹风	回收	上吹	下吹	二次上吹	吹净
1、2、3号炉	28～29	8～10	29～30	66	7	4
4、6号炉	30～31	8～10	28～29	68	7	4

④ 总循环数：48×24×5×86.92%＝5006.5（次）

(5) 测定期氨产量及半水煤气流量

48h 共产氨 192.64tNH_3　平均 4.013tNH_3/h

标况下，半水煤气流量 13070m^3/h　3256.92m^3/tNH_3

(6) 蒸汽流量

①外供蒸汽流量　5.35t/h

②自产蒸汽：平均每台产蒸汽为 520kg/(台·h)

五台每小时共产蒸汽为 520kg/(台·h)×5＝2.6t/(台·h)

③蒸汽分解率（采用蒸汽分解测定仪进行测定）

1号炉：上吹为 60%～62%　下吹为 52%～55%

3号炉：上吹为 63%～65%　下吹为 60%～63%

蒸汽分解率测定仪如图 4-2 所示。

煤气和水蒸气的混合气先经冷凝成水，集结于有刻度玻璃管中，量其凝结水量，而煤气经过铁屑除硫器后，再经湿式流量计计算其通过的气量。根据测定结果，水蒸气与碳的反应程度可用蒸汽分解率 $\eta_{蒸}$ 来表示。

$$蒸汽分解率 = \frac{水蒸气分解量}{分解前的水蒸气量} \times 100\%$$

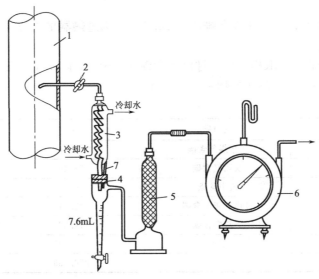

图 4-2 蒸汽分解率测定仪

1—气体管道；2—旋塞；3—冷凝器；4—冷凝水收集管；
5—铁屑除硫器；6—湿式流量计；7—温度计

即：
$$\eta_{\text{蒸}} = \frac{E \times \frac{273}{273+t} \times n_{H_2}}{V \times \frac{22.4}{18} + E \times \frac{273}{273+t} \times n_{H_2}} \times 100\% \quad (4\text{-}1)$$

式中 E——所取气体体积，L；

n_{H_2}——收集气体中 H_2 的百分含量；

t——流量计气体温度，℃；

V——冷凝水体积，mL。

(7) 碳平衡计算

① 白煤消耗量计算

入炉煤量：48h 实际白煤耗，棒煤 432.697t，棒煤含碳 64.01%

实物白煤耗：432.697/192.64＝2.246（t/tNH₃）

折标煤：2.246×21775/(7000×4.186)＝1.67(tce/tNH₃)

② 碳平衡（48h）

a. 收入碳。432.697×64.01%＝276.969（t）

b. 支出碳。半水煤气含碳：(0.063＋0.323＋0.01)×12×13070×48/(22.4×1000)＝133.09(t)

碳效率，η＝133.09/276.969＝0.4805　即 48.05%

吹风气中含碳：

(0.13＋0.104＋0.01)×12×18881.8×29×4.5×26/(22.4×144×1000)＝58.16(t)

吹风气量：18881.8m³/h　4704.95m³/tNH₃

(注：造气炉按 4.5 台计，48h 中有效时间为 26h，循环时间为 144s，吹风时间 29s)

c. 渣中含碳。48h 每台排出渣 41.5 t

造气炉按 4.5 台计，则排渣量为 41.5×4.5＝186.75（t）

渣中含碳 14.3%。渣含碳 207.5×14.3%＝29.67（t）

d. 过热器灰。

48h 排出灰每台 14.84 t，4.5 台排出灰 66.78 t。则过热器出灰的含碳为 45.21 t。

e. 飞灰中含碳。

排水量 186.75 m³/h，取样分析，排污水含碳 910mL 含尘 2.7g，飞灰含碳 53%。

186.75×2.7÷910×0.5346×48＝14.22（t）

③碳平衡表

收入碳	支出碳	m/t	η/%
入炉含碳 276.969	半水煤气含碳	133.09	48.05
	吹风气含碳	58.16	21.00
	渣中含碳	26.71	9.64
	过热器灰中含碳	45.21	16.32
	飞灰中含碳	14.22	5.13
	误差	－0.421	－0.14
合计 276.969		276.969	100.00

(8) 蒸汽平衡计算

①收入

a. 外供蒸汽：5.35t/h

b. 自产蒸汽：平均每台产蒸汽为 520kg/(台·h)

五台每小时共产蒸汽为 520kg/(台·h)×5＝2.6t/(台·h)

②支出

a. 半水煤气含氢 13070×(0.408＋0.01×2)×18÷22.4÷1000＝4.50（t）

b. 平均蒸汽分解率 58.53%

耗用蒸汽量　4.50÷0.5853＝7.69（t/h）

损失蒸汽量　5.35＋2.6－7.69＝0.26（t）

③蒸汽平衡表

收入/t	支出/t	η/%
外供蒸汽　5.35	半水煤气耗蒸汽　7.69	96.73
自产蒸汽　2.6	损失蒸汽量　0.26	3.27
合计　7.95	7.95	100.00

(9) 造气阻力测定

1号炉吹风入口 120mmHg❶　出口 27mmHg

3号炉吹风入口 120mmHg　出口 27mmHg

1号炉上吹入口 45mmHg　出口 272mmH$_2$O

3号炉上吹入口 50mmHg　出口 272mmH$_2$O

1号炉下吹入口 55mmHg　出口 272mmH$_2$O

3号炉下吹入口 45mmHg　出口 272mmH$_2$O

(10) 鼓风机风量测定

风机型号 10-19№-9D，电机 132kW，鼓风机出口全压为 120mmHg，动压 10mmH$_2$O，

---

❶　1mmHg＝133.322Pa，后同。

管径为Φ800mm，吹风电流240~280A，温度为28℃，$Q=VS$，$V=K(2Pdg/r)^{1/2}$，$Q=17900m^3/h$。

3. 能耗分析

本工序生产比较稳定，设备及安全事故少。缺点：白煤消耗比较高，碳效率比较低（48.05%）。造成此缺点的原因为：

① 吹风气带走的碳比较多，主要由于吹风气中 CO 含量高达 10.4%（平均），吹风气带走的碳占总量的 21.0%；

② 过热器灰带走碳比较多，占总量的 16.32%；

③ 渣带走的碳也比较多，渣含碳 14.3%，占总量的 9.64%。

4. 改进措施

① 降低吹风气中 CO 含量。方法：减少吹风阻力，以缩短吹风时间，4、5、6 号炉吹风流程改进，吹风不经过软水加热器。直接在过热器出口安装一个插板阀，上接一根 4~5m 的 Φ630mm 管道直接放空，也就是说可将烟囱阀位置移至过热器出口，上行煤气仍然可经过软水加热器。

② 过热器灰排出量较大。改进方法：加强煤棒的机械强度，加强煤场管理，适当调整风量。

③ 渣的含碳量较高，还可进一步降低：加碳间歇时间不能太短，可适当调整，炉面达到暗红再加碳，这样比炉面一片黑就加碳要好一些，一方面接火速度快，另一方面煤可以燃烧完全一些，渣的含碳量也就可以降低，煤气炉的发气量也就可以提高。

④ 提高煤气炉单炉发气量，除上面提到的改进措施之外，还必须去掉回收，改上吹加 N_2，目前上吹只有 28~29s 的时间，改上吹加 N_2 后可将上吹时间延长至 38~42s，煤气炉产气会明显提高。

⑤ 最好一台风机只吹 4 台炉，避免吹风产生叠风的现象。

五、变换工序测试数据及结果

1. 概述

脱硫后半水煤气经 MH 机或 L 机二段出口压缩到 0.78MPa 后进入变换工序。变换工序用蒸汽来自锅炉和合成废锅，变换炉一、二段间采用增湿器增湿，二、三段采用中间换热器加热进变换炉的半水煤气，另设有低变炉及水加热器甲、饱和热水塔、二热水塔、水加热器乙等回收热能设备，变换气最后送碳化工序。

变换工序的主要设备有：中变炉 Φ2800mm，低变炉 Φ2400mm，饱和热水塔 Φ1800mm，热交换器 Φ1200mm，水加热器甲 Φ1000mm，二热水塔 Φ1400mm，水加热器乙 Φ1000mm，中间换热器、预热交换器、增湿器、调温器、一热水泵、二热水泵、冷排、气水分离器及电炉等。

2. 测试结果汇总

(1) 蒸汽消耗：3334.44kg/h=830.60kg/tNH$_3$

(2) 变换率

变换炉：Ⅰ段出口 $x_1=40.71\%$　Ⅱ段出口 $x_2=72.51\%$　Ⅲ段出口 $x_3=82.97\%$

低变炉：出口 $x_4=94.03\%$

(3) 汽/气（n）

饱和塔出口：$n_饱=0.2857$　饱和度：$\Phi=90.69\%$
低变炉出口：$n_低=0.2641$　中变炉出口：$n_{中变}=0.5897$

蒸汽分解率测定仪也可以用来测定煤气中的汽气比，采用冷凝法来测定汽气比。在测试汽气比时也被称为汽气比测定装置。采用如图4-2的装置，煤气和水蒸气的混合气先经冷凝成水，集结于有刻度玻璃管中，测定其凝结水量，而煤气经过铁屑除硫器后，再经湿式流量计计算其通过的气量，同时用温度计测量其温度。根据测定结果，汽气比 n 可通过下式进行计算：

$$n = \frac{V_1 D_t \times \frac{22.4}{18} + V \times \frac{273}{(273+t)} \times \frac{p_w}{0.1013}}{V \times \frac{273}{(273+t)} \times \frac{p_a - p_w}{0.1013}} \tag{4-2}$$

式中　n——测定的煤气的汽气比；
　　　V_1——测定期间的凝结水量，mL；
　　　V——测定期间通过湿式流量计的气量，mL；
　　　t——测定期间用温度计测量的温度，℃；
　　　D_t——在温度 t 时水的密度（查表），g/mL；
　　　p_a——测定期间当（地）大气压，MPa；
　　　p_w——在温度 t 时饱和蒸气压（查表），MPa。

(4) 水流量
饱和热水塔循环水量：84.82 m³/h
二热水塔循环水量：36.31 t/h
水加乙的软水流量：39.83 t/h

(5) 气体单耗
半水煤气（饱和塔出口）单耗（标况）：3400.07 m³/tNH₃
变换气单耗（标况）：4371.53 m³/tNH₃

(6) 系统压力
饱和塔出口压力：0.78MPa（表）　系统出口压力：0.70MPa（表）

(7) 系统温度
饱和塔出口半水煤气温度：122℃　饱和塔进口热水温度：128℃
气水分离器出口半水煤气温度：136℃
中变炉　一进：345℃　一出：430℃
　　　　二进：375℃　二出：445℃
　　　　三进：370℃　三出：425℃
低变炉　进口：205℃　出口：232℃
热水塔进口变换气温度：134℃　热水塔出口变换气温度：98℃
水加乙进口变换气温度：85℃　水加乙出口变换气温度：25℃

3. 变换系统气量及变换率

(1) 饱和塔出口半水煤气流量及组成

组成	CO_2	CO	N_2+Ar	H_2	O_2	CH_4	Σ
%	6.3	32.3	19.0	40.8	0.6	1.0	100.0

流量（标况）：13649.60 m³/h = 609.36 kmol/h

(2) 变换率（x）

① 中变一出（CO：17.2%）

$x_1 = [0.323 - 0.172 \times (1 - 3 \times 0.006)] / [0.323 \times (1 + 0.172)] = 40.71\%$

② 中变二出（CO：7.3%）

$x_1 = [0.323 - 0.073 \times (1 - 3 \times 0.006)] / [0.323 \times (1 + 0.073)] = 72.51\%$

③ 中变出口（CO：4.4%）

$x_1 = [0.323 - 0.044 \times (1 - 3 \times 0.006)] / [0.323 \times (1 + 0.044)] = 82.97\%$

④ 低变出口（CO：1.5%）

$x_1 = [0.323 - 0.015 \times (1 - 3 \times 0.006)] / [0.323 \times (1 + 0.015)] = 94.03\%$

（3）变换气量（标况）

① 中变一出

$V_1 = V_半 K_1 = 13649.6 \times (1 + 0.323 \times 0.4071 - 3 \times 0.006) = 15198.74 \ (m^3/h) = 678.52 \ (kmol/h)$

② 中变二出

$V_2 = V_半 K_2 = 13649.6 \times (1 + 0.323 \times 0.7251 - 3 \times 0.006) = 16600.74 \ (m^3/h) = 741.10 \ (kmol/h)$

③ 中变出口

$V_3 = V_半 K_3 = 13649.6 \times (1 + 0.323 \times 0.8297 - 3 \times 0.006) = 17061.91 \ (m^3/h) = 761.69 \ (kmol/h)$

④ 低变出口

$V_4 = V_半 K_4 = 13649.6 \times (1 + 0.323 \times 0.9403 - 3 \times 0.006) = 17549.52 \ (m^3/h) = 783.46 \ (kmol/h)$

4. 外加蒸汽消耗量 $W_外$

饱和塔出口汽气比　　　　　$n_饱 = 0.2857$（实测）

夹带蒸汽量　　$W_饱 = 13649.6 \times 0.2857 \times 18 / 22.4 = 3133.68 \ (kg/h)$

低变炉出口汽气比　　　　　$n_低 = 0.2641$（实测）

夹带蒸汽量　　$W_低 = 783.46 \times 0.2641 \times 18 = 3724.41 \ (kg/h)$

增湿器补加水量　　$W_水 = 587.6 \ kg/h$（由增湿器热平衡计算）

变换反应消耗蒸汽量　　$W_反 = 609.36 \times 0.323 \times 0.9403 \times 18 = 3331.31 \ (kg/h)$

外加蒸汽量 $W_外 = W_反 + W_低 - W_饱 - W_水 = 3331.31 + 3724.41 - 3133.68 - 587.6 = 3334.44 \ (kg/h)$

5. 增湿器的热平衡

增湿器的热平衡计算如图4-3所示。

设增湿器补加软水量为 G kg/h

进增湿器变换气中蒸汽夹带量为：

$W = W_饱 + W_外 - W_反$
$= 3133.68 + (3922.04 - G) - 609.36 \times 0.323 \times 0.4071 \times 18$
$= 5613.44 - G \ (kg/h)$

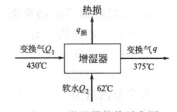

图4-3 增湿器的热平衡图

进入系统的热 $Q_入$ 为：

$Q_入 = Q_1 + Q_2 = 678.52 \times 430 \times 36.24 + (5613.44 - G) \times 3334.83 + G \times 62 \times 4.186$
$= 29293380.97 - 3075.57G \ (kJ/h)$

（注：36.24为混合气体的热容）

离开系统的热 $Q_出$（取热损为 $Q_入$ 的2%）

$Q_出 = q_1 + q_损 = 678.52 \times 375 \times 34.82 + 5613.44 \times 3220.25 + 2\% \times Q_入$

$= 27522322.67 - 61.51G$ （kJ/h）

（注：34.82 为混合气体的热容）

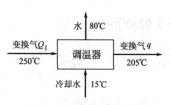

图 4-4 调温器的热平衡图

由于 $Q_入 = Q_出$

所以 $G = 587.60$（kg/h）

6. 调温器中变换气移走的热

调温器的热平衡计算如图 4-4 所示。

$\Delta Q = Q_1 - Q_2 = 761.69 \times (33.02 \times 250 - 31.84 \times 205) +$
$[3724.41 + (783.46 - 761.69) \times 18] \times$
$(2964.33 - 2574.01)$

$= 1316047.98 + 371781.51 = 1687829.49$（kJ/h）

7. 第二热水塔的热平衡

98℃变换气的汽气比 n

$n = 0.09616/(0.1 + 0.714 - 0.09616) = 0.1340$

变换气夹带蒸汽量： $783.46 \times 0.1340 \times 18 = 1889.7$（kg/h）

85℃变换气的汽气比 n

$n = 0.05894/(0.1 + 0.71 - 0.05894) = 0.07848$

变换气夹带蒸汽量：$783.46 \times 0.07848 \times 18 = 1106.75$（kg/h）

设热水循环量为 G kg/h，进入系统的热量 $Q_入$

$Q_入 = Q_1 + Q_2 = 783.46 \times 32.26 \times 98 + 1889.7 \times 2667.44 + G \times 71 \times 4.186$

$= 7517554.49 + 296.89G$（kJ/h）

离开系统的热量 $Q_出$（取热损为入热的 2%）

$Q_出 = q_1 + q_2 + q_损 = 783.46 \times 31.94 \times 85 + 1106.75 \times 2648.21 + (782.95 + G) \times 83 \times 4.186 + 2\%Q_入$

$= 5480013.71 + 353.01G$（kJ/h）

由于 $Q_入 = Q_出$

所以 $G = 36.31$（t/h）

8. 水加热器乙的热平衡

水加热器乙的热平衡计算如图 4-5 所示。

25℃时变换气的汽气比

$n = 0.003228/(0.1 + 0.7 - 0.003228) = 0.004051$

夹带蒸汽量为：$783.46 \times 0.004051 \times 18 = 57.13$（kg/h）

冷软水流量为 G kg/h

进入系统的热量 $Q_入$

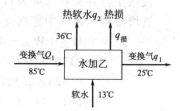

图 4-5 水加热器乙的热平衡图

$Q_入 = Q_1 + Q_2 = 783.46 \times 31.94 \times 85 + 1106.75 \times 2648.21 + G \times 13 \times 4.186$

$= 5057921.97 + 54.36G$（kJ/h）

离开系统的热量 $Q_出$（取热损为入热的 5%）

$Q_出 = 783.46 \times 31.18 \times 25 + 57.13 \times 2543.25 + 1049.62 \times 25 \times 4.186 + G \times 36 \times 4.186 + 5\%Q_入$

$= 1118626.32 + 153.26G$（kJ/h）

由于 $Q_入 = Q_出$
所以 $G = 39.83$ (t/h)

9. 总结

(1) 变换率分布不合理　中变一段变换率为 40.71%，严重偏低，正带情况约为 60%，使第一段负荷偏低，负荷移向第二段。

中变炉催化剂装填不合理，第一段上层可装填少量的旧催化剂，起保护作用，再装填约 8t 新的中变催化剂，这样就可保证变换率的分布合理，第一段催化剂需每年更换一次。

现在变换工序负荷移向第二、三段之后，使其反应温度提高，造成对变换反应的平衡不利，特别是第三段进口温度高达 370℃，出口温度达 425℃，均偏高，必然导致蒸汽消耗增加。

(2) 调温器设计不合理　通过调温器把变换气的热量移走，而完全没有利用，使得本系统的蒸汽消耗增加。如果能有效利用其热能，则蒸汽消耗可降低

$$1687829.49/2774.49 = 608.34(kg/h) = 151.54(kg/tNH_3)$$

(3) 饱和热水塔循环水量不足　热水循环量为 84.82 m³/h，约显不足，使进饱和塔热水与出饱和塔半水煤气温度差偏高（约 6℃），饱和度只有 90.69%。适当加大热水循环量，使两者的温差为 4℃。饱和度提高到 95%。则可节约蒸汽量为 474.37 kg/h = 118.16kg/tNH_3

(4) 预热交的腐蚀　为了减轻预热交的腐蚀，延长热交的使用寿命，在中变炉出口位置增设一个蒸汽过热器，使系统的外加蒸汽过热。

(5) 催化剂的保养　系统在停车时必须严格进行催化剂的钝化保护，以延长催化剂的使用寿命。系统在开车时，必须抓好催化剂的升温还原工作，从而保证催化剂活性的正常发挥，使变换率分布更为合理。

六、氨平衡测试数据及结果

1. 产量情况

(1) 液氨计量产量：182.67t
(2) 放空气及弛放气回收氨量：1.75t
(3) 合成氨产量（48h）：182.671+1.75=184.421 (t) 3.842t/h
(4) 车间核算产量
① 碳氨产量：790.75t
② 平均含碳量：17.19%
③ 产品折氨：790.75×17.19%×17/14÷0.9=165.05÷0.9=183.39(t)
（注：0.9 为碳铵生产中氨的利用率）
④ 自用氨　脱硫用氨：1.018t　铜洗耗氨（未回收部分）：A
再生气回收前合氨：19.065%　再生气回收后含氨：0.989%
再生气回收氨量：1.018t

$$A = 1.018 \times 0.989 \div (19.065 - 0.989) = 0.056(t)$$

铜洗耗氨：1.018+0.056=1.074(t)
⑤ 库存氨增量：5.429+1.785=7.214(t)

⑥ 核算产量(48h)：183.39＋5.429＋1.785＋1.018＋1.074＝192.696(t)

单位时间氨产量：4.015t/h

2. 氨回收情况

(1) 铜洗回收氨：1.018t 再生气回收后含氨：0.989%

(2) 合成放空气及弛放气回收氨：1.750t

等压回收后气体含氨：0.70%

(3) 再生气回收氨水浓度：46.25tt 等压回收氨水浓度：84tt

回收塔——净氨塔出口氨水浓度：9.5tt 弛放气含氨：30.13%

(注：tt 称为滴度，1tt 等于 1/20 氨水的摩尔浓度，即 1tt＝0.05mol/L)

3. 综述

① 氨回收工艺较合理，设备配套好，再生气回收后平均含氨0.989%，合成放空气、弛放气回收后气体含氨0.7%，等压回收氨水浓度平均为84tt，都达到了较好水平。但再生气回收氨水浓度控制不稳，会造成氨耗增加，建议回收塔——净氨塔水送至再生气回收，可稳定此处浓度，降低再生气回收氨含量，进一步提高氨回收水平。

② Φ2400mm 碳化塔日产肥 390t 以上，各项工艺指标都控制得较好，显示出一定潜力，碳化生产装置发挥得很好。但氨水在冬天温度仍有 32~35℃，夏季就会难以适应，加之，小碳化塔过大气量。氨水浓度控制较高，夏季氨损会增大，建议适当增加冷排。

③ 合成上 Φ800mm 塔后，由于其他设备、管道尚未完善配套，影响了能力的发挥，循环气甲烷含量偏低，如能将循环气中甲烷由 15% 提高到 20%，合成放空气量将降低 25%，减少 100m³。特别要提出的是，由于放氨阀的泄漏，合成放空气大都通过放氨阀经储槽以泄放气形式逸出，其中含氨量高达 30%，造成氨损失加大。所以，要杜绝合成工段的跑、冒、滴、漏特别是放氨阀的内漏，同时，要加大系统循环量，对增加系统生产能力、降低甲烷含量、减少氨损都是有益的。

七、压缩工序测试数据及结果

1. 标定时压缩机打气量（标况）

(一入压力：241mmHg，24℃)

(1) L3.3-17/320 型压缩机（标定时开五台压缩机）

$$V = 4903.4 \times [273 \div (273+24)] \times [(241+735) \div 760]$$
$$= 5788.2[m^3/(h \cdot 5台)] = 1157.6[m^3/(h \cdot 台)]$$

(2) MH92 型压缩机（标定时开一台压缩机）

$$V = 5355.2 \times [273 \div (273+24)] \times [(241+735) \div 760] = 6321.5[m^3/(h \cdot 台)]$$

(3) 总气量：5788.2＋6321.5＝12109.7(m³/h)

2. 测试期间压缩机打气量

(一入压力：223mmHg，24℃)

(1) L3.3-17/320 型压缩机（开七台压缩机）

$$V = 1157.6 \times (760+223) \div (760+241) = 1136.83[m^3/(h \cdot 台)]$$

(2) MH92 型压缩机（开一台压缩机）

$$V = 6321.5 \times (760+223) \div (760+241) = 6207.8[m^3/(h \cdot 台)]$$

(3) 总气量：

6207.8×48×1+1136.83×48×7−6207.8×7−1136.83×8=627400m³ （48h）（13070m³/h）

说明：测试期间当地大气压力为735mmHg。

注：测试期 MH92 型压缩机影响 7 机 1h，L3.3-17/320 型压缩机影响 8 机 1h。

3. 回气率和有效打气量

(1) 回气率

$$\eta = \frac{(y_{CO_2}^{硫} - y_{CO_2}^{饱})/(y_{CO_2}^{饱} - y_{CO_2}^{碳})}{1 + [(y_{CO_2}^{硫} - y_{CO_2}^{饱})/(y_{CO_2}^{饱} - y_{CO_2}^{碳})]} \times 100\%$$

$$= \frac{(0.0563 - 0.054) \div (0.054 - 0.002)}{1 + (0.0563 - 0.054) \div (0.054 - 0.002)} \times 100\%$$

$$= 4.24\%$$

(2) 有效气量（标况）

$$V = 627400.04 \times (1 - 4.24\%) = 655179.6 m^3 (48h)\ 13649.6 m^3/h$$

4. 评价

① 运转率不高，为 478.28 台时/576 台时＝83.03%。

② 该机一段出口、排气温度偏高（160℃左右），水夹套冷却不好，水量不足，结垢严重，需清洗，否则影响气体绝热指数，温度过高，使润滑油黏度降低，润滑性能不良。

③ 二段、四段排气压力偏高，使得一段入口气体压力不能再提高，影响生产能力。

④ 在测试期间，发现六段回三段的回路阀门泄漏，气体从高压段回入低压段，导致三段入口压力偏高，但三段出口压力正常，该缸的压缩比发生变化，影响了压缩机的动力平衡，增加了压缩机的震动，建议该厂购置一些必要的检测设备，如泄漏检测仪。

⑤ 在测试期间，该厂主要设备 MH92 型压缩机共发生两次小故障，都是活塞环损坏，在换活塞环时共停机近 5h，影响生产也使压力发生波动，对于这种大机型和其他运转设备，应该利用现代化的动态检测设备，在不停机的情况下对其进行检测，及早发现其故障。

⑥ 回气率为 4.24%，稍偏高。应加强对回气阀及排油水阀的检查。

八、供水系统测试数据及结果

1. 基本情况

本公司生产用一次水从河中提取，通过一泵房一台 14SA-10 的水泵（两台开一台）抽水至沉淀池，由二泵房一大一小两台水泵送水至各工段，全厂生产用水大部分二次利用，碳化、压缩系统用水被合成、铜洗、压缩冷排、锅炉除尘循环使用，其余水三路排至河中。

2. 水网分布图

全厂水网如图 4-6 所示，图中数据单位为 t/h。

3. 水的重复利用率

二次水利用率 $R = (857.8/1307.8) \times 100\% = 65.6\%$

4. 水耗能

一泵房　$I=105A$　$V=380V$　$\cos\varphi=0.9$

二泵房　$I_1=110A$　$I_2=270A$　$V=395V$

一次水耗电：$105 \times 380 \times 0.9 \times 1.732/(1000 \times 704) = 0.09(kW·h/m^3)$

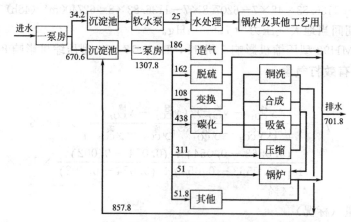

图 4-6 全厂水网图

吨氨一次水耗：$704.8/(192.696/48) = 175.6(t/tNH_3)$

二次水耗电：$[(270+110)\times 395 + (105\times 380)]\times 1.732\times 0.9/857.8 = 0.35(kW\cdot h/m^3)$

5. 总结

① 本厂水网分布合理，水重复利用率高。

② 冷排管结垢严重，影响冷却效果。本厂水网有比较好的基础，但水质差，特别是雨季，更是混浊，所以要重视水处理。建议上废水零排放项目，改善水质，增强杀菌灭藻能力，使之达到理想的冷却效果。

九、氮肥生产节能测试结果汇总

1. 测试期间产量

测试时间：48h

（1）合成氨计量产量

储槽计量产量：$182.671tNH_3$

放空气及弛放气回收氨量：$1.75tNH_3$

48h合成氨产量：$182.671+1.75=184.421$（tNH_3）

$184.421/48=3.842$（tNH_3/h）

（2）车间核算产量

碳氨产品折氨：$790.75\times 17.19\%\times 17/14\div 0.9=183.39$（$tNH_3$）

氨库增量：5.429(液氨)$+1.785$(浓氨折氨)$=7.214$（tNH_3）

自用氨：脱硫用氨+铜洗用氨$=1.018+1.074=2.092$（tNH_3）

48h核算产量：$183.39+7.214+2.092=192.696$（$tNH_3$）

$192.696/48=4.01$（tNH_3/h）

2. 单位产品能源消耗

吨氨原料煤消耗：$1.66tce/tNH_3$

吨氨烟煤消耗：$210.0kgce/tNH_3$

合计两煤耗：$1.870tce/tNH_3$

3. 锅炉系统

锅炉蒸发量：9.78t/h

正平衡效率：$\eta=58.59\%$

4. 造气工序

测定期产半水煤气量（标况）：$13070m^3/h$

吨氨半水煤气消耗（标况）：$3256.92m^3/tNH_3$

单炉发气量（标况）：$2614m^3/(h·台)$

蒸汽分解率　1号炉　上吹：$60\%\sim62\%$　下吹：$52\%\sim55\%$

　　　　　　3号炉　上吹：$63\%\sim65\%$　下吹：$60\%\sim63\%$

碳利用率：$\eta=48.05\%$

5. 压缩工序

压缩机打气量　LH3.3-17/320型压缩机（标况）：$1136.83m^3/(h·台)$

　　　　　　　MH92型压缩机（标况）：$6207.8m^3/(h·台)$

压缩机回气率：$\eta=4.24\%$

6. 供排水工序

吨氨一次水耗：$175.6m^3/tNH_3$

二次水重复利用率：66%

7. 变换工序

蒸汽消耗：$830.6kgH_2O(g)/tNH_3$

一段变换率：40.71%

中变炉出口变换率：82.97%

热水循环量：$84.82m^3/h$

热水塔出口变换气温度98℃，饱和塔出口气体温度122℃

增湿器补水：$587.67kg/h$

8. 氨平衡

全厂氨利用率：$\eta>90\%$

全厂放空气及弛放气回收量$1.75tNH_3$

9. 存在问题及改进意见

（1）该厂生产特点

① 煤条制气单炉生产能力达20t/(台·日)，单炉出力高，煤条质量好。

② 造气蒸汽分解率达$52\%\sim63\%$，较高。

③ 氨利用率较高，碳化设备$\Phi2400$日产390t以上装置能力发挥好。

④ 铜洗$\Phi600$塔日产100t氨，说明脱硫问题解决得好。

⑤ 单炉供汽，沸腾炉操作水平高，使全厂供汽情况正常。

⑥ 二次水利用率达66%，在省内没进行两水闭路循环厂中处较高水平。

（2）存在问题

① 造气消耗高达吨氨为1.66吨标煤，太高了，碳利用率只达47.63%。表现为渣中含碳高达14%，飞灰带出碳占20.38%，吹风气耗碳占21.90%（此三项应为小于9%、8%、16%方可接受）。

② 变换热回收效率低，致使吨氨蒸汽消耗高达830kg，热回收工艺流程存在问题（中串低流程正常情况蒸汽耗为$600kg/tNH_3$）。

③ 变换催化剂装填不合理，致使负荷移向第二段、第三段，第三段出口温度偏高，蒸汽消耗高（三段出口$t>420℃$，正常情况为$380\sim400℃$）。

④ 压缩机运转率为 82.98%，影响产量及电耗（一般运转率可达 90% 以上）。

⑤ 合成放空量大，吨氨高达 480m³，有效气体大量释放，使气体单耗增加，产量也相应受到影响（正常情况下放空量为 300m³ 左右）。

⑥ 设备冷却情况不好，压缩机一段出口温度高达 160℃（正常情况为 130℃），冷却排管上结垢结藻情况严重，影响换热效果。

十、氮肥企业整改意见

1. 造气系统

① 尽快上吹加氮，可减少吹风时间，使吹风气中 CO 下降（<7% 较为合理），又增加有效制气的时间，提高制气强度，又可使两炉吹风叠风现象减少，稳定了炉况，使煤烧透（渣中残碳降为 9%）。

② 降低碳层减少吹风阻力，目前吹风碳层阻力高达 90~100mmHg（碳层阻力小于 80mmHg，可以接受），可使风机出力进一步提高，吹风时间又可减少，此外带出物也可大大减少（带出物中碳占总碳 5% 以内可以接受，目前高达 20.38%）。

③ 气柜容积增加为 1800m³，只是在目前气柜基础上加一截即可，努力提高制气水平达到 4 台造气炉保证压缩机正常运行。

④ 采用吹风气回收系统。由于吹风气中含有毒气体 CO 燃烧生成了无毒气体 CO_2，飞灰中的残碳在燃烧装置中燃烧，大部分灰尘在系统中去除，使烟囱中粉尘的浓度下降，达到了国家大气排放的标准，即减少了对大气的污染，取得了较好的环境效益，实现了节能减排的目的。

2. 变换系统

① 中变后间接冷却器的热水可和热水塔水加热器串联起来，以回收这部分热量，可少耗 151kg 蒸汽/tNH_3。

② 变换中变一段添加部分新催化剂，使一段出口变换率超过 55%，减轻二、三段负荷。

③ 变换炉第一、二段间可增设增湿器及蒸汽过热器使入炉蒸汽过热，减轻预腐蚀程度。

④ 适当增加热水循环，从目前 80m³/h（实测）增至 100m³/h 左右，充分传热传质，提高饱和度，降低热水出口温度，使蒸汽下降至小于 600kg 蒸汽/tNH_3。

⑤ 变换系统改为中低流程，以进一步降低蒸汽消耗可达 300 kg 蒸汽/tNH_3 左右，且使系统阻力也降为 0.05MPa 左右，以提高压缩机的有效打气量。

3. 碳化系统

积极准备上母液脱碳装备以减轻碳铵销售压力，可转产 10%~15% 液氨，并且可以确保在夏天 Φ2400 碳化塔也能使氨利用率不低于 90%。

4. 压缩机系统

加强设备维护及定期检查制度，确保压缩机长周期运行，提高设备运转率。

压缩机的回气率达 4.24%，偏高，导致压缩机电耗增加。

压缩机 L.H 3.3-17/320 型压缩机需更换为节能型压缩机。

5. 合成系统

① 改原 Φ600 合成塔为塔前换热器，塔前换热器为冷交。

② 新增一台 1.4m³/min 左右循环机，加大系统循环量为一大一小，为系统进一步加大生产负荷创造条件。

6. 供排水系统

建议上合成氨废水零排放系统，使废水排放达到 2m³/tNH_3 以下。确保设备冷却效果，改善水质的浊度及杀菌灭藻能力,特别是过好夏天关,同时对环保也是一项贡献。

总之该厂设备及生产潜力很大,只要加强生产基础管理,提高全体员工素质,结合技术改造,采用和落实好以上的整改措施,该厂可达到如下目标:

产量:110~120tNH$_3$/d

消耗:原料煤——1200kg/tNH$_3$ 燃料煤——80kg/tNH$_3$

效益是很明显的,节约标煤500kg/tNH$_3$,全年可节约标煤1.5万吨。

十一、节能减排潜力分析和建议

通过对多家小氮肥企业能耗情况分析,其产品能耗与国内先进水平相比,还有很大的差距,现总结如下。

1. 管理方面

① 节能目标未落实,存在长流水、长明灯现象。建议企业高度重视,提高认识,将节能落实到行动上,建立节能目标责任制,把节能目标分解并细化到车间、班组、机台,同时强化节能监督监察,杜绝跑、冒、滴、漏现象发生。

② 节能投资力度偏小,动力不足。建议进一步理顺、完善管理体制和投资体制,充分调动各单位的节能积极性。

③ 煤的管理尤其是煤质管理还存在一定漏洞。一是未考核进厂煤与入炉煤发热量差值[正常范围(100-150)×4.186kJ/kg]。二是燃煤收购合同不完善,如水分、灰分未按规定控制标准,导致高水分、高灰分的燃煤进厂;虽然自购煤规定了发热量指标,但采购煤质量未得到有效控制,导致煤质量较差,影响了锅炉及造气炉的正常燃烧。三是由于未能做到单炉燃料消耗计量,导致燃料摊销不准确,也不利于日常的考核和分析。建议企业进一步加强燃料管理工作和入炉煤计量工作,合理制定进厂煤全水分控制指标,按国家对商品煤的质量标准要求,超过部分应严格扣水扣杂;规范对原煤的抽样化验程序,健全监督制约机制,完善煤质化验室程序文件,并严格考核;加强仓储物资的管理工作,并定期进行物料实物盘存,与二级计量的原料及燃料消耗量进行对比分析,以利于财务部门对燃料消耗的正确核算和分析评价。

④ 定额考核不够细化,重点耗能设备如单台造气炉的计量、考核与分析不到位。

⑤ 企业仍然有部分落后淘汰的设备和仪表在运行。建议采取相应措施制订分期分批更新改造设备的计划,逐步提高设备运行效率。

2. 技术方面

① 供配电系统 目前企业生产用电量主要依靠供电部门供应。从公司内部电量计量与供电部门的计量对比核算看出,线损率较高,部分企业用电线损率约1.5%。另一方面经现场调查,对配电系统功率因数的控制,主要采用在配电室集中补偿的方式,而对现场大功率用电设备基本上未进行就地补偿。这种运行方式虽然可补偿主变压器本身的无功损耗,减少配电室以上输电线路的无功电力,从而降低供电网络的无功损耗,但由于终端用电设备所需要的无功主要通过配电室以下的低压配电线路输送,因此,集中补偿的方式无法降低公司内部配电网络的无功损耗。应按照"分级补偿,就地平衡,分散补偿与集中补偿相结合,以分散为主"的原则,合理布局补偿位置和补偿容量。通过无功补偿,可使补偿点以前的线路中通过的无功电流减小,既可增加线路的供电能力,又可减少线路损耗。

② 生产系统 由于公司合成氨系统生产产品过程中,其余热余能较多,且蒸汽自产自用的量也较大,对其中的各个过程的考核定额制定的尚不够完善,未能形成详细的统计报表。

主要原因有：① 由于电耗考核未能细化到班组、机台，在一定程度上影响了职工的节约积极性，一定程度地导致了电力单耗偏高；② 目前企业照明系统基本上仍采用的是传统的白炽灯，与国家提倡的绿色照明所要求的节能型灯具相比，存在着大约 3×10^4 kW·h 节能潜力。

因此应在以下几方面予以改进。①科学制定对班组、机台的定额考核指标，通过严格的奖惩，充分调动广大职工的节约积极性。②加强对设备的定、巡检管理及润滑管理，坚持预防为主、维修为辅的原则，采取动态维修的设备维护维修模式，及时发现和排除设备故障隐患，确保设备经常处于良好的技术状态；配置必要的检测仪器，对重点用能设备进行能源利用效率的实际监控，并与同类型的机台设备先进的能耗指标进行对比，以便查找是设备管理的问题还是设备自身工艺参数的控制问题，挖掘节能潜力。③按照绿色照明的要求，对照明系统的灯具进行节能改造，以降低电力消耗。④建议采用新型"三废"燃烧炉，可以充分利用造气"三废"（即废气、废渣、废灰），副产高品位蒸汽，通过背压发电后的低压蒸汽在返回造气和其他工段使用，可以使企业产生巨大的经济效益和环保效益。它的最大特点是以炉渣或煤为点火源来燃烧造气吹风气，将造气"三废"全部吃净，产出 20~60t/h 中温中压蒸汽，使合成氨生产系统实现两炉变一炉、两煤变一煤的目标。⑤利用新技术，实施冷热电联供。烟气型溴化锂吸收式冷热水机组是一种以燃气轮发电机组等外部装置排放的高温烟气驱动热源，以溴化锂水溶液为吸收剂、水作为制冷剂，制取空气调节或工艺用冷水、热水的设备。溴化锂吸收式冷热水机组可以实现能源从高品位到低品位的合理梯级利用，起到高效节能的作用。利用后可以改变压缩、合成岗位现采用的淋洒式冷排降温的方式，节约大量的水、电资源，效益是非常可观的。⑥节能型全径向串塔新工艺。该工艺是通过挖掘原有系统生产潜力，实现增产以及进一步节能降耗的目的。即在原有合成废热锅炉后、塔前换热器前串入一台全径向氨合成塔及另一台废热锅炉，在原来各设备的工艺条件基本不变的情况下，使氨产量提高 15% 左右，同时使冰机和循环机的吨氨消耗功率降低 20% 左右，达到既增产又增效且节能的目的。所以，建议公司在扩产改造当中考察实施。⑦严格煤的管理，对进厂煤及入炉煤进行严格的煤质化验分析。⑧降低系统阻力，减少电力消耗。⑨积极探索采用能源管理等节能新机制对企业运行效率较低的风机、水泵实施变频技术节电改造，年节能潜力达 85×10^4 kW·h。

3. 产品结构的调整

在化肥市场受到影响，化肥（碳铵）出现积压和价格下滑的形势下，企业为了适应市场的变化，回避政策风险，应延伸拉长产业链条，调整产品结构。

① 按照国家产业政策的要求，在合成氨系统串入甲醇生产或采用醇烃化技术取代传统的铜洗。

② 继续加大供热、直供电力力度，向公司内部自备电厂过渡。

③ 使用流化床锅炉，充分利用粉煤灰、造气炉渣节约能源，降低成本。

④ 采用氮肥污水零排放新技术，一般采用三水闭路循环系统，即锅炉污水循环系统、冷却水闭路循环系统和造气脱硫污水闭路循环系统。

4. 节能经济效益分析

小氮肥企业通过一定的节能技术改造，能在原有生产的基础上取得非常可观的经济效益，主要节能减排技改项目及相应经济效益分析见表 4-1。

目前合成氨生产中实际能耗与理论能耗相差悬殊，其理论能耗仅需 21.3×10^6 kJ/tNH$_3$，而实际能耗为 42.6×10^6~106.5×10^6 kJ/tNH$_3$，为理论能耗的 2~5 倍。一方面是由于生产过程中放出的大量排出物和能量都没有回收利用，存在着浪费现象；其次是由于目前煤为原料的工艺流程长，物料的温度和压力大升大降，致使大量高质量的能量降阶变成利用价值低或无法利用的能量。

小氮肥行业经过近年的不断发展壮大,要使小氮肥企业实现安全、稳定、经济运行,大幅度降低能耗、降低成本,除了加强管理之外,必须特别重视技术进步,不断进行技术革新和技术改造,推行新技术、新工艺、新设备、新材料,同时注重提高职工队伍的素质,只有这样,小氮肥行业才能不断发展,提高经济效益。

表 4-1 主要节能减排技改及经济效益分析一览表

序号	存在问题	方案名称	方案内容	预计投资/(万元)	预计节约量计算		减排CO_2量/(t/a)
					实物量	金额/(万元/a)	
1	吹风气放空	吹风气回收	选用造气吹风气余热回收装置(余热锅炉)	350	产蒸汽8t/h	500	22570
2	沸腾锅炉热效率低,煤耗高	锅炉改造	选用循环流化床锅炉,新建热电联供系统	108	1.2t/h	360	23900
3	压缩机、风机等电耗较高	变频调速及叶轮改造	对压缩机、风机负荷不稳定,存在较大节能潜力状况,实施部分机组变频调速及离心式叶轮改造	40	$85×10^4 kW·h$	30	858
4	铜洗费用高,且造成环境污染	醇烃化(20kt/a)	铜洗改为醇烃化,使工艺气中未净化掉的少量 CO 与 H_2 反应,生成烃类物质,做甲醇或燃料使用	800	产甲醇20kt/h	利润500	0
5	提高循环水利用率	污水零排放	将部分污水处理,处理合格的水回用,同时减少氨氮的排放量	500	减排污水2000kt/a	150	0
6	照明灯具未选用节能灯具	绿色照明	白炽灯、粗管荧光灯改用细管荧光灯+电子整流器及其他节能灯	1	$3×10^4 kW·h$	1	30
	合 计			1799		1541	47358

注:价格是按2008年价格进行估算的;一年的生产时间按8000h计算。

氮肥企业的技术改造要以节能降耗为中心,以提高经济效益为目的,在市场经济的条件下更是如此。从提高企业的竞争能力来说,每年都应该使生产水平有所提高,每年都应该有一个目标,选准生产中的薄弱环节和重点节能部位,实现小改小革项目。近年来推广的高效节能氨合成塔、醇烃化工艺、低温变换技术、新型节能高效催化剂、脱硫和脱碳等新工艺、气体和液体净化技术、吹风气回收技术、新型填料和塔技术、压缩机改造、造气原料改造操作控制技术、新型造气炉算及微机应用等,投资相对不多,但对企业稳定工艺,提高产量、降低消耗,改善劳动条件,有利于安全生产,都有明显的效果。

因此,小氮肥企业的节能减排是企业长期的一项工作。

硫酸生产的节能减排

知识目标

了解硫酸生产的基本工艺过程;掌握硫酸生产的能耗分析;掌握硫酸生产的余热回收利用技术。

单元 四 化工企业节能减排

> **技能目标**
>
> 能测试硫酸生产的主要技术指标；能对硫酸生产过程进行节能减排的分析。

一、硫酸生产工艺概况

1. 硫酸生产状况

硫酸是一种十分重要的基本化工原料，我国硫酸产量创历史新高，有硫酸生产企业500余家，2010年产量达6000万吨。硫酸主要用于化肥生产，目前国内用于化肥生产的硫酸消费量占总消费量的70%左右。但也必须承认，我国硫酸行业依然面临着产能过剩、低水平重复建设以及环境污染等问题。如何通过节能减排带动产业结构调整，将是硫酸行业发展的当务之急。

目前硫酸工业应以节能、降耗、减排为重心，以综合能耗指标、新的硫酸"三废"排放标准以及行业准入条件为基点，加大关停小型、重污染落后装置力度，抑制产能过度膨胀，使行业早日步入健康发展轨道。节能主要是硫酸装置的余热回收。一方面要以大中型硫黄制酸装置为重点，推广低温余热回收技术，提高制酸过程的热回收率和利用率。硫酸热能回收相当于节煤，推广热能回收技术，就是在为我国减排CO_2做贡献。另一方面要抓好大中型硫铁矿制酸热回收技术的示范项目，此项技术的成功应用，可使硫铁矿制酸余热回收提高30%左右，吨酸生产中压蒸汽量从1000kg提高到1500kg。如果在全国1000万吨左右的矿制酸装置上推广应用此项技术，其经济效益和社会效益都将相当可观。

减排则主要包括减少SO_2排放和SO_2催化转化。新的硫酸"三废"排放标准即将出台，新标准将对行业发展提出更高要求。根据新标准，硫酸装置尾气中的SO_2排放量要求从目前的960mg/m³下降到400mg/m³以下。这将是硫酸行业的一场革命。目前很多新建装置已经配备了尾气处理系统，而老装置或新建不达标装置必须按照新标准进行技术改造。新标准一旦出台，要求企业在最短时间内必须采用环保新技术，否则将被淘汰。为此，硫酸行业要积极进行技术层面的准备工作，针对各种不同原料、不同规模以及现有装置的不同情况，采取多种途径大幅降低尾气中SO_2的排放量。

另外，对SO_2催化转化是硫酸行业实现减排的另一种途径。硫酸"三废"新排放标准对国产催化剂的质量也提出了新的要求，这要求催化剂生产企业必须加强科技攻关，联合科研院所、大专院校共同研发新技术、新方案，为企业降低废气排放提供技术支撑。

2. 硫酸生产工艺

现代硫酸生产普遍采用钒催化剂的接触法生产，由于钒催化剂对炉气成分及有害杂质有严格要求，所以原料不同，制酸工艺也有所不同。我国目前的接触法制硫酸主要有硫铁矿制酸、硫黄制酸、冶炼烟气制酸和硫酸盐制酸。目前我国仍以硫铁矿制酸为主，下面主要介绍硫铁矿制酸。

以硫铁矿为原料的接触法制酸工艺是目前最广泛采用的基本工艺流程，如图4-7所示。

它的主要工序包括原料准备（图中未标出）、硫铁矿的焙烧、炉气净化、气体干燥、SO_2转化和SO_3吸收。经过处理后的硫铁矿或硫精砂，送入沸腾炉下部，与经鼓风机从炉底送入的空气进行焙烧反应。生成SO_2炉气从沸腾炉顶部排出，进入废热锅炉，而矿渣则从沸腾炉下部的排渣口排出。

炉气在废热锅炉内冷却到约350℃，用以产生3.82MPa、450℃的过热蒸汽。主要的蒸汽蒸发管束设在废热锅炉内。装在焙烧炉沸腾床内的冷却管也作为废热锅炉热力系统的一部

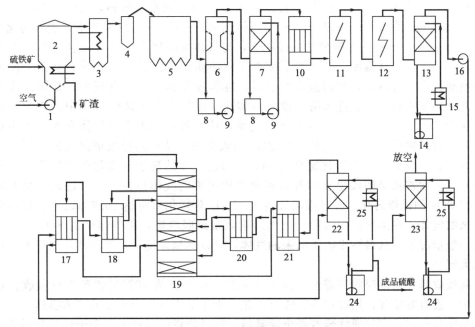

图 4-7　硫铁矿为原料的接触法制硫酸工艺流程
1—空气压缩机；2—沸腾焙烧炉；3—废热锅炉；4—旋风除尘器；5—电除尘器；
6—冷却塔；7—洗涤塔；8,14—循环槽；9—稀酸泵；10—气体冷凝器；
11—第一级电除雾器；12—第二级电除雾器；13—干燥塔；15,25—酸冷却器；
16—二氧化硫鼓风机；17,18,20,21—气体换热器；19—转化器；
22—中间换热器；23—最终吸收塔；24—酸泵

分，与锅炉的汽包连接，用以回收部分焙烧反应热。

从废热锅炉出来的炉气，还含有相当数量的矿尘，经旋风除尘器和电除尘器后，其中绝大部分矿尘被除去。废热锅炉、旋风除尘器和电除尘器除下的矿尘，与沸腾炉排出的矿渣一起送往堆场或装车送往水泥厂。经过除尘的炉气，依次通过冷却塔、洗涤塔、气体冷凝器和二级电除雾器进行净化。冷却塔和洗涤塔都设有稀硫酸循环系统。炉气在冷却塔内与循环稀硫酸相遇，进行绝热冷却，炉气温度迅速降低到接近出口气体的绝热饱和温度。炉气在洗涤塔内进一步被循环酸洗净化。在冷却塔和洗涤塔中，炉气中所含的微量 SO_3，从硫酸蒸气形态变成酸雾；砷、硒和其他一些金属的氧化物则成为固态粒子，从气相中分离出来。气体流经气体冷凝器移走热量，气体中所含的大量水分也在此冷凝，放出潜热，气体常被冷却到 40℃ 以下，以保证干燥-吸收系统的水平衡。气体进入电除雾器，在高压静电作用下被清除干净，为了保证达到高的净化效率，通常采用两级串联的电除雾器。

在气体冷凝器中冷凝的水分和电除雾器的冲洗水一起，送入洗涤塔酸循环系统。洗涤塔循环系统多余的稀硫酸，移入冷却塔酸循环系统。冷却塔酸循环系统多余的稀硫酸，经沉降除去固体杂质后，送去回收利用，或经中和排放。

经过净化后的气体，在干燥塔中被循环淋洒约 93% 的浓硫酸干燥。由于在气体被浓硫酸干燥的过程中放出大量的热量，所以在干燥塔硫酸循环系统中设有酸冷却器，用冷却水把热量移走。为了减少气体夹带硫酸雾沫对设备造成的腐蚀，通常在干燥塔顶部装设丝网除沫器。

经过干燥的气体进入 SO_2 鼓风机，提升压力后送转化工序。除送入沸腾焙烧炉的空气依靠风机克服沸腾床的阻力外，整个系统的气体输送，都依靠 SO_2 鼓风机。

SO_2 的转化采用"二转二吸"工艺。从 SO_2 鼓风机出来的气体，首先经过换热器，依次被从转化器第三段和第一段出来的 SO_3 气体加热，在约 420℃ 的温度下，进入转化器的第一段。气体中的部分 SO_2 在钒催化剂作用下，与气体中的氧进行反应，生成 SO_3 并放出反应热，使反应后的气体温度升高。为了使未反应的部分 SO_2 进一步转化，从第一段出来的气体在换热器内进行冷却，然后进入第二段，继续进行 SO_2 的转化反应。从第二段出来的气体，在换热器中被冷却后进入第三段进行转化。从第三段出来的气体中，绝大部分 SO_2 已经转化为 SO_3。为了达到更高的最终转化率，使从第三段出来的气体在换热器中被冷却并在中间吸收塔内用浓硫酸将气体中的 SO_3 吸收除去。从中间吸收塔出来的气体，已基本上不含 SO_3，只含有少量未转化完全的 SO_2。为使气体达到催化氧化所需的温度，气体通过换热器，依次被从第四段出来的气体和第二段出来的气体加热，然后进入转化器的第四段，进行 SO_2 的最终转化。经过第四段转化，SO_2 总转化率可达 99.7% 以上。从转化器第四段出来的气体，在换热器中被冷却，然后进入最终吸收塔，将气体中的 SO_3 全部吸收除去。在一般情况下，从最终吸收塔出来的气体，可以达到环境保护规定的排放标准，通过烟囱排入大气。

中间吸收塔和最终吸收塔都设有酸循环系统，用浓度为 98% 的硫酸进行吸收。在酸循环系统中，设有酸冷却，用以排除吸收反应热。为了除去气体中夹带的硫酸雾沫，在中间吸收塔和最终吸收塔的顶部通常装有纤维除雾器。在吸收塔酸循环系统和干燥塔酸循环系统之间，设有串酸管线，不断向干燥酸循环系统补充从吸收酸循环系统来的浓硫酸，使干燥酸保持规定的浓度。多余的干燥酸，移入吸收酸循环系统，酸中的水分作为补充水的一部分，用于与 SO_3 反应生成硫酸，也可作成品酸出售。为了提供由 SO_3 生成硫酸所需要的水分，须不断向吸收酸循环系统中加水。由于 SO_3 不断被吸收生成硫酸，所以吸收酸循环系统的硫酸量不断增加，增加的部分引出生产系统，作为成品。

在需要生产发烟硫酸的情况下，可在中间吸收塔前装设发烟硫酸吸收塔和发烟硫酸循环系统，用以生产发烟硫酸。

二、硫酸生产能耗分析

硫酸生产过程是一个放热反应，以硫铁矿为原料，放出的热量约 $6.66×10^6 kJ/tH_2SO_4$ ($1.59×10^6 kcal/tH_2SO_4$)，即相当于 $227.14 kgce/tH_2SO_4$。实践证明，此能量除设备散热损失外，绝大部分是可以回收利用的，有的硫酸厂可副产蒸汽，有的硫酸厂用自产蒸汽发电，除供硫酸生产用电外并有 30% 左右的电力向外输出。总的来看，目前我国硫酸生产的能量利用水平还不高，少数硫酸厂较好，但多数还需要由外部供能。因此，要充分利用硫酸生产中的余热资源，节能降耗和减排工作，仍是硫酸生产与发展的重要工作。

1. 硫酸产量的核算

① 硫酸生产制得的各种规格的硫酸，质量符合国家标准，并经质检部门检验合格入库，为本期产量。

② 硫酸产量根据生产原料不同报实物产量，填报按标准规定的产品含量折算成 100% 作为产量。

$$标准产量(t) = \sum 实物产量(t) × 标准规定含量(\%)$$

③ 本厂其他车间用的硫酸以及氨法尾气回收分解时所使用的硫酸，质量符合国家标准，入库可做自用量计入硫酸产量。

④ 掺烧硫黄时除按规定统计产量外，还应按实际掺烧硫黄的数量单独折算硫酸产量。

⑤ 中间产品（SO_2、SO_3）可按一定时间内气体的累计流量和成分进行计算。

2. 效率的核算

(1) 烧出率　烧出率是指矿石在焙烧过程中硫被烧出的百分率，对于不同种类的矿石，计算有所不同。

焙烧普通硫铁矿（FeS_2）时：

$$烧出率(\%) = 100 - \frac{(160 - G_{S矿}) \times G_{S渣}}{(160 - 0.4 G_{S渣}) \times G_{S矿}} \times 100$$

式中　$G_{S矿}$——干燥矿石的含硫量，%；

　　　$G_{S渣}$——干燥矿渣和矿尘的平均含硫量，%。

(2) 净化收率　本净化工艺采用的是酸洗流程，而收率是指炉气在净化过程中硫的收率。对酸洗流程的净化收率为：

$$净化收率(\%) = \left[\frac{净化前炉气中 SO_2(\%)}{净化前炉气中 SO_2(\%) + SO_3(\%)} + \frac{9.34 \times 稀酸回收率(t/t)}{烧出率(\%)}\right] \times 100$$

$$稀酸回收率 = \frac{报告期内回收稀酸总量[t(100\% H_2SO_4)]}{报告期内实际投矿量(t)}$$

(3) 转化率　转化率是指 SO_2 气体在转化过程中转化为 SO_3 的效率。

① 不采用空气冷激时，转化率按下式计算：

$$转化率(\%) = \frac{A - B}{A(1 - 0.015B)} \times 100$$

② 采用空气冷激时，转化率按下式计算：

$$转化率(\%) = \frac{A - (1+K)B}{A(1 - 0.015B)} \times 100$$

$$K = \frac{冷激空气量(m^3)}{进转化器 SO_2 气体总量(m^3)}$$

③ 有尾气回收时，校正转化率计算：

$$校正转化率(\%) = \frac{A - B}{A(1 - 0.015B)} \times 100 + \left(\frac{100 - 转化率}{100} \times \frac{尾气回收率}{100}\right)$$

式中　A——进转化前气体中 SO_2 的含量，%；

　　　B——转化后气体中 SO_2 的含量，%。

(4) 吸收率　吸收率指 SO_3 被吸收的效率。

$$吸收率(\%) = 100 - \frac{C(1 - 0.015A)}{A - B} \times 100$$

式中　A，B——同转化率计算公式；

　　　C——吸收后气体中 SO_2 的含量，%。

(5) 尾气回收率　尾气回收率是指未转化的 SO_2 气体通过尾吸装置进行回收的效率。

$$尾气回收率(\%) = 尾气吸收率(\%) \times 分解率 / 100$$

$$尾气吸收率(\%) = \frac{D_1 - D_2}{D_1} \times 100$$

$$分解率(\%) = \frac{d_1 - d_2 \times 1.1}{d_2} \times 100$$

式中　D_1——吸收塔出口气体中 SO_2 含量，%；

　　　D_2——尾气吸收后气体中 SO_2 含量，%；

　　　d_1——尾气回收母液分解前总 SO_2 含量，g/L；

d_2——尾气回收母液分解后总 SO_2 含量，g/L；

1.1——为由于分解后母液体积增加而增加的校正系数。

(6) **产酸率** 产酸率又称采酸率，是指原料中的硫用于制酸部分所占的百分数，如果无中间产品，可以认为是硫的利用率。

① 以硫铁矿为原料的计算。

$$产酸率(\%) = \frac{A}{B} \times 100$$

式中 A——本期硫酸产品产量（t）×0.934；

B——本期烧用的标准矿数量（t）－中间产品折算用矿量（t）；

0.934——每吨纯硫酸理论用矿量（含量35%），t/t。

② 以各项效率综合计算产酸率。

产酸率(%)＝烧出率(%)×净化收率(%)×转化率(%)×吸收率(%)－其他损失率(%)

有尾吸时的产酸率：

产酸率(%)＝烧出率(%)×净化收率(%)×校正转化率(%)×吸收率(%)－其他损失率(%)

(7) **硫的利用率** 硫的利用率是指含硫原料中硫被利用的程度。

$$硫的利用率(\%) = \frac{A}{B} \times 100$$

式中 A——[本期硫酸产品产量(t)＋本期中间产品折硫酸量(t)]×0.934；

B——本期使用标准硫铁矿量（t）。

(8) **其他损失率** 其他损失率是指除了在焙烧、净化、转化、吸收等过程中可以查明的损失之外硫的损失百分率。其他损失率所包含的项目较多，如质量损失、成品酸中溶解的 SO_2 损失、设备开停车或泄漏等损失，是一个多方面造成的综合性项目，一定要通过全面的系统测定来查明。

3. 焙烧强度

焙烧强度是指设备的生产强度。沸腾炉包括前室在内的全部焙烧面积计算，焚硫炉以容积计算。

$$沸腾炉焙烧强度[kg/(m^2 \cdot d)] = \frac{本期实际标准投矿量(t) \times \frac{35}{100} \times 1000}{\sum \left[每台焙烧炉有效作业面积(m^2) \times 实际作业时间(h) \times \frac{1}{24} \right]}$$

式中，实际作业时间（h）是按总时间（h）扣除大、中、小修及其他停炉时间，以小时为基数，30min 以上作 1h 计，不足 30min 的可不计。

4. 催化剂容积利用系数

催化剂容积利用系数 $[t/(m^3 \cdot d)]$

$$= \frac{[硫酸产量(100\%)(t) + 外供 SO_2 折硫酸量(100\%)(t) - 净化系统产稀酸量(100\%)(t)]}{各转化器钒催化剂容积(m^3) \times 作业时间(h) \times \frac{1}{24}}$$

（注：以上计算公式中的百分数以实际百分数代入。如98%，在计算时以 98 代入）

5. 硫酸生产的主要能耗分析

一个产品的消耗指标是指单位产品在整个生产过程中消耗的原材料的数量，也称作单耗，可以用以下公式来表示。

$$产品单耗 = \frac{某种原材料消耗总量}{产品总量}$$

在硫酸生产过程中,单耗是指每生产1t纯硫酸(100%)(按规定浓度折算的产量)所消耗的原料(硫铁矿、硫黄、烟气、硫酸盐等)、水、电、钒催化剂等的数量,以及副产品的原料消耗数量。

(1) 硫铁矿制酸的矿耗 标准硫铁矿单耗即为每生产1t纯硫酸(100%)耗用含硫35%矿石的质量(kg)。

$$硫铁矿(kg/t) = \frac{标准矿总消耗量(kg) - 中间产品耗矿量(kg)}{合格硫酸(折100\%)产量(t)}$$

① 进入生产系统的硫铁矿(包括掺烧的硫黄)数量,要以计量为准。

② 硫铁矿消耗量包括从投入焙烧炉开始到产出成品酸为止的全部消耗和损失量,也包括掺烧的硫黄(折35%的矿)和长期维持炉火的用矿量。

③ 与硫酸联产并外供的中间产品(SO_2、SO_3、亚硫酸铵、亚硫酸氢铵、亚硫酸钠、氧化锌烧渣等)要按以下方法扣除用矿量。

$$SO_2\ 用矿量(kg) = \frac{100\% SO_2\ 产量(kg) \times 0.5005}{烧出率(\%) \times 净化收率(\%) \times 35\%}$$

$$SO_3\ 用矿量(kg) = \frac{100\% SO_3\ 产量(kg) \times 0.4005}{烧出率(\%) \times 净化收率(\%) \times 转化率(\%) \times 35\%}$$

式中 0.5005——SO_2 理论含硫量;

0.4005——SO_3 理论含硫量。

④ 标准矿总消耗量=实物矿量[1-水(%)]$\times \dfrac{干基硫铁矿平均含硫量(\%)}{35\%}$

(2) 硫酸生产的电耗 硫酸生产的电耗包括自矿石破碎工序开始,至硫酸产品入库为止的全部用电。

$$电耗(kW \cdot h/t) = \frac{本期用电量(kWh)}{本期合格产品产量(t) + 中间产品折硫酸产量(t)}$$

其中 SO_2 折硫酸产量(t) = 100% SO_2 产量(t) × 1.531

SO_3 折硫酸产量(t) = 100% SO_3 产量(t) × 1.225

式中 1.531——每吨 SO_2 相当于硫酸的吨数;

1.225——每吨 SO_3 相当于硫酸的吨数。

(3) 硫酸生产的水耗 硫酸生产的水耗指补充新鲜水量和循环水量,其水量包括自矿石破碎工序开始,至硫酸产品入库为止的全部用水。

$$水耗(m^3/t) = \frac{本期用水量(m^3)}{本期合格产品产量(t) + 中间产品折硫酸产量(t)}$$

水的单耗量应分别列出补充的新鲜水和循环水。

(4) 副产品用氨的消耗 在硫酸生产中,副产品可分为硫酸铵(溶液)、液体 SO_2(液硫)、亚硫酸铵、亚硫酸氢铵等,都要折为100%计算。硫酸铵的耗氨量为:

$$氨耗(kg/t) = \frac{本期实际耗氨量(kg)}{本期副产品产量(t)}$$

(5) 钒催化剂单耗

$$钒催化剂单耗(kg/t) = \frac{更换期补充量(kg)}{更换期硫酸产量(100\%)(t)}$$

三、硫酸生产中的节能技术改造

随着能源的不断紧张,回收并利用能源已相当重要。在硫酸生产工艺过程中,从原料投入生产到成品酸产出全过程中释放出大量的热量,如何实现有效回收利用,达到降低生产成本的目的,是衡量硫酸生产技术水平的重要标志。

在我国对硫酸生产装置废热回收以高温废热回收为起点,相继采用强制循环和自然循环中压废热锅炉、凝汽式汽轮发电机组发电、高温废热回收利用等技术。我国硫铁矿资源丰富,大多数硫酸厂是以硫铁矿为原料的生产企业,因此多年来我国硫酸工业的废热利用技术主要是硫铁矿制酸废热锅炉的开发和改进,到目前,在废热锅炉的设计、制造、安装和运行方面经验丰富,并形成了多个系列。另外我国中小硫酸厂大多数没有其他热用户,因此回收的废热产生的蒸汽绝大部分用于发电,小型发电装置是我国硫酸废热利用的一大技术。

目前对硫铁矿制酸、硫黄制酸的燃烧反应热已经利用,从实际得出的经验,每生产1t硫酸可回收接近1.2~1.36t中压过热蒸汽;可全部用于发电,每生产1t硫酸可发电200~250kW·h,也可以采用背压式发电机,除发电外送,还可外供0.5MPa蒸汽。在转化过程中,SO_2转化成SO_3时可产生反应热,通过技术改造也可以产生蒸汽。而在SO_3吸收过程中的低温热源回收可以得到约85℃的热水。与高温余热相比,低温余热的利用比较困难。美国孟山都开发了利用SO_3吸收反应热产生蒸汽并用于发电的热量回收技术,称为HRS热量回收系统。这一技术的开发成功,热能利用率可以由原来的70%提高到90%以上。

1. 硫酸生产过程中的反应热

(1) 反应热数量 在接触法硫酸生产中,反应热主要来源有四个部分:含硫原料的燃烧、SO_2的氧化、气体干燥和SO_3的吸收(见表4-2)。

表4-2 用不同原料生产1t硫酸所放出的反应热 单位:GJ/t

反应热来源	原料品种		
	硫铁矿	磁硫铁矿	硫黄
含硫原料的焙烧	4.22	5.75	3.01
SO_2的氧化	1.01	1.01	1.01
干吸或冷凝成酸	1.83	1.83	1.83
合 计	7.06	8.59	5.85

(2) 余热的分类 余热可按载热介质的物态、温度、压力等不同特性进行分类,在硫酸生产过程中产生的余热,可分为三类:焙烧或燃烧过程中产生约1000℃的热烟气及沸腾床中850℃的余热,称为高温余热;转化过程中500~600℃转化气热能,称为中温余热;干燥、吸收过程中100℃左右循环酸的热能,称为低温余热。就数量而言,高温余热占反应热的大部分,而低温余热量占总反应热的20%~30%。

①高温余热。含硫原料燃烧生成SO_2气体所释放的反应热使烟气温度升高,从焙烧炉或焚硫炉出来的气体,温度在900~1000℃。以硫铁矿为原料的制酸系统,沸腾床的余热几乎100%地回收,而高温烟气的热量在余热锅炉中一般只能回收55%~65%,其余部分几乎全部在后续的净化工序中损失掉,因此,在满足与锅炉相接的电除尘等设备的操作条件的情况下,余热锅炉出来的烟气温度越低,高温位余热回收率将越高。

②中温余热。SO_2氧化反应的温度一般在420~580℃,从转化器各段排出的转化气即为载热介质,其热量可以通过蒸汽过热器、废热锅炉、省煤器等设备加以回收。不管以何种原料制酸,每吨硫酸在转化过程中释放出的反应热基本相等,但回收利用则随所用原料和工

艺流程不同而有较大差别。就硫铁矿制酸而言，中温位载热体主要用于加热从干燥塔或中间吸收塔进入转化器的冷气体，因而可回收的中温余热较少。而以硫黄为原料制酸时，除了散热损失和转化气出工序带走的热量外，从锅炉出来进入转化器时气体所带的热能和全部氧化反应热可以得到利用（见表4-3）。

表4-3　硫酸转化工序回收的热量　　　　　　　　　　　　单位：GJ/tH_2SO_4

硫铁矿制酸		硫黄制酸	
一转一吸	两转两吸	一转一吸	两转两吸
0.63	0.42	2.09	1.17

③低温余热。干吸工序的反应热使循环酸温度升高，然后被循环酸从干燥、吸收塔中带出，酸温大多在100℃以下，要对这部分余热进行回收利用，必须将循环酸温提高到工艺和设备耐腐蚀所允许的温度，以生产热水加以回收利用（几乎100％地回收）。

2. 余热利用系统

随着能源的日益紧张，对硫酸生产的余热利用及采取节能措施更加得到重视，因此，通过技术革新提高能效是硫酸工业发展的重点。

（1）余热利用系统的分类

①按用能方式分类。常分为纯供电、纯供热、热电联供等系统，而借助汽轮机直接带动设备在国外较普遍。

②按回收热量的范围及用能方式综合考虑分类。分为回收高温余热的发电系统；回收高、中温余热的发电系统；回收高温余热的热电联供系统；回收高、中温余热的热电联供系统；回收中温余热的供汽系统；回收低温余热的供热水系统；回收低温余热的低沸点的发电系统；回收高、中、低温余热的发电系统；回收高、中、低温余热的热电联供系统等。

（2）余热发电　硫酸厂的余热发电与小型火力发电厂相似。以硫铁矿为例，硫铁矿在沸腾炉内焙烧放出大量的热量，高温炉气经过锅炉，锅炉所产生的过热蒸汽则送入汽轮机，带动发电机发电。

硫酸厂废热利用系统目前发电的汽轮机，最小的容量为75kW，常用的有1500kW、3000kW、6000kW和12000kW等几种。按形式可分以下几类：凝汽式汽轮机、背压式汽轮机、抽汽凝汽式汽轮机、抽汽背压式汽轮机、注汽凝汽式汽轮机。在有低压蒸汽用户的情况下，首先考虑用供热机组，实现热电联供，以热量和动力两种形式综合回收利用余热，可以收到显著的节能效果。热电联产能够提高热利用效率的根本原因在于它以热用户的热负荷取代凝汽发电中的冷源损失。其中背压式和抽汽背压汽轮机，进汽轮机的蒸汽在做功后全部用于供热，完全消除了冷源损失；抽汽凝汽式汽轮机有一部分在做功后用于供热，减少了一部分的冷源损失。

（3）典型的余热利用系统

①回收高温余热及回收高、中温余热的发电系统。在以硫铁矿为原料，而且产品单一的硫酸厂，如果附近及装置本身没有热用户，那么废热锅炉所产生的蒸汽全部通过凝汽式汽轮发电机组发电；以硫黄为原料的硫酸厂，除熔硫、保温要消耗少量蒸汽外，废热锅炉产生的蒸汽主要用于发电。

②回收高、中、低温余热的汽水系统。硫酸生产中热能回收分散在各个工序，特定的受热面所需吸热量与该处放出的余热不一定能平衡，例如把脱盐水加热至符合进入除氧器要求的水温，其吸热量只占锅炉总吸热量的10％，仅为循环酸低温热的1/6，因此，虽然用回收制酸过程中放出的低温余热来预热锅炉给水最具意义，但不足以充分回收利用。根据这个原因，废

热锅炉的汽水系统用恰当的方式将不同温位的余热连成一个热能回收系统，达到分级回收。

③ 回收高、中、低温废热的热电联产系统。在综合性化工生产企业，硫酸生产余热回收利用应考虑热电联产，根据按级用能的基本原则，硫酸生产废热锅炉产生的蒸汽先送入汽轮机中做功，然后有蒸汽再去供热。热电联产的余热利用方式，一类是以外供最大热负荷为目的，兼供电力；另一类在满足一定数量热负荷的前提下，最大限度地外供电力。前一类系统采用背压式或抽汽背压式汽轮机发电，后一系统则采用抽汽凝汽式汽轮发电机。

④ 回收中温废热的蒸汽供热系统。主要是以硫铁矿为原料且采用一转一吸工艺的硫酸装置，可设置独立的中温余热回收系统，在转化器出口或冷热交换器后装设热管锅炉，生产低压蒸汽。

⑤ 利用低温余热直接产汽发电的 HRS。前面已提到 HRS 系统，它是利用干吸工序低温废热生产蒸汽并发电的能量回收系统。

HRS 热量回收系统的工作原理是当硫酸浓度高于 99% 而接近 100% 时，对不锈钢和合金钢的腐蚀力大大降低，且温度升高腐蚀力也不增加，基于此原理开发了 HRS 热量回收系统。

HRS 热量回收系统的工艺流程是在一转一吸装置中置于转化器出口的换热器（或省煤器）与吸收塔之间，在两转两吸装置中则取代一吸塔。从换热器或省煤器来的 SO_3 气体进入热量回收塔，SO_3 气体在塔中被循环酸吸收，使酸的温度及浓度升高，酸从塔底排出后在锅炉中被冷却，从锅炉流出的硫酸，其中一部分作为成品酸，另一部分加水稀释后返回热量回收塔循环使用。

HRS 技术的关键是必须严格控制进入和流出热量回收塔的酸浓度，其浓度只能在极窄的范围内。因为，酸浓度降低会造成设备的严重腐蚀；酸的浓度升高将使出塔气体中的 SO_3 含量升高，降低了热量回收塔中 SO_3 的吸收率，从而减少了可供回收的热量；硫酸分解为 SO_3 和 H_2O 的离解度随温度的升高而迅速增高，所以酸温及与之平衡的气相中的 SO_3 分压升高也将影响吸收过程。HRS 系统热量回收较简单，可是在实际应用中，要有高科技的自动调节和控制系统，保证操作的工艺指标才能正常运行。

硫酸生产过程中，高温位余热普遍得到回收利用，中、低温位的废热回收利用随着科学技术的不断发展，也逐渐得以利用。

3. 硫酸系统的技术改造

为了进一步改善环保排放和节能降耗，先后对硫酸生产装置进行技术改造。

(1) 净化工序技术改造　改造前的净化工艺流程为：电收尘来烟气→空塔→填料塔→一段石墨间冷器→一段电除雾器→二段石墨间冷器→二段电除雾器→空塔，净化移热采用空塔铅冷排从稀酸直接移热和石墨冷凝器间接冷却烟气移热相结合的方式。

对净化工艺流程进行了改造：将空塔、洗涤塔、电除雾器、间冷器等进行了二合一改造，同时在空塔与填料塔之间增加了一级动力波洗涤器，因设备大型化降低了阻力；与改造前相比，净化系统阻力因增加动力波洗涤器总体上升了约 1kPa，上升不多，主要是由于改造后因净化效率提高，风机出口含尘一直稳定在 $0.001g/m^3$ 以下，较改造前的 $0.02\sim0.08g/m^3$ 下降了一个数量级以上，整个生产周期系统阻力没有明显变化，间冷器、洗涤塔阻力等基本没有上升；净化排污量减少，现排污量为 $120\sim150m^3/d$，较以前减排 $50\sim80m^3/d$；电除雾器二次电压为 $45\sim55kV$，二次电流为 $400\sim600mA$，与原电除雾器相比，二次电压提高了约 15kV，二次电流提高了 300mA 左右，年均酸雾指标由以前的 $0.0040g/m^3$ 下降至现在的 $0.0030g/m^3$ 左右。

(2) 干吸工序技术改造　改造前，干吸工序原有两台干燥塔和两台吸收塔，生产中干吸塔的单塔阻力在2kPa左右，为降低阻力和提高干吸塔的效率，对塔内拉西环进行清理和更换，更换为矩鞍环填料和异鞍环填料，塔体其他部位不变；先后将干燥酸、吸收酸冷却器改为阳极保护不锈钢管壳式冷却器，冷却水采用循环水，同时将塔内的分酸装置改为管式分酸器，其材质为LSB-2；取消高位槽，降低了塔内主填料层的高度，更新了部分填料。

单塔阻力下降至1kPa左右，吨酸电单耗大幅度下降。吨酸电单耗从150kW·h/t下降到100kW·h/t左右；生产能力加大，年产酸量增加了约15%。开孔率增加，改善了塔体内气流分布状况，气流分布更加均匀，传质效率提高；塔体喷淋酸量增加，从而提高了干燥、吸收效率。烟囱酸雾排放浓度大幅下降，由严重超标到改造后的基本不超标，这在一定程度上得益于塔内喷淋酸量的增加和传质效率的改善。

(3) 二转二吸技术改造　改造前为"一转一吸"工艺，采用氨酸法回收尾气中的SO_2，因设备腐蚀严重且SO_2浓度提高，SO_2转化率下降，氨的消耗大，已不适应生产，故进行了"二转二吸"的改造，该工艺采用Ⅳ、Ⅰ-Ⅲ、Ⅱ"3+1"二次转化流程，干吸工序采用高温吸收工艺。

改造后各项经济技术指标均有不同程度的提高，总转化率都能保持在99.50%（设计指标）以上，转化器的各层温度也能有效地控制在指标范围内，转化器的蓄热能力增强。另外，排放污染物量得到了大大改善，烟囱排放废气中酸雾降至10mg/m³以下，排放达标率达100%，排放废气中SO_2浓度由改造前的0.04%左右降至现在的0.015%左右，效果显著。

系统的改造使生产能力得以提高，工艺指标控制改善，能耗下降，污水排放量减少，废气排放浓度大大降低，取得了较好的经济和社会效益。

PVC生产系统的节能新技术改造

知识目标

了解PVC生产的主要工艺过程及主要耗能设备。

技能目标

能分析生产装置的问题；能提出对生产过程进行节能技术改造的方案。

某公司主要是采用电石法生产PVC（聚氯乙烯）树脂。通过节能新技术改造使PVC的生产能力由6kt/a提升至60kt/a。由于技术力量不足，生产成本较高，能量浪费也较严重。随着PVC市场的快速发展、PVC生产能力的增大，必须尽可能地节能降耗、降低生产成本，采用新技术、新工艺、新设备，才能提高市场竞争力。

一、乙炔生产系统的技术改造

①电石上料工艺原采用电吊葫芦，不安全且劳动强度大，尤其是在将料斗放在发生器贮

斗上时，容易发生碰撞、起火花。在改扩建过程中，采用了斗式提升机上料，为了防止电石在斗式提升机内摩擦产生静电和火花，在上料过程中往斗式提升机内充氮气。斗式提升机上料工艺为：将从破碎机出来的电石经皮带输送机送至斗式提升机底部，电石经斗式提升机提升后由滑槽送至皮带输送机，再由皮带输送机送至发生器上方的料斗中。该工艺操作可实现自动控制，只需在上料过程中巡视。这样，既减轻了劳动强度，又减少了操作人员，且安全性高，改善了操作环境。

②电石发生系统采用计算机控制，避免了操作不一致对生产造成的影响，使生产系统运行更稳定，同时减轻了劳动强度。

③清净工序采用5塔流程（2台冷却塔，2台清净塔，1台中和塔），所用的塔全部为填料塔，生产的乙炔气纯度在99.6%以上。从冷却塔出来的带有大量渣浆的水与从清净塔出来的含次氯酸钠的水可回收利用，将这些水汇集到废水槽，一部分进冷却塔重新利用，另一部分用泵输送至清洗器进行喷淋。从清洗器出来的水流到发生器供发生器反应使用。这样既节约了大量的一次水，又减少了废水的排放量，从而改善了周围的环境。

④电石渣的综合利用。采用电石法生产1tPVC则发生器排出固含量为10%的电石渣浆约15t，电石渣的使用和处理直接关系到PVC生产厂的生存，其堆积或处理不当将造成严重的环境污染，但也可以将电石渣变废为宝，产生较好的经济效益。公司对电石渣进行了部分综合利用，部分渣浆经过除去硅铁和沙石后用于生产漂白液。电石渣澄清液从表面上看清澈无异味，却含有硫化氢、磷化氢及饱和的氢氧化钙碱性溶液，如果随意排放会污染环境。采用冷却塔冷却工艺对澄清液进行利用，作为发生器用水，节约了一次水，减少了环境污染。电石渣也可以代替钙质材料生产建筑材料；新型干法生产水泥熟料生产技术采用电石渣替代石灰石作为钙质原料生产水泥取得成功；利用废盐酸将电石渣中的碳酸钙、石灰石转变为氯化钙溶液，经过精制、蒸发生产成二水氯化钙，作为产品销售。

⑤运用新技术改进乙炔生产系统。随着PVC生产能力的增大，电石生产系统出现了部分严重影响安全生产和稳定生产的问题。乙炔系统1#冷却塔结垢严重，造成系统阻力增加，每隔3个月就需停车清理，使中和塔碱液分布偏流，造成中和效果差。为了解决结垢问题，将结垢严重的1#填料冷却塔改造为空塔，自上而下分布6层管式喷淋装置；清洗器喷头改为管式喷淋装置，自上而下分布3层；中和塔的喷头也改为管式喷淋装置，避免了碱液偏流现象的发生；为解决由于回水不畅造成冷却塔淹塔的问题，将2台冷却塔的回水管分开，单独进废水槽。改造后装置投入运行未出现冷却塔严重结垢造成停车和淹塔的现象，也没出现中和塔偏流的现象。通过改造，提高了乙炔生产系统的能力，解决了影响生产的问题，保证了生产的稳定进行。改造前乙炔生产的工艺流程如图4-8所示，改造后乙炔生产的工艺流程如图4-9所示。

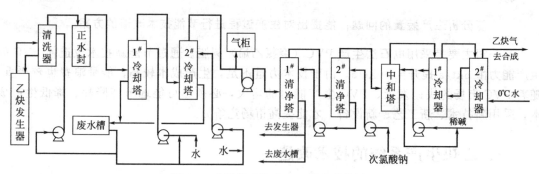

图4-8 改造前乙炔生产工艺流程简图

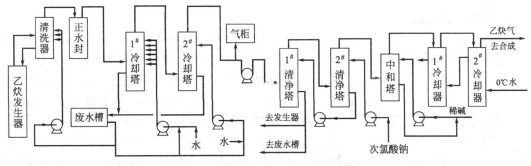

图 4-9 改造后乙炔生产工艺流程简图

二、氯乙烯生产系统的技术改造

氯乙烯生产精馏系统采用 DCS 控制，使系统更加稳定，降低了劳动强度，改善了操作环境，还对生产工艺进行了改造，取得了良好的经济效益和社会效益。

1. 水洗塔酸洗密闭循环

在氯化氢和乙炔合成反应中，氯化氢是过量的，原系统是通过混合脱水冷凝 40% 的盐酸和两级泡沫筛板塔生成 30% 的盐酸来回收大部分的氯化氢，但仍有部分氯化氢在水洗塔中生成约 1% 的酸后被排放掉，不仅造成了氯化氢、水资源的浪费和夹带氯乙烯的损失，而且给环境造成严重的污染。对水洗塔的水进行密闭循环使用，取得了良好的效果。其流程为：从高位槽来的工艺水进入水洗塔进行喷淋吸收，生成的低浓度盐酸流入稀盐酸循环槽，槽内稀盐酸用酸泵打出，经石墨冷却器用 0℃ 水冷却，一部分进入水洗塔，另一部分进入二级水洗泡沫塔喷淋吸收，进入量根据泡沫塔温度由流量计控制。从二级水洗泡沫塔出来的水洗酸经酸冷却器后进入一级水洗泡沫塔进行喷淋吸收，生成质量分数约 30% 的盐酸进入回收酸储槽，用泵打出作产品。这样，进一步解决了原料浪费的问题，更重要的是减少了环境污染，消除了生产中的安全隐患，解决了含酸废水对环境的污染及溶解夹带的氯乙烯对环境及人体危害的问题，有良好的社会效益。而且，采用自动化控制一级、二级泡沫塔的循环水流量后，使副产盐酸浓度稳定，设备平稳运行。其工艺流程简图如图 4-10 所示。

2. 回收精馏排空尾气中的氯乙烯

从精馏岗位低沸塔塔顶出来的气体经尾气冷凝器冷凝后，其放空气体中仍夹带有约 10% 的氯乙烯。如果这部分氯乙烯被放空，会造成氯乙烯的浪费，且给周围环境造成污染，还会对安全生产构成一定的威胁。原采用固定床加压吸附-真空解吸法回收未反应的氯乙烯，但吸附和解吸效果差，安全性也差。在扩改中，采用了内装双层盘管的容积式吸附器。该吸附器内

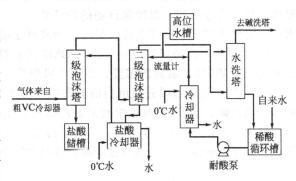

图 4-10 水洗酸密闭回收工艺流程示意图

装满活性炭，当尾气进入吸附器内吸附时，吸附热被盘管内的 -35℃ 冷冻盐水带走，约 15h 达到吸附饱和，气体转至另一吸附器吸附，此时即可从原吸附器底部通入蒸汽进行解吸。解吸后，对吸附器中的活性炭进行干燥、氮气置换后备下一次吸附。将新与旧工艺进行对比，如果设备规格相同，则新工艺生产能力高，吸附、解吸效果好，安全性高，明显地改善了周

3. 回收二氯乙烷

在精馏过程中，自高沸塔塔底分离得到的是以 1,1-二氯乙烷为主的高沸物，其溶有较多的氯乙烯单体，易燃、易爆，且有害。旧工艺是将高沸塔塔底的高沸物间歇排入二氯乙烷储槽，储槽采用夹套形式，用蒸汽或热水加热回收其中的氯乙烯单体，剩余物间歇排入地沟，给周围环境造成严重的污染，而且给安全生产带来一定威胁。在正常精馏操作中，生产 1kt 氯乙烯要排出高沸物残液 4~5t，因此，必须考虑其综合利用。采用填料式蒸馏塔回收氯乙烯和以二氯乙烷为主的馏分，再处理少量的蒸馏残渣。由于在高沸液中二氯乙烷体积分数仅为 20%~50%，回收的蒸馏产品较少，为了获得高质量的二氯乙烷，采用了间歇蒸馏的方法。蒸馏塔内装填 $\Phi 25mm \times 25mm \times 5mm$ 瓷环，控制塔釜温度为 60~80℃，冷凝器温度控制在 40~60℃，蒸馏后得到的二氯乙烷作产品，从而获得了可观的经济效益，进一步降低了生产成本。其工艺流程见图 4-11 所示。

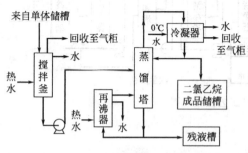

图 4-11 回收二氯乙烷工艺流程示意图

三、聚合与干燥系统的技术改造

① 聚合工序全部采用 DCS 控制，并采用密闭加料工艺、自动计量加料方式。出料后，自动冲洗和喷淋涂釜，该技术可以减少排气、打开釜盖、加料后上釜盖、排气等步骤，缩短了聚合过程的辅助时间，提高了单釜的生产能力，减少了对环境的污染，未聚合的氯乙烯经压缩冷凝回收后，重新送至聚合工序；另外，还采用了防黏釜剂和引发剂，其使用效果较好，降低了生产成本。

② 离心母液水的回收利用。以前离心母液水在母液池沉淀澄清后，排放水，回收沉淀的 PVC 树脂。由于离心母液水为软化水，大量的软化水被排入地沟，造成水资源的浪费和成本的增加。为了回收利用这部分软化水，采用压滤机对沉淀后的离心母液水进行压滤，再将滤后的水用到固碱生产中的煤气发生炉的汽包冷却器上（由于此冷却器关系到安全生产，要求采用软化水冷却，以确保设备的冷却效果，使设备运行良好）。通过利用回收离心母液水，一方面缓解了水处理负荷，另一方面降低了能耗和生产成本。

③ 采用大型离心机。采用先进的 DM6 离心机，该机组处理能力大，1 台机组完全能满足 60kt/a PVC 生产装置的需要。该离心机组投入运行后，节电效果十分显著。

④ 未聚合的氯乙烯先经沉析槽蒸汽加热密闭回收，然后采用塔式汽提回收 PVC 树脂中残留的氯乙烯，使 PVC 树脂中残留氯乙烯的含量在 5×10^{-6} 以下，达到了卫生、食品级标准，扩大了 PVC 的应用范围，也减小了污染。另外，对聚合中的残液进行蒸汽升温，回收氯乙烯。回收的氯乙烯单体经过压缩、冷凝后重新送至聚合工序使用。

四、公用工程的技术改造

1. 冷冻盐水系统的改造

冷冻系统采用氟里昂作制冷剂的冷冻机，气态的制冷剂经压缩冷凝变为液态，在干式蒸发器内吸收盐水的热量汽化后，进冷冻机再次压缩，盐水在干式蒸发器内被制冷后送至各车间的换热器进行换热。冷冻系统运行一段时间后,制冷效率下降较快,为了满足生产,需不断增加设备和增开设备,而且设备维修率高,生产成本增加。其原因是:0℃的冷冻盐水的换热器使用一段时间后,由于盐泥沉积,造成换热效率降低,设备无法满足正常生产;盐水易产生电化学反应,对设备产生腐蚀,造成泄漏。由于化工生产的特殊性,泄漏后的酸性气体溶解在盐水里,加剧了腐蚀速度;0℃的冷冻盐水冷冻系统的干式蒸发器经常被腐蚀,发生泄漏现象,盐水制冷机组制冷量小,设备损坏频繁,设备维修率高。如果增加PVC树脂的产能,现有的冷冻机是不能满足生产需要的,还需要增加。然而,由于原有换热设备因盐泥的腐蚀和沉淀,造成换热效果严重下降,如果再增加新冷冻机,也同样存在前述的问题,因此必须从根本上解决这些问题。

在PVC树脂的扩能改造中,采用冷冻水最高的温度控制指标可达7℃;同时采用地下水代替盐水,利用部分现有的盐水机,将盐水机组更换为冷却水机组,冷却水温度控制在5～8℃。该机组投入运行后,各工段设备运行正常,各换热器出口温度均在控制指标范围内,且设备未出现泄漏现象,冷冻维修费用大幅下降,达到了改造的要求。盐水系统通过改造获得了一定的经济效益,改造前设备电耗为1300kW·h/h,改造后电耗为1000kW·h/h,节约用电300kW·h/h,节约电费为 $300 \times 6000 \times 0.4 \times 10^{-4} = 72$(万元/a)[电费价格按0.40元/(kW·h)、年开机6000h计];冬季利用北方寒冷的气候,直接用冷却塔对冷却水进行冷却,可达到停用或减少冷冻机的使用数量,最高可节约电费为 $1300 \times (8000-6000) \times 0.4 \times 10^{-4} = 104$(万元/a)(改造前每年开机8000h),改造后可节约维修费用约10万元/a,共节约费用为 $72+104+10=186$(万元/a)(改造共需投资60万元);可节约用电 $300 \times 6000 + 1300 \times (8000-6000) = 4.4 \times 10^6$ kW·h/a,相当于可减排 $4387 tCO_2/a$。

通过节能技术改造,改善了设备的运行工况,提高了设备的使用寿命,保证了生产正常稳定进行,同时达到节能减排的效果,取得了明显的经济效益。

2. 软化水系统的改造

软化水使用的是201×7强碱型阴离子交换树脂。在正常生产中,阴离子交换树脂的主要作用是除去水中的硅酸根离子,因阴离子交换树脂被悬浮物夹杂,当pH值发生变化时,碳酸氢盐及相对不溶性的盐类浓度发生变化,会产生沉淀,造成阴离子交换树脂被污染。因硅酸在水中的溶解度很小,结晶硅酸盐量增加,当使用氢氧化钠再生时,钠会取代有机物的羟基;淋洗时,污染物中含有的钠会慢慢水解,增加淋洗时间,使阴离子交换树脂的交换容量降低、出水量减少、阴床使用周期降低。

随着PVC树脂产能的扩大,设备运转能力达到满负荷,增大软化水系统的压力,供水能力降低,阴床效率下降,阴离子交换树脂的活性降低、寿命缩短,不能满足生产所需。经过技术分析,存在操作水平参差不齐,设备生产能力不足,造成树脂损失、阴离子交换树脂被污染、阴床再生时间长、地下水质改变。

为了满足生产需要,经过设计,将原拆除闲置的旧阳床改造成阴床,投入软化水系统运行,增加新树脂,提高出水能力,提高过滤器的滤水质量,减少了污染,阴床的单台再生改为由两台泵分布再生的方案对软化水系统进行改造,保证60kt/a PVC生产装置的正常用水量。

系统改造后,阴床采用分布再生,缩短了再生时间,保证阴床的连续出水量,提高了出水能力,使软水处理能力增加了68.75%,既利用了废旧装置,又节约了资金,减少了资金占有量,减少了资产性费用支出,降低了生产成本,取得了明显的经济效益。

五、技术改造的效果

1. 经济效益

经过节能新技术改造,PVC树脂的生产成本明显降低。改造前后生产PVC树脂消耗的对比情况见表 4-4。

表 4-4　生产 1t PVC 树脂的消耗对比

项　目	改造前	改造后	项　目	改造前	改造后
电石消耗/kg	1420	1375	碱/kg	14	12
氯化氢消耗/kg	690	670	酸/kg	22	15
电耗/kW·h	700	650	聚合收率/%	82.5	88.5
汽耗/kg	1200	1149			

2. PVC 树脂的质量

经过改造 PVC 树脂一级品率由 75% 提高至 90%。

任务四　正己烷装置的节能技术改造

知识目标

了解正己烷装置的主要工艺过程及主要耗能设备。

技能目标

能分析生产装置的问题；能提出对生产过程进行节能技术改造的方案。

某公司正己烷装置的设计生产能力为 5000t/a，主要由己烷分离及加氢精制两部分组成。由于生产装置己烷分离部分的生产操作一直不平稳，生产能力、产品收率和纯度均低于设计要求，能耗较高，造成了单位加工成本居高不下，装置盈利空间小。因此，该公司提出对正己烷装置进行技术改造。己烷分离部分的工艺流程如图 4-12 所示。

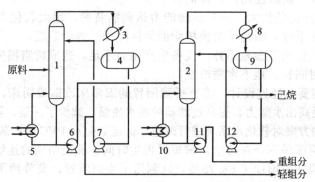

图 4-12　己烷分离部分工艺流程示意图

1—脱轻烃塔；2—己烷塔；3,8—冷凝器；4,9—回流罐；5,10—再沸器；6,7,11,12—泵

一、正己烷生产装置存在的问题分析

该公司根据正己烷装置提供的原料数据和测定报告，进行了认真的分析和计算，发现装

置己烷分离部分主要存在下列问题。

① 原设计中采用的原料组成不具有代表性。正己烷装置的原料来自连续催化重整装置，从原料分析数据中不难看出，现场原料组成变化很大，原料组成数量最少时为70种，最多时为160种以上；原料最轻时轻组分约为63%，最重时轻组分约为28%，而且更为重要的是现场原料中轻、重关键组分含量与原设计采用的原料相比有较大的变化。表4-5为原设计采用的原料与现场原料主要组成对比表。

表4-5 原设计采用的原料与现场原料主要组成（质量分数）对比

原料	甲基戊烯	正己烷	甲基环戊烷	轻组分	原料中组分数
原设计采用的原料/%	0.5	14.2	2.5	42.6	72
现场中的原料/%	1~3	8~19	2~4	28~63	70~168

这样，在处理量相同的情况下，现有脱轻烃塔和己烷塔的设计要满足性质变化这样大的原料很困难。

② 现有脱轻烃塔不能满足分离要求。脱轻烃塔原设计为100块浮阀塔板，直径$DN1000$。后来将浮阀塔板更换为高效规整填料ChaopakⅡ，填料总高度约28m，但在实际运行中当产品质量合格时装置的最大处理能力也只有2500t/a，不能满足5000t/a的设计要求。

③ 脱轻烃塔的塔顶冷凝器及塔底再沸器换热面积不足。脱轻烃塔的塔顶冷凝器及塔底再沸器原设计换热面积分别为$394m^2$、$60m^2$，换热负荷分别为1163kW、1000kW。通过核算发现脱轻烃塔的塔顶冷凝器及塔底再沸器的换热负荷分别为1733kW、1558kW，原有脱轻烃塔的塔顶冷凝器及塔底再沸器无法满足现场的工艺要求。

④ 己烷塔不能满足分离要求。从己烷塔现场的操作状况来看，当进料中重组分含量较多或甲基环戊烷等与正己烷沸点接近的重组分含量较多时，己烷塔的处理能力只有3000t/a，正己烷收率最高为75%，处理能力和分离精度明显不足。

⑤ 己烷塔的塔顶冷凝器及塔底再沸器换热面积不足。己烷塔的塔顶冷凝器及塔底再沸器原设计换热面积分别为$259m^2$、$40m^2$，换热负荷分别为837kW、733kW。从现场运行情况来看，当进料中重组分含量较多或甲基环戊烷等与正己烷沸点接近的重组分含量较多时，己烷塔的塔顶冷凝器及塔底再沸器的换热负荷可分别达到1068kW、967kW，换热负荷不能满足要求。

二、正己烷生产装置采取的主要措施

① 选择具有代表性的原料组成作为设计的依据。设计基础数据的准确性直接影响到设计的结果，正己烷装置原设计存在的主要问题就是原料组成不具有代表性。因此，为选择到具有代表性的原料组成，在正己烷装置技术人员的积极配合下，通过多次的筛选、计算，选取了一组出现频率较多、分离难度适中的原料组成作为改造依据（原料主要组成见表4-6），这为设计结果的准确性奠定了坚实的基础。

表4-6 改造设计采用的原料主要组成表

主要组分	甲基戊烯	正己烷	甲基环戊烷	轻组分
组成(质量分数)/%	1.600	14.256	2.500	58.050

② 更新脱轻烃塔。经过核算，从提高脱轻烃塔的处理能力、产品的分离程度及满足原料组成变化的要求出发，改造脱轻烃塔选择塔径为$DN1400$，浮阀塔板数增加到130块。

③ 更新脱轻烃塔的塔顶冷凝器及塔底再沸器。根据现有的原料组成核算后，改造脱轻烃塔的塔顶冷凝器及塔底再沸器换热面积分别为 587m²、80m²。

④ 将原脱轻烃塔改造为己烷塔。由于原脱轻烃塔的处理能力及分离程度比原己烷塔高 20% 左右，所以改造将原脱轻烃塔改为己烷塔。

⑤ 将原脱轻烃塔的塔顶冷凝器及塔底再沸器改造为己烷塔的塔顶冷凝器及塔底再沸器。原脱轻烃塔的塔顶冷凝器及塔底再沸器的换热面积分别为 394m²、60m²，根据现有的原料组成核算后，将原脱轻烃塔的塔顶冷凝器及塔底再沸器改为己烷塔的塔顶冷凝器及塔底再沸器后，这样当进料组成发生变化时，冷凝器及再沸器换热面积不够的问题就得到了解决，而且还可降低改造的投资费用。

三、正己烷生产技术改造的效果

改造完成后装置一次开车成功。改造前、后主要技术指标比较见表 4-7。

正己烷装置改造前生产能力为 2000t/a，正己烷的生产成本为 4566 元/t；装置改造后生产能力为 5000t/a，每吨正己烷的生产成本为 3555 元/t。改造后生产能力增加了 3000t/a，生产成本下降了 1011 元/t。当时正己烷市场销售价按 4500 元/t 计算，销售额增加 1350 万元/a，利润增加 409 万元/a，经济效益显著。

表 4-7 改造前、后主要技术指标比较

项 目	设计值	改造前	改造后
生产能力/(t/a)	5000	2000	5000
正己烷收率(质量分数)/%	85	65	≥85
正己烷纯度(质量分数)/%	80	70	≥80
能耗/(MJ/t)	19600	40830	19453.75
生产成本/(元/t)	3600	4566	3555

装置生产能力、产品收率、纯度的提高，生产成本的降低，一方面给企业带来了一定的经济效益，另一方面较大程度地提高了正己烷产品的市场竞争力。

绿色化学和清洁生产

化学工业为人类作出了巨大贡献，但是纵观整个化学工业，人类已经认识到它虽能向我们提供所需的产品，但也会造成严重的环境污染。人类环境意识的提高与可持续发展的需要均要求现有的化学合成与工业化过程清洁化和绿色化，于是清洁生产和绿色化学应运而生。

绿色化学和清洁生产工艺的实施是防治污染的基础和重要工具。绿色和清洁应该成为今后化学发展的特征之一。清洁生产和绿色化学是世界环境保护工作的重大改革，使得环境保护工作由过去的单一末端治理转向以清洁生产及综合利用为主的预防治理，这样不但可减少污染的产生，也可减少污染治理的费用，因此，绿色化学和清洁生产的发展可促进新的工业革命。

1. 绿色化学

绿色化学是设计没有或只有尽可能小的对环境产生负面影响的，并在技术上、经济上可行的化学品和化学过程的科学。事实上，没有一种化学物质是完全良性的，因此，化学品及其生产过程或多或少会对人类产生负面影响，绿色化学的目的是用化学方法在化学过程中预防污染。

绿色化学的发展还可能将传统的化学研究和化工生产从"粗放型"转变为"集约型"，充分地利用每个原料的原子，做到物尽其用。

要发展绿色化学意味着要从过去的污染环境的化工生产转变为安全的、清洁的生产。

在现今社会中，一提起"化学"，很多人都要紧皱双眉，因为他们都认为"化学"是引起环境污染的源泉。其实，这完全是因为对"化学"这门科学缺乏全面认识而造成的一种误解，只要你留心地观察和仔细地思考一下，在我们的衣食住行以及战胜疾病等方面，样样都离不开化学家的帮助，可以毫不夸张地说，人类的生活离不开化学的发展。

"绿色化学"由美国化学会（ACS）提出，目前得到世界广泛的响应，其核心是利用化学原理从源头上减少和消除工业生产对环境的污染；反应物的原子全部转化为期望的最终产物。其特点是：①充分利用资源和能源，采用无毒、无害的原料；②在无毒、无害的条件下进行化学反应，以减少废物向环境排放；③提高原子的利用率，力图使所有作为原料的原子都被产品所接纳，实现"零排放"；④生产出有利于环境保护、社区安全和人体健康的环境良好产品。

绿色化工（green chemical industry）在化工产品生产过程中，从工艺源头上就运用环保的理念，推行源消减、进行生产过程的优化集成，废物再利用与资源化，从而降低了成本与消耗，减少废弃物的排放和毒性，减少产品全生命周期对环境的不良影响。绿色化工的兴起，使化学工业环境污染的治理由先污染后治理转向从源头上根治环境污染。

绿色化学的成果如下。

（1）开发"原子经济"反应　Trost 在1991年首先提出了原子经济性的概念，即原料分子中究竟有百分之几的原子转化成了产物。理想的原子经济反应是原料分子中的原子百分之百地转变成产物，不生副产物或废物。实现废物的"零排放"（Zeroemission）。对于大宗基本有机原料的生产来说，选择原子经济反应十分重要。

（2）采用无毒、无害的原料　为使制得的中间体具有进一步转化所需的官能团和反应性，在现有化工生产中仍使用剧毒的光气和氢氰酸等作为原料。为了人类健康和社区安全，需要用无毒无害的原料代替它们来生产所需的化工产品。

（3）采用无毒、无害的催化剂　目前烃类的烷基化反应一般使用氢氟酸、硫酸、三氯化铝等液体酸催化剂。这些液体催化剂共同缺点是，对设备的腐蚀严重、对人身危害和产生废渣、污染环境。为了保护环境，多年来国外正从分子筛、杂多酸、超强酸等新催化材料中大力开发固体烷基化催化剂，其中采用新型分子筛催化剂的乙苯液相烃化技术引人注目，这种催化剂选择性很高，乙苯重量收率超过99.6%，而且催化剂寿命长。

（4）采用无毒、无害的溶剂　大量与化学品制造相关的污染问题不仅来源于原料和产品，而且源自在其制造过程中使用的物质。最常见的是在反应介质、分离和配方中所用的溶剂。当前广泛使用的溶剂是挥发性有机化合物（VOC），其在使用过程中有的会引起地面臭氧的形成，有的会引起水源污染。因此，需要限制这类溶剂的使用。采用无毒无害的溶剂代替挥发性有机化合物作溶剂已成为绿色化学的重要研究方向。最活跃的研究项目是开发超临界流体（SCF），特别是超临界二氧化碳作溶剂。

（5）利用可再生的资源合成化学品　利用生物量（生物原料）（Biomass）代替当前广泛使用的石油，是保护环境的一个长远的发展方向。1996年美国总统绿色化学挑战奖中的学术奖授予TaxaA大学 M. Holtzapp教授，就是在于其开发了一系列技术，把废生物质转化成动物饲料、工业化学品和燃料。

（6）环境友好产品　在环境友好产品方面，从1996年美国总统绿色化学挑战奖看，设计更安全化学品奖授予RohmHaas公司。由于其开发成功一种环境友好的海洋生物防垢剂。因其开发了两个高效工艺以生产热聚天冬氨酸，它是一种代替丙烯酸的可生物降解产品。

2. 清洁生产

(1) 清洁生产的概念　清洁生产（Cleaner Production）是指将综合预防的环境保护策略持续应用于生产过程和产品中，以期减少对人类和环境的风险。清洁生产从本质上来说，就是对生产过程与产品采取整体预防的环境策略，减少或者消除它们对人类及环境的可能危害，同时充分满足人类需要，使社会经济效益最大化的一种生产模式。

根据《中华人民共和国清洁生产促进法》将清洁生产定义为：不断采取改进设计、使用清洁的能源和原料、采用先进的工艺技术与设备、改善管理、综合利用等措施，从源头削减污染，提高资源利用效率，减少或者避免生产、服务和产品使用过程中污染物的产生和排放，以减轻或者消除对人类健康和环境的危害。通俗地讲，清洁生产不是把注意力放在末端，而是将节能减排的压力消解在生产全过程。

清洁生产在不同的发展阶段或者不同的国家有不同的叫法，例如"废物减量化"、"无废工艺"、"污染预防"等。但其基本内涵是一致的，即对产品和产品的生产过程、产品及服务采取预防污染的策略来减少污染物的产生。

(2) 清洁生产审核的概念　清洁生产审核的目的：通过寻找差距，了解产生差距的原因；发动群众，咨询专家和学者，找出解决的方案进行实施，达到提高企业生产水平的目的清洁生产的内容：清洁的能源，清洁的生产过程，清洁的产品。清洁生产的目标：节能降耗，减污增效。清洁生产的总体思路：判明废物的产生部位，分析废弃物的产生原因，提出方案减少或消除废物。清洁生产的方法是排污审核，最大特点是持续不断改进。

清洁生产审核的定义：是指对组织产品生产或提供服务全过程的重点和优先环节和工序生产的污染进行定量测定，找出高物耗、高能耗、高污染的原因，然后有的放矢地提出对策，制定方案，减少和防止污染物的产生。

清洁生产审核的八要素：原辅材料和能源，技术工艺，设备，过程控制，产品，管理，员工，废物。

清洁生产审核的七个阶段：①筹划与组织（重点是取得企业高层领导的支持与参与，组建清洁生产审核小组，制定审核工作计划和宣传清洁生产思想）；②预评估（重点是评价企业的产污排污状况，确定审核重点，并针对审核重点设置清洁生产目标）；③评估（重点是实测输入输出物料，建立物料平衡，分析废弃物产生原因）；④方案的产生与筛选（重点是根据评估阶段的结果，制定审核重点的清洁生产审核方案，在分类汇总的基础上，经过筛选，确定出两个以上中高费方案，供下一阶段进行可行性分析，同时对已实施的无低费方案进行实施效果核定与汇总，最后编写清洁生产中期审核报告）；⑤可行性分析（重点是在结合市场调查和收集一定资料的基础上，进行方案的技术、经济、环境的可行性分析和比较，从中选择和推荐最佳的可行方案）；⑥方案实施（重点是总结前几个审核阶段已实施的清洁生产方案的成果，统筹规划推荐方案的实施）；⑦持续清洁生产（重点是建立推行和管理清洁生产工作的组织机构，建立促进实施清洁生产的管理制度，制定持续清洁生产计划以及编写清洁生产审核报告）。

清洁生产审核原理：①逐步深入原理；②分层嵌入原理；③反复迭代原理；④物质守恒原理；⑤穷尽枚举原理。

清洁生产审核的原则：以企业为主体，遵循企业自愿审核和国家强制审核相结合，企业自主审核和外部协助审核相结合的原则。

哪种企业需要强制审核：①污染物排放超过国家和地方排放标准，或者污染物排放总量超过地方人民政府核定的排放总量控制指标的严重污染企业；②使用有毒有害原料进行生产或者在生产过程中排放有毒有害物质的企业；③有重大减污节能任务的企业（清洁生产给企业带来的效益——经济、环境、无形资产、技术进步）。

(3) 清洁生产的意义　清洁生产的核心是"节能、降耗、减污、增效"。作为一种全新的发展战略，清洁生产改变了过去被动、滞后的污染控制手段，强调在污染发生之前就进行削减。这种方式不仅可以减轻末端治理的负担，而且有效避免了末端治理的弊端，是控制环境污染的有效手段。

清洁生产对于企业实现经济、社会和环境效益的统一，提高市场竞争力也具有重要意义。一方面，清洁生产是一个系统工程，通过工艺改造、设备更新、废弃物回收利用等途径，可以降低生产成本，提高企业的综合效益；另一方面，它也强调提高企业的管理水平，提高管理人员、工程技术人员、操作工人等员工在经济观念、环境意识、参与管理意识、技术水平、职业道德等方面的素质。同时，清洁生产还可有效改善操作工人的劳动环境和操作条件，减轻生产过程对员工健康的影响。

为了推动清洁生产，国家有关部门先后出台了《清洁生产促进法》、《清洁生产审核暂行办法》等法律法规，使清洁生产由一个抽象的概念，转变成一个量化的、可操作的、具体的工作。

(4) 实现清洁生产的方法　要大力推动产业结构优化升级，促进清洁生产，发展循环经济，从源头减少污染，推进建设环境友好型社会。这就要求相关部门要加快制订重点行业清洁生产标准、评价指标体系和强制性清洁生产审核技术指南，建立推进清洁生产实施的技术支撑体系，还要进一步推动企业积极实施清洁生产方案。同时，"双超双有"企业（污染物排放超过国家和地方标准或总量控制指标的企业、使用有毒有害原料或者排放有毒物质的企业）要依法实行强制性清洁生产审核。

清洁生产审核是实施清洁生产的前提和基础，也是评价各项环保措施实施效果的工具。我国的清洁生产审核分为自愿性清洁生产审核和强制性清洁生产审核。污染物排放达到国家或者地方排放标准的企业，可以自愿组织实施清洁生产审核，提出进一步节约资源、削减污染物排放量的目标。国家鼓励企业自愿开展清洁生产审核，而"双超双有"企业应当实施强制性清洁生产审核。

(5) 清洁生产的国际经验　清洁生产是处理经济发展与环境保护两者之间关系的基本理念，符合可持续发展的要求，在全世界得到积极响应。许多国家都以不同的方式和手段来推进本国清洁生产的发展。

20世纪90年代初，经济合作和开发组织（OECD）在许多国家采取不同措施鼓励采用清洁生产技术。自1995年以来，经合组织国家的政府开始引进产品生命周期分析，以确定在产品生命周期（包括制造、运输、使用和处置）中的哪一个阶段有可能削减原材料投入和最有效并以最低费用消除污染物。这一战略刺激和引导生产商、制造商以及政府政策制定者去寻找更富有想象力的途径来实现清洁生产。

欧美等发达国家在清洁生产立法、组织机构建设、科学研究、信息交换、示范项目和推广等领域已取得明显成就。近年来，发达国家清洁生产政策有两个重要的倾向：一是着眼点从清洁生产技术逐渐转向清洁产品的整个生命周期；二是从多年前大型企业在获得财政支持和其他种类对工业的支持方面拥有优先权转变为更重视扶持中小企业进行清洁生产，包括提供财政补贴、项目支持、技术服务和信息等措施。

项目训练题

1. 选择某一典型的化工生产过程，先熟悉其生产工艺过程，制定节能减排的测试方案，进行现场节能测试，通过测试与计算找出生产过程中所存在的问题，最后提出节能减排与技术改造的具体方案。

2. 秸秆的综合利用方案设计。

附　　录

附录一　中华人民共和国节约能源法

(1997年11月1日第八届全国人民代表大会常务委员会第二十八次会议通过　2007年10月28日第十届全国人民代表大会常务委员会第三十次会议修订)

第一章　总　　则

第一条　为了推动全社会节约能源，提高能源利用效率，保护和改善环境，促进经济社会全面协调可持续发展，制定本法。

第二条　本法所称能源，是指煤炭、石油、天然气、生物质能和电力、热力以及其他直接或者通过加工、转换而取得有用能的各种资源。

第三条　本法所称节约能源（以下简称节能），是指加强用能管理，采取技术上可行、经济上合理以及环境和社会可以承受的措施，从能源生产到消费的各个环节，降低消耗、减少损失和污染物排放、制止浪费，有效、合理地利用能源。

第四条　节约资源是我国的基本国策。国家实施节约与开发并举、把节约放在首位的能源发展战略。

第五条　国务院和县级以上地方各级人民政府应当将节能工作纳入国民经济和社会发展规划、年度计划，并组织编制和实施节能中长期专项规划、年度节能计划。

国务院和县级以上地方各级人民政府每年向本级人民代表大会或者其常务委员会报告节能工作。

第六条　国家实行节能目标责任制和节能考核评价制度，将节能目标完成情况作为对地方人民政府及其负责人考核评价的内容。

省、自治区、直辖市人民政府每年向国务院报告节能目标责任的履行情况。

第七条　国家实行有利于节能和环境保护的产业政策，限制发展高耗能、高污染行业，发展节能环保型产业。

国务院和省、自治区、直辖市人民政府应当加强节能工作，合理调整产业结构、企业结构、产品结构和能源消费结构，推动企业降低单位产值能耗和单位产品能耗，淘汰落后的生产能力，改进能源的开发、加工、转换、输送、储存和供应，提高能源利用效率。

国家鼓励、支持开发和利用新能源、可再生能源。

第八条　国家鼓励、支持节能科学技术的研究、开发、示范和推广，促进节能技术创新与进步。

国家开展节能宣传和教育，将节能知识纳入国民教育和培训体系，普及节能科学知识，增强全民的节能意识，提倡节约型的消费方式。

第九条　任何单位和个人都应当依法履行节能义务，有权检举浪费能源的行为。

新闻媒体应当宣传节能法律、法规和政策，发挥舆论监督作用。

第十条　国务院管理节能工作的部门主管全国的节能监督管理工作。国务院有关部门在各自的职责范围内负责节能监督管理工作，并接受国务院管理节能工作的部门的指导。

县级以上地方各级人民政府管理节能工作的部门负责本行政区域内的节能监督管理工作。县级以上地方各级人民政府有关部门在各自的职责范围内负责节能监督管理工作，并接受同级管理节能工作的部门的指导。

第二章　节能管理

第十一条　国务院和县级以上地方各级人民政府应当加强对节能工作的领导，部署、协调、监督、检查、推动节能工作。

第十二条　县级以上人民政府管理节能工作的部门和有关部门应当在各自的职责范围内，加强对节能法律、法规和节能标准执行情况的监督检查，依法查处违法用能行为。

履行节能监督管理职责不得向监督管理对象收取费用。

第十三条　国务院标准化主管部门和国务院有关部门依法组织制定并适时修订有关节能的国家标准、行业标准，建立健全节能标准体系。

国务院标准化主管部门会同国务院管理节能工作的部门和国务院有关部门制定强制性的用能产品、设备能源效率标准和生产过程中耗能高的产品的单位产品能耗限额标准。

国家鼓励企业制定严于国家标准、行业标准的企业节能标准。

省、自治区、直辖市制定严于强制性国家标准、行业标准的地方节能标准，由省、自治区、直辖市人民政府报经国务院批准；本法另有规定的除外。

第十四条　建筑节能的国家标准、行业标准由国务院建设主管部门组织制定，并依照法定程序发布。

省、自治区、直辖市人民政府建设主管部门可以根据本地实际情况，制定严于国家标准或者行业标准的地方建筑节能标准，并报国务院标准化主管部门和国务院建设主管部门备案。

第十五条　国家实行固定资产投资项目节能评估和审查制度。不符合强制性节能标准的项目，依法负责项目审批或者核准的机关不得批准或者核准建设；建设单位不得开工建设；已经建成的，不得投入生产、使用。具体办法由国务院管理节能工作的部门会同国务院有关部门制定。

第十六条　国家对落后的耗能过高的用能产品、设备和生产工艺实行淘汰制度。淘汰的用能产品、设备、生产工艺的目录和实施办法，由国务院管理节能工作的部门会同国务院有关部门制定并公布。

生产过程中耗能高的产品的生产单位，应当执行单位产品能耗限额标准。对超过单位产品能耗限额标准用能的生产单位，由管理节能工作的部门按照国务院规定的权限责令限期治理。

对高耗能的特种设备，按照国务院的规定实行节能审查和监管。

第十七条　禁止生产、进口、销售国家明令淘汰或者不符合强制性能源效率标准的用能产品、设备；禁止使用国家明令淘汰的用能设备、生产工艺。

第十八条　国家对家用电器等使用面广、耗能量大的用能产品，实行能源效率标识管理。实行能源效率标识管理的产品目录和实施办法，由国务院管理节能工作的部门会同国务院产品质量监督部门制定并公布。

第十九条　生产者和进口商应当对列入国家能源效率标识管理产品目录的用能产品标注能源效率标识，在产品包装物上或者说明书中予以说明，并按照规定报国务院产品质量监督部门和国务院管理节能工作的部门共同授权的机构备案。

生产者和进口商应当对其标注的能源效率标识及相关信息的准确性负责。禁止销售应当标注而未标注能源效率标识的产品。

禁止伪造、冒用能源效率标识或者利用能源效率标识进行虚假宣传。

第二十条　用能产品的生产者、销售者，可以根据自愿原则，按照国家有关节能产品认证的规定，向经国务院认证认可监督管理部门认可的从事节能产品认证的机构提出节能产品认证申请；经认证合格后，取得节能产品认证证书，可以在用能产品或者其包装物上使用节能产品认证标志。

禁止使用伪造的节能产品认证标志或者冒用节能产品认证标志。

第二十一条　县级以上各级人民政府统计部门应当会同同级有关部门，建立健全能源统计制度，完善能源统计指标体系，改进和规范能源统计方法，确保能源统计数据真实、完整。

国务院统计部门会同国务院管理节能工作的部门，定期向社会公布各省、自治区、直辖市以及主要耗能行业的能源消费和节能情况等信息。

第二十二条　国家鼓励节能服务机构的发展，支持节能服务机构开展节能咨询、设计、评估、检测、审计、认证等服务。

国家支持节能服务机构开展节能知识宣传和节能技术培训，提供节能信息、节能示范和其他公益性节能服务。

第二十三条　国家鼓励行业协会在行业节能规划、节能标准的制定和实施、节能技术推广、能源消费

第三章 合理使用与节约能源

第一节 一般规定

第二十四条 用能单位应当按照合理用能的原则,加强节能管理,制定并实施节能计划和节能技术措施,降低能源消耗。

第二十五条 用能单位应当建立节能目标责任制,对节能工作取得成绩的集体、个人给予奖励。

第二十六条 用能单位应当定期开展节能教育和岗位节能培训。

第二十七条 用能单位应当加强能源计量管理,按照规定配备和使用经依法检定合格的能源计量器具。

用能单位应当建立能源消费统计和能源利用状况分析制度,对各类能源的消费实行分类计量和统计,并确保能源消费统计数据真实、完整。

第二十八条 能源生产经营单位不得向本单位职工无偿提供能源。任何单位不得对能源消费实行包费制。

第二节 工业节能

第二十九条 国务院和省、自治区、直辖市人民政府推进能源资源优化开发利用和合理配置,推进有利于节能的行业结构调整,优化用能结构和企业布局。

第三十条 国务院管理节能工作的部门会同国务院有关部门制定电力、钢铁、有色金属、建材、石油加工、化工、煤炭等主要耗能行业的节能技术政策,推动企业节能技术改造。

第三十一条 国家鼓励工业企业采用高效、节能的电动机、锅炉、窑炉、风机、泵类等设备,采用热电联产、余热余压利用、洁净煤以及先进的用能监测和控制等技术。

第三十二条 电网企业应当按照国务院有关部门制定的节能发电调度管理的规定,安排清洁、高效和符合规定的热电联产、利用余热余压发电的机组以及其他符合资源综合利用规定的发电机组与电网并网运行,上网电价执行国家有关规定。

第三十三条 禁止新建不符合国家规定的燃煤发电机组、燃油发电机组和燃煤热电机组。

第三节 建筑节能

第三十四条 国务院建设主管部门负责全国建筑节能的监督管理工作。

县级以上地方各级人民政府建设主管部门负责本行政区域内建筑节能的监督管理工作。

县级以上地方各级人民政府建设主管部门会同同级管理节能工作的部门编制本行政区域内的建筑节能规划。建筑节能规划应当包括既有建筑节能改造计划。

第三十五条 建筑工程的建设、设计、施工和监理单位应当遵守建筑节能标准。

不符合建筑节能标准的建筑工程,建设主管部门不得批准开工建设;已经开工建设的,应当责令停止施工、限期改正;已经建成的,不得销售或者使用。

建设主管部门应当加强对在建建筑工程执行建筑节能标准情况的监督检查。

第三十六条 房地产开发企业在销售房屋时,应当向购买人明示所售房屋的节能措施、保温工程保修期等信息,在房屋买卖合同、质量保证书和使用说明书中载明,并对其真实性、准确性负责。

第三十七条 使用空调采暖、制冷的公共建筑应当实行室内温度控制制度。具体办法由国务院建设主管部门制定。

第三十八条 国家采取措施,对实行集中供热的建筑分步骤实行供热分户计量、按照用热量收费的制度。新建建筑或者对既有建筑进行节能改造,应当按照规定安装用热计量装置、室内温度调控装置和供热系统调控装置。具体办法由国务院建设主管部门会同国务院有关部门制定。

第三十九条 县级以上地方各级人民政府有关部门应当加强城市节约用电管理,严格控制公用设施和大型建筑物装饰性景观照明的能耗。

第四十条 国家鼓励在新建建筑和既有建筑节能改造中使用新型墙体材料等节能建筑材料和节能设备,安装和使用太阳能等可再生能源利用系统。

第四节 交通运输节能

第四十一条 国务院有关交通运输主管部门按照各自的职责负责全国交通运输相关领域的节能监督管

理工作。

国务院有关交通运输主管部门会同国务院管理节能工作的部门分别制定相关领域的节能规划。

第四十二条 国务院及其有关部门指导、促进各种交通运输方式协调发展和有效衔接，优化交通运输结构，建设节能型综合交通运输体系。

第四十三条 县级以上地方各级人民政府应当优先发展公共交通，加大对公共交通的投入，完善公共交通服务体系，鼓励利用公共交通工具出行；鼓励使用非机动交通工具出行。

第四十四条 国务院有关交通运输主管部门应当加强交通运输组织管理，引导道路、水路、航空运输企业提高运输组织化程度和集约化水平，提高能源利用效率。

第四十五条 国家鼓励开发、生产、使用节能环保型汽车、摩托车、铁路机车车辆、船舶和其他交通运输工具，实行老旧交通运输工具的报废、更新制度。

国家鼓励开发和推广应用交通运输工具使用的清洁燃料、石油替代燃料。

第四十六条 国务院有关部门制定交通运输营运车船的燃料消耗量限值标准；不符合标准的，不得用于营运。

国务院有关交通运输主管部门应当加强对交通运输营运车船燃料消耗检测的监督管理。

第五节　公共机构节能

第四十七条 公共机构应当厉行节约，杜绝浪费，带头使用节能产品、设备，提高能源利用效率。

本法所称公共机构，是指全部或者部分使用财政性资金的国家机关、事业单位和团体组织。

第四十八条 国务院和县级以上地方各级人民政府管理机关事务工作的机构会同同级有关部门制定和组织实施本级公共机构节能规划。公共机构节能规划应当包括公共机构既有建筑节能改造计划。

第四十九条 公共机构应当制定年度节能目标和实施方案，加强能源消费计量和监测管理，向本级人民政府管理机关事务工作的机构报送上年度的能源消费状况报告。

国务院和县级以上地方各级人民政府管理机关事务工作的机构会同同级有关部门按照管理权限，制定本级公共机构的能源消耗定额，财政部门根据该定额制定能源消耗支出标准。

第五十条 公共机构应当加强本单位用能系统管理，保证用能系统的运行符合国家相关标准。

公共机构应当按照规定进行能源审计，并根据能源审计结果采取提高能源利用效率的措施。

第五十一条 公共机构采购用能产品、设备，应当优先采购列入节能产品、设备政府采购名录中的产品、设备。禁止采购国家明令淘汰的用能产品、设备。

节能产品、设备政府采购名录由省级以上人民政府的政府采购监督管理部门会同同级有关部门制定并公布。

第六节　重点用能单位节能

第五十二条 国家加强对重点用能单位的节能管理。

下列用能单位为重点用能单位：

（一）年综合能源消费总量一万吨标准煤以上的用能单位；

（二）国务院有关部门或者省、自治区、直辖市人民政府管理节能工作的部门指定的年综合能源消费总量五千吨以上不满一万吨标准煤的用能单位。

重点用能单位节能管理办法，由国务院管理节能工作的部门会同国务院有关部门制定。

第五十三条 重点用能单位应当每年向管理节能工作的部门报送上年度的能源利用状况报告。能源利用状况包括能源消费情况、能源利用效率、节能目标完成情况和节能效益分析、节能措施等内容。

第五十四条 管理节能工作的部门应当对重点用能单位报送的能源利用状况报告进行审查。对节能管理制度不健全、节能措施不落实、能源利用效率低的重点用能单位，管理节能工作的部门应当开展现场调查，组织实施用能设备能源效率检测，责令实施能源审计，并提出书面整改要求，限期整改。

第五十五条 重点用能单位应当设立能源管理岗位，在具有节能专业知识、实际经验以及中级以上技术职称的人员中聘任能源管理负责人，并报管理节能工作的部门和有关部门备案。

能源管理负责人负责组织对本单位用能状况进行分析、评价，组织编写本单位能源利用状况报告，提出本单位节能工作的改进措施并组织实施。

能源管理负责人应当接受节能培训。

第四章 节能技术进步

第五十六条 国务院管理节能工作的部门会同国务院科技主管部门发布节能技术政策大纲,指导节能技术研究、开发和推广应用。

第五十七条 县级以上各级人民政府应当把节能技术研究开发作为政府科技投入的重点领域,支持科研单位和企业开展节能技术应用研究,制定节能标准,开发节能共性和关键技术,促进节能技术创新与成果转化。

第五十八条 国务院管理节能工作的部门会同国务院有关部门制定并公布节能技术、节能产品的推广目录,引导用能单位和个人使用先进的节能技术、节能产品。

国务院管理节能工作的部门会同国务院有关部门组织实施重大节能科研项目、节能示范项目、重点节能工程。

第五十九条 县级以上各级人民政府应当按照因地制宜、多能互补、综合利用、讲求效益的原则,加强农业和农村节能工作,增加对农业和农村节能技术、节能产品推广应用的资金投入。

农业、科技等有关主管部门应当支持、推广在农业生产、农产品加工储运等方面应用节能技术和节能产品,鼓励更新和淘汰高耗能的农业机械和渔业船舶。

国家鼓励、支持在农村大力发展沼气,推广生物质能、太阳能和风能等可再生能源利用技术,按照科学规划、有序开发的原则发展小型水力发电,推广节能型的农村住宅和炉灶等,鼓励利用非耕地种植能源植物,大力发展薪炭林等能源林。

第五章 激励措施

第六十条 中央财政和省级地方财政安排节能专项资金,支持节能技术研究开发、节能技术和产品的示范与推广、重点节能工程的实施、节能宣传培训、信息服务和表彰奖励等。

第六十一条 国家对生产、使用列入本法第五十八条规定的推广目录的需要支持的节能技术、节能产品,实行税收优惠等扶持政策。

国家通过财政补贴支持节能照明器具等节能产品的推广和使用。

第六十二条 国家实行有利于节约能源资源的税收政策,健全能源矿产资源有偿使用制度,促进能源资源的节约及其开采利用水平的提高。

第六十三条 国家运用税收等政策,鼓励先进节能技术、设备的进口,控制在生产过程中耗能高、污染重的产品的出口。

第六十四条 政府采购监督管理部门会同有关部门制定节能产品、设备政府采购名录,应当优先列入取得节能产品认证证书的产品、设备。

第六十五条 国家引导金融机构增加对节能项目的信贷支持,为符合条件的节能技术研究开发、节能产品生产以及节能技术改造等项目提供优惠贷款。

国家推动和引导社会有关方面加大对节能的资金投入,加快节能技术改造。

第六十六条 国家实行有利于节能的价格政策,引导用能单位和个人节能。

国家运用财税、价格等政策,支持推广电力需求侧管理、合同能源管理、节能自愿协议等节能办法。

国家实行峰谷分时电价、季节性电价、可中断负荷电价制度,鼓励电力用户合理调整用电负荷;对钢铁、有色金属、建材、化工和其他主要耗能行业的企业,分淘汰、限制、允许和鼓励类实行差别电价政策。

第六十七条 各级人民政府对在节能管理、节能科学技术研究和推广应用中有显著成绩以及检举严重浪费能源行为的单位和个人,给予表彰和奖励。

第六章 法律责任

第六十八条 负责审批或者核准固定资产投资项目的机关违反本法规定,对不符合强制性节能标准的项目予以批准或者核准建设的,对直接负责的主管人员和其他直接责任人员依法给予处分。

固定资产投资项目建设单位开工建设不符合强制性节能标准的项目或者将该项目投入生产、使用的,由管理节能工作的部门责令停止建设或者停止生产、使用,限期改造;不能改造或者逾期不改造的生产性项目，由管理节能工作的部门报请本级人民政府按照国务院规定的权限责令关闭。

第六十九条　生产、进口、销售国家明令淘汰的用能产品、设备的，使用伪造的节能产品认证标志或者冒用节能产品认证标志的，依照《中华人民共和国产品质量法》的规定处罚。

第七十条　生产、进口、销售不符合强制性能源效率标准的用能产品、设备的，由产品质量监督部门责令停止生产、进口、销售，没收违法生产、进口、销售的用能产品、设备和违法所得，并处违法所得一倍以上五倍以下罚款；情节严重的，由工商行政管理部门吊销营业执照。

第七十一条　使用国家明令淘汰的用能设备或者生产工艺的，由管理节能工作的部门责令停止使用，没收国家明令淘汰的用能设备；情节严重的，可以由管理节能工作的部门提出意见，报请本级人民政府按照国务院规定的权限责令停业整顿或者关闭。

第七十二条　生产单位超过单位产品能耗限额标准用能，情节严重，经限期治理逾期不治理或者没有达到治理要求的，可以由管理节能工作的部门提出意见，报请本级人民政府按照国务院规定的权限责令停业整顿或者关闭。

第七十三条　违反本法规定，应当标注能源效率标识而未标注的，由产品质量监督部门责令改正，处三万元以上五万元以下罚款。

违反本法规定，未办理能源效率标识备案，或者使用的能源效率标识不符合规定的，由产品质量监督部门责令限期改正；逾期不改正的，处一万元以上三万元以下罚款。

伪造、冒用能源效率标识或者利用能源效率标识进行虚假宣传的，由产品质量监督部门责令改正，处五万元以上十万元以下罚款；情节严重的，由工商行政管理部门吊销营业执照。

第七十四条　用能单位未按照规定配备、使用能源计量器具的，由产品质量监督部门责令限期改正；逾期不改正的，处一万元以上五万元以下罚款。

第七十五条　瞒报、伪造、篡改能源统计资料或者编造虚假能源统计数据的，依照《中华人民共和国统计法》的规定处罚。

第七十六条　从事节能咨询、设计、评估、检测、审计、认证等服务的机构提供虚假信息的，由管理节能工作的部门责令改正，没收违法所得，并处五万元以上十万元以下罚款。

第七十七条　违反本法规定，无偿向本单位职工提供能源或者对能源消费实行包费制的，由管理节能工作的部门责令限期改正；逾期不改正的，处五万元以上二十万元以下罚款。

第七十八条　电网企业未按照本法规定安排符合规定的热电联产和利用余热余压发电的机组与电网并网运行，或者未执行国家有关上网电价规定的，由国家电力监管机构责令改正；造成发电企业经济损失的，依法承担赔偿责任。

第七十九条　建设单位违反建筑节能标准的，由建设主管部门责令改正，处二十万元以上五十万元以下罚款。

设计单位、施工单位、监理单位违反建筑节能标准的，由建设主管部门责令改正，处十万元以上五十万元以下罚款；情节严重的，由颁发资质证书的部门降低资质等级或者吊销资质证书；造成损失的，依法承担赔偿责任。

第八十条　房地产开发企业违反本法规定，在销售房屋时未向购买人明示所售房屋的节能措施、保温工程保修期等信息的，由建设主管部门责令限期改正，逾期不改正的，处三万元以上五万元以下罚款；对以上信息作虚假宣传的，由建设主管部门责令改正，处五万元以上二十万元以下罚款。

第八十一条　公共机构采购用能产品、设备，未优先采购列入节能产品、设备政府采购名录中的产品、设备，或者采购国家明令淘汰的用能产品、设备的，由政府采购监督管理部门给予警告，可以并处罚款；对直接负责的主管人员和其他直接责任人员依法给予处分，并予通报。

第八十二条　重点用能单位未按照本法规定报送能源利用状况报告或者报告内容不实的，由管理节能工作的部门责令限期改正；逾期不改正的，处一万元以上五万元以下罚款。

第八十三条　重点用能单位无正当理由拒不落实本法第五十四条规定的整改要求或者整改没有达到要求的，由管理节能工作的部门处十万元以上三十万元以下罚款。

第八十四条　重点用能单位未按照本法规定设立能源管理岗位，聘任能源管理负责人，并报管理节能工作的部门和有关部门备案的，由管理节能工作的部门责令改正；拒不改正的，处一万元以上三万元以下罚款。

第八十五条 违反本法规定，构成犯罪的，依法追究刑事责任。

第八十六条 国家工作人员在节能管理工作中滥用职权、玩忽职守、徇私舞弊，构成犯罪的，依法追究刑事责任；尚不构成犯罪的，依法给予处分。

第七章 附 则

第八十七条 本法自 2008 年 4 月 1 日起施行。

附录二 一些物质的热力学性质

表中　$\Delta H_f^\ominus$——标准生成热，kJ/mol；
　　　$\Delta G_f^\ominus$——标准生成自由焓，kJ/mol；
　　　$S^\ominus$——标准熵，J/(mol·K)；
　　　$\Delta H_C^\ominus$——标准燃烧热，kJ/mol。

（一）单质和无机化合物

物质			$\Delta H_f^\ominus$	$\Delta G_f^\ominus$	$S^\ominus$
名称	化学式	聚集状态			
碳	C	石墨	0	0	5.694
氯	Cl$_2$	气	0	0	222.9
氮	N$_2$	气	0	0	191.5
氢	H$_2$	气	0	0	130.6
氧	O$_2$	气	0	0	205.0
硫	S	单斜	0.2971	0.09623	32.55
	S	斜方	0	0	31.88
一氧化碳	CO	气	−110.5	−137.3	197.9
二氧化碳	CO$_2$	气	−393.5	−394.4	213.6
碳酸钙	CaCO$_3$	固	−1207	−1129	92.88
氧化钙	CaO	固	−635.5	−604.2	39.75
氢氧化钙	Ca(OH)$_2$	固	−986.6	896.8	76.15
硫酸钙	CaSO$_4$	固	−1433	−1320	106.7
氯化氢	HCl	气	−92.31	−95.27	184.8
氟化氢	HF	气	−268.6	−270.7	173.5
硝酸	HNO$_3$	液	−173.2	−79.91	155.6
水	H$_2$O	气	−241.8	−228.6	188.7
	H$_2$O	液	−285.8	−237.2	69.94
硫化氢	H$_2$S	气	−20.15	−33.02	205.6
硫酸	H$_2$SO$_4$	液	−800.8	−687.0	156.9
氧化氮	NO	气	90.37	86.69	210.6
二氧化氮	NO$_2$	气	33.85	51.84	240.5
氨	NH$_3$	气	−46.19	−16.64	192.5
碳酸氢铵	NH$_4$HCO$_3$	固	−852.9	−670.7	118.4
二氧化硫	SO$_2$	气	−296.9	−300.4	248.5
三氧化硫	SO$_3$	气	−395.2	−370.4	256.2

（二）有机化合物

物质 名称	化学式	聚集状态	$\Delta H_f^\ominus$	$\Delta G_f^\ominus$	$S^\ominus$	$\Delta H_C^\ominus$
甲烷	CH_4	气	−74.81	−50.75	187.9	−890.3
乙烷	C_2H_6	气	−84.68	−32.90	229.5	−1500
丙烷	C_3H_8	气	−103.8	−23.50	269.9	−2220
正丁烷	C_4H_{10}	气	−124.7	−15.70	310.0	−2878.5
异丁烷	C_4H_{10}	气				−2868.8
正戊烷	C_5H_{12}	气	−146.4	8.201	348.4	−3536
乙烯	C_2H_4	气	52.26	68.12	219.5	−1411
丙烯	C_3H_6	气	20.40	62.72	266.9	−2058.5
1-丁烯	C_4H_8	气	1.170	72.05	307.4	
乙炔	C_2H_2	气	226.7	209.2	200.8	−1300
氯乙烯	C_2H_3Cl	气	35.56	51.88	263.9	−1271.5
苯	C_6H_6	液	48.66	123.0	173.3	−3268
		气	82.93	129.7	269.7	
甲醇	CH_3OH	液	−238.7	−166.4	127.0	−726.5
		气	−200.7	−162.0	239.7	
乙醇	C_2H_5OH	液	−277.7	−174.9	161.0	−1367
		气	−235.1	−168.6	282.6	
甲醛	CH_2O	气	−117.0	−113.0	218.7	−570.8
乙醛	C_2H_4O	液	−192.3	−128.2	160.0	−1160
		气	−166.2	−128.9	250.0	
丙酮	$(CH_3)_2CO$	液	−248.2	−155.7		−1790
		气	−216.7	−152.7		−1821
甲酸	$CHOOH$	液	−424.7	−361.4	129.0	−254.6
		气	−378.6			
乙酸	CH_3COOH	液	−484.5	−390.0	160.0	−874.5
		气	−432.2	−374.0	282.0	
尿素	$(NH_2)_2CO$	固	−332.9	−196.8	104.6	−631.7

附录三 理想气体摩尔定压热容的常数

$c_p^\ominus/R = A + BT + CT^2 + DT^{-2}$ 式中的常数 A、B、C、D 数据 T（Kelvins）从 298K 到 $T_{\max}$

化学物质	分子式	$T_{\max}$	A	$10^3 B$	$10^6 C$	$10^{-5} D$
链烷烃						
甲烷	CH_4	1500	1.702	9.081	−2.164	
乙烷	C_2H_6	1500	1.131	19.225	−5.561	
丙烷	C_3H_8	1500	1.213	28.785	−8.824	
正丁烷	C_4H_{10}	1500	1.935	36.915	−11.402	
异丁烷	C_4H_{10}	1500	1.677	37.853	−11.945	
正戊烷	C_5H_{12}	1500	2.464	45.351	−14.111	
正己烷	C_6H_{14}	1500	3.025	53.722	−16.791	
正庚烷	C_7H_{16}	1500	3.570	62.127	−19.486	
正辛烷	C_8H_{18}	1500	8.163	70.567	−22.203	
烯烃						
乙烯	C_2H_4	1500	1.424	14.394	−4.392	
丙烯	C_3H_6	1500	1.637	22.706	−6.915	
异丁烯	C_4H_8	1500	1.967	31.630	−9.873	
异戊烯	C_5H_{10}	1500	2.691	39.753	−12.447	
异己烯	C_6H_{12}	1500	3.220	48.189	−15.157	
异庚烯	C_7H_{14}	1500	3.768	56.588	−17.847	
异辛烯	C_8H_{16}	1500	4.324	64.960	−20.521	
有机物						
乙醛	C_2H_4O	1000	1.693	17.978	−6.158	
乙炔	C_2H_2	1500	6.132	1.952		−1.299
苯	C_6H_5	1500	−0.206	39.064	−13.301	
1,3-丁二烯	C_4H_6	1500	2.734	26.786	−8.882	
环己烷	C_6H_{12}	1500	−3.376	63.249	−20.928	
乙醇	C_2H_6O	1500	3.518	20.001	−6.002	
苯乙烷	C_2H_{10}	1500	1.124	55.380	−18.476	
氯化乙烯	C_2H_4O	1000	−0.385	23.463	−9.296	
甲醛	CH_2O	1500	2.264	7.022	−1.877	
甲醇	CH_4O	1500	2.211	12.216	−3.450	
甲苯	C_7H_3	1500	0.290	47.052	−15.716	
苯乙烯	C_3H_3	1500	2.050	50.192	−16.662	
无机物						
空气		2000	3.355	0.575		−0.016
氨	NH_3	1800	3.578	3.020		−0.186
溴	Br_2	3000	4.493	0.056		−0.154
一氧化碳	CO	2500	3.376	0.557		−0.031
二氧化碳	CO_2	2000	5.457	1.045		−1.157
二硫化碳	CS_2	1800	6.311	0.805		−0.906
氯	Cl_2	3000	4.442	0.089		−0.344
氢	H_2	3000	3.249	0.422		0.033
硫化氢	H_2S	2300	3.931	1.490		−0.232
氯化氢	HCl	2000	3.156	0.623		0.151
氰化氢	HCN	2500	4.736	1.359		0.725
氮	N_2	2000	3.280	0.593		0.040
氧化亚氮	N_2O	2000	5.328	1.214		−0.928
一氧化氮	NO	2000	3.387	0.629		0.014
二氧化氮	NO_2	2000	4.982	1.195		−0.792
四氧化二氮	N_2O_4	2000	11.660	2.257		−2.787
氧	O_2	2000	3.639	0.506		−0.227
二氧化硫	SO_2	2000	5.699	0.801		−1.015
三氧化硫	SO_3	2000	8.060	1.056		−2.028
水	H_2O	2000	3.470	1.450		0.121

附录四 某些气体在不同温度区间的平均摩尔定压热容

单位：J/(mol·K)

温度/℃	H₂	N₂	CO	空气	O₂	NO	H₂O	CO₂
25	28.84	29.12	29.14	29.17	29.37	29.85	33.57	37.17
100	28.97	29.17	29.22	29.27	29.64	29.89	33.82	38.71
200	29.11	29.27	29.36	29.38	30.05	30.23	34.21	40.59
300	29.16	29.44	29.58	29.59	30.51	30.34	34.37	42.29
400	29.21	29.66	29.86	29.92	30.99	30.55	35.18	43.77
500	29.27	29.95	30.17	30.23	31.44	30.92	35.73	45.09
600	29.33	30.25	30.50	30.54	31.87	31.25	36.31	46.25
700	29.42	30.53	30.82	30.85	32.24	31.59	36.89	47.29
800	29.54	30.83	31.14	31.16	32.60	31.92	37.50	48.24
900	29.61	31.14	31.47	31.46	32.94	32.25	38.11	49.12
1000	29.82	31.41	31.74	31.77	33.23	34.52	38.69	49.87
1100	30.00	31.69	32.02	32.05	33.51	32.80	39.28	50.63
1200	30.12	31.94	32.28	32.30	33.76	33.05	39.85	51.25
1300	30.34	32.18	32.52	32.54	33.99	33.27	40.42	51.84
1400	30.49	32.38	32.71	32.74	34.17	33.45	40.88	52.30
1500	30.65	32.58	32.91	32.94	34.32	33.64	41.38	53.09
1600	30.90	32.82	33.15	33.17	34.60	33.86	41.63	53.35
1700	31.05	32.97	33.30	33.33	34.75	33.99	42.38	53.56
1800	31.24	33.15	33.48	33.51	34.93	34.16	42.84	54.14
1900	31.40	33.29	33.61	33.65	35.07	34.28	43.26	54.43
2000	31.58	33.45	33.76	33.81	35.24	34.41	43.64	54.81
2100	31.75	33.59	33.89	33.95	35.40	34.54	44.02	55.10
2200	31.90	33.70	34.00	34.07	35.53	34.63	44.39	55.40

温度/℃	NCl	Cl₂	CH₄	SO₂	C₂H₄	SO₃	C₂H₆	NH₃
25	29.12	33.97	35.77	39.92	43.72	50.67	52.84	35.46
100	29.16	34.48	37.57	41.21	47.49	53.72	57.57	36.62
200	29.20	35.02	40.25	42.89	52.43	57.49	63.89	38.16
300	29.29	35.48	43.05	44.43	57.11	60.84	69.96	39.67
400	29.37	35.77	45.90	45.77	61.38	63.68	75.77	41.17
500	29.54	36.02	48.74	46.94	65.27	66.19	81.13	42.64
600	29.71	36.23	51.34	47.91	68.83	68.32	86.11	44.09
700	29.92	36.40	53.97	48.79	72.05	70.17	90.71	45.52
800	30.17	36.53	56.40	49.54	75.10	71.84	95.06	
900	30.42	36.69	58.74	50.25	77.95	73.30	99.12	
1000	30.67	36.82	60.92	50.84	80.46	74.73	102.8	
1100	30.92	36.90	62.93	51.38	82.89	76.02	106.3	
1200	31.17	37.40	64.81	51.84	85.06	77.15	109.4	

注：本表中的数据除 NH₃ 外均取自《O A Hougen, K M Watson, R A Ragatz, Chemical Process Principles, 1959》并按 1cal=4.184J 换算成 SI 单位，NH₃ 的数据是根据下式计算出来的：

$$\bar{c}_p = 25.89 + 3.300 \times 10^{-2} T - 3.046 \times 10^{-6} T^2$$

附录五 水和水蒸气的热力学性质

表1 饱和水与干饱和蒸汽表（按温度排列）

温度	压力	比容		密度		焓		汽化潜热	熵	
		液体	蒸气	液体	蒸气	液体	蒸气		液体	蒸气
t	p	v'	v''	ρ'	ρ''	H'	H''	R	s'	s''
℃	10^5Pa	m³/kg	m³/kg	kg/m³	kg/m³	kJ/kg	kJ/kg	kJ/kg	kJ/(kg·K)	kJ/(kg·K)
0.01	0.006112	0.0010002	206.3	999.8	0.004847	0	2501	2501	0	9.1544
1	0.006566	0.0010001	192.6	999.9	0.005192	4.22	2502	2498	0.0154	9.1281
2	0.007054	0.0010001	179.9	999.9	0.005559	8.42	2504	2496	0.0306	9.1018
3	0.007575	0.0010001	168.2	999.9	0.005945	12.63	2506	2493	0.0458	9.0757
4	0.008129	0.0010001	157.3	999.9	0.006357	16.84	2508	2491	0.061	9.0498
5	0.008719	0.0010001	147.2	999.9	0.006793	21.05	2510	2489	0.0762	9.0241
6	0.009347	0.0010001	137.8	999.9	0.007257	25.25	2512	2487	0.0913	8.9978
7	0.010013	0.0010001	129.1	999.9	0.007746	29.45	2514	2485	0.1063	8.9736
8	0.010721	0.0010002	121	999.8	0.008264	33.55	2516	2482	0.1212	8.9485
9	0.011473	0.0010003	113.4	999.7	0.008818	37.85	2517	2479	0.1361	8.9238
10	0.012277	0.0010004	106.42	999.6	0.009398	42.04	2519	2477	0.151	8.8994
11	0.013118	0.0010005	99.91	999.5	0.01001	46.22	2521	2475	0.1658	8.8752
12	0.014016	0.0010006	93.84	999.4	0.01066	50.41	2523	2473	0.1805	8.8513
13	0.014967	0.0010007	88.18	999.3	0.01134	54.6	2525	2470	0.1952	8.8276
14	0.015974	0.0010008	82.9	999.2	0.01206	58.78	2527	2468	0.2098	8.8040
15	0.017041	0.001001	77.97	999	0.01282	62.97	2528	2465	0.2244	8.7806
16	0.01817	0.0010011	73.39	998.9	0.01363	67.16	2530	2463	0.2389	8.7574
17	0.019364	0.0010013	69.1	998.7	0.01447	71.34	2532	2461	0.2534	8.7344
18	0.02062	0.0010015	65.09	998.5	0.01536	75.53	2534	2458	0.2678	8.7116
19	0.02196	0.0010016	61.34	998.4	0.0163	79.72	2536	2456	0.2821	8.689
20	0.02337	0.0010018	57.84	998.2	0.01729	83.9	2537	2451	0.2964	8.6665
22	0.02643	0.0010023	51.5	997.71	0.01942	92.27	2541	2449	0.3249	8.622
24	0.02982	0.0010028	45.93	997.21	0.02177	100.63	2545	2444	0.3532	8.5785
26	0.0336	0.0010033	41.04	996.71	0.02437	108.99	2548	2440	0.3812	8.5358
28	0.03779	0.0010038	36.73	996.21	0.02723	117.35	2552	2435	0.409	8.4938
30	0.04241	0.0010044	32.93	995.62	0.03037	125.71	2556	2430	0.4366	8.4523
35	0.05622	0.0010061	25.24	993.94	0.03962	146.6	2565	2418	0.5049	8.3519
40	0.07375	0.0010079	19.55	992.16	0.05115	167.5	2574	2406	0.5723	8.2559
45	0.09584	0.0010099	15.28	990.2	0.06544	188.4	2582	2394	0.6384	8.1688
50	0.12335	0.0010121	12.04	988.04	0.08306	209.3	2592	2383	0.7038	8.0753
55	0.1574	0.0010145	9.578	985.71	0.1044	230.2	2600	2370	0.7679	7.9901
60	0.19917	0.0010171	7.678	983.19	0.1302	251.1	2609	2358	0.8311	7.9084
65	0.2501	0.0010199	6.201	980.49	0.1613	272.1	2617	2345	0.8934	7.8297
70	0.3117	0.0010228	5.045	977.71	0.1982	293	2626	2333	0.9549	7.7544
75	0.3855	0.0010258	4.133	974.85	0.242	314	2635	2321	1.0157	7.6815

续表

温度	压力	比容		密度		焓		汽化潜热	熵	
		液体	蒸气	液体	蒸气	液体	蒸气		液体	蒸气
t	p	v'	v''	ρ'	ρ''	H'	H''	R	s'	s''
℃	10^5Pa	m³/kg	m³/kg	kg/m³	kg/m³	kJ/kg	kJ/kg	kJ/kg	kJ/(kg·K)	kJ/(kg·K)
80	0.4736	0.001029	3.048	971.82	0.2934	334.9	2643	2308	1.0753	7.6116
85	0.5781	0.0010324	2.828	968.62	0.3536	355.9	2651	2295	1.1342	7.5438
90	0.7011	0.0010359	2.361	965.34	0.4235	377	2659	2282	1.1529	7.4787
100	1.01325	0.0010435	1.673	958.31	0.5977	419.1	2676	2257	1.3071	7.3547
110	1.4326	0.0010515	1.21	951.02	0.8264	461.3	2691	2230	1.4184	7.2387
120	1.9854	0.0010603	0.8917	943.13	1.121	503.7	2706	2202	1.5277	7.1298
130	2.7011	0.0010697	0.6683	934.84	1.496	546.3	2721	2174	1.6354	7.0272
140	3.614	0.0010798	0.5087	926.1	1.966	589	2734	2145	1.7392	6.9304
150	4.76	0.0010906	0.3926	916.93	2.547	632.2	2746	2114	1.8418	6.8383
160	6.18	0.0011021	0.3068	907.36	3.253	675.6	2758	2082	1.9427	6.7508
170	7.92	0.0011144	0.2426	897.34	4.122	719.2	2769	2050	2.0417	6.6666
180	10.027	0.0011275	0.1939	886.92	5.157	763.1	2778	2015	2.1395	6.5858
190	12.553	0.0011415	0.1564	876.04	6.394	807.5	2786	1979	2.2357	6.5074
200	15.551	0.0011565	0.1272	864.68	7.862	852.4	2793	1941	2.3308	6.4318
210	19.08	0.0011726	0.1043	852.81	9.588	897.7	2798	1900	2.4246	6.3577
220	23.201	0.00119	0.08606	840.34	11.62	943.7	2802	1858	2.5179	6.2849
230	27.979	0.0012087	0.07147	827.34	13.99	990.4	2803	1813	2.6101	6.2133
240	33.48	0.0012291	0.05967	813.6	16.76	1037.5	2803	1766	2.7021	6.1425
250	39.776	0.0012512	0.05006	799.23	19.28	1085.7	2801	1715	2.7934	6.0721
260	46.94	0.0012755	0.04215	784.01	23.72	1135.1	2796	1661	2.8851	6.0013
270	55.05	0.0013023	0.0356	767.87	28.09	1185.3	2790	1605	2.9764	5.9297
280	64.19	0.0013321	0.03013	750.69	33.19	1236.9	2780	1542.9	3.0681	5.8573
290	74.45	0.0012655	0.02554	732.33	39.15	1290	2766	1476.3	3.1611	5.7827
300	85.92	0.0014036	0.02164	712.45	46.21	1344.9	2749	1404.3	3.2548	5.7049
310	98.7	0.001447	0.01832	691.09	54.58	1402.1	2727	1325.2	3.3508	5.6233
320	112.9	0.001499	0.01545	667.11	64.72	1462.1	2700	1237.8	3.4495	5.5353
330	128.65	0.001562	0.01297	640.2	77.1	1526.1	2666	1139.6	3.5522	5.4412
340	146.08	0.001639	0.01078	610.13	92.76	1594.7	2622	1027	3.6605	5.3361
350	165.37	0.001741	0.008803	574.38	113.6	1671	2565	893.5	3.7786	5.2117
360	186.74	0.001894	0.006943	527.98	144	1762	2481	719.3	3.9162	5.053
370	210.53	0.00222	0.00493	450.45	203	1893	2321	438.4	4.1137	4.7951
374	220.8	0.002807	0.00347	357.14	288	2032	2147	114.7	4.3258	4.5029
374.15	221.297	0.00326	0.00326	306.75	306.75	2100	2100	0	4.4296	4.4296

注：临界参数：$t_c=374.15℃$，$\rho_c=306.75$kg/m³，$p_c=221.29×10^5$Pa，$v_c=0.00326$m³/kg。

表2 饱和水与干饱和蒸汽表（按压力排列）

压力	温度	比容		密度		焓		汽化潜热	熵	
		液体	蒸气	液体	蒸气	液体	蒸气		液体	蒸气
p	t	v'	v''	ρ'	ρ''	H'	H''	R	s'	s''
10^5 Pa	℃	m³/kg	m³/kg	kg/m³	kg/m³	kJ/kg	kJ/kg	kJ/kg	kJ/(kg·K)	kJ/(kg·K)
0.01	6.92	0.0010001	129.9	999	0.0077	29.32	2513	2484	0.1054	8.975
0.02	17.514	0.0010014	66.97	998.6	0.01493	73.52	2533	2459	0.2609	8.722
0.03	24.097	0.0010028	45.66	997.2	0.0219	101.04	2545	2444	0.3546	8.576
0.04	28.979	0.0010041	34.81	995.9	0.02873	121.42	2554	2433	0.4225	8.473
0.05	32.88	0.0010053	28.19	994.7	0.03547	137.83	2561	2423	0.4761	8.393
0.06	36.18	0.0010064	23.74	993.6	0.04212	151.5	2567	2415	0.5207	8.328
0.07	39.03	0.0010075	20.53	992.6	0.04871	163.43	2572	2409	0.5591	8.274
0.08	41.54	0.0010085	18.1	991.6	0.05525	173.9	2576	2402	0.5927	8.227
0.09	43.79	0.0010094	16.2	990.7	0.06172	183.3	2580	2397	0.6225	8.186
0.1	45.84	0.0010103	14.68	989.8	0.06812	191.9	2584	2392	0.6492	8.149
0.15	54	0.001014	10.02	986.2	0.0998	226.1	2599	2373	0.755	8.007
0.2	60.08	0.0010171	7.647	983.2	0.1308	251.4	2609	2358	0.8321	7.907
0.25	64.99	0.0010199	6.202	980.5	0.1612	272	2618	2346	0.8934	7.83
0.3	69.12	0.0010222	5.226	978.3	0.1913	289.3	2625	2336	0.9441	7.769
0.4	75.88	0.0010264	3.994	974.3	0.2504	317.7	2636	2318	1.0261	7.67
0.45	78.75	0.0010282	3.574	972.6	0.2797	329.6	2641	2311	1.0601	7.629
0.5	81.35	0.0010299	3.239	971	0.3087	340.6	2645	2404	1.091	7.593
0.55	83.74	0.0010315	2.963	969.5	0.3375	350.7	2649	2298	1.1193	7.561
0.6	85.95	0.001033	2.732	968.1	0.3661	360	2653	2293	1.1453	7.531
0.7	89.97	0.0010359	2.364	965.3	0.423	376.8	2660	2283	1.1918	7.479
0.8	93.52	0.0010385	2.087	962.9	0.4792	391.8	2665	2273	1.233	7.434
0.9	96.72	0.0010409	1.869	960.7	0.535	405.3	2670	2265	1.2696	7.394
1	99.64	0.0010432	1.694	958.6	0.5903	417.4	2675	2258	1.3206	7.36
1.5	111.38	0.0010527	1.159	949.9	0.8627	467.2	2693	2226	1.4336	7.223
2	120.23	0.0010605	0.8854	943	1.129	504.8	2707	2202	1.5302	7.127
2.5	127.43	0.0010672	0.7185	937	1.393	535.4	2717	2182	1.6071	7.053
3	133.54	0.0010733	0.6057	931.7	1.651	561.4	2725	2164	1.672	6.992
3.5	138.88	0.0010786	0.5241	927.1	1.908	584.5	2732	2148	1.728	6.941
4	143.62	0.0010836	0.4624	922.8	2.163	604.7	2738	2133	1.777	6.897
4.5	147.92	0.0010883	0.4139	918.9	2.416	623.4	2744	2121	1.821	6.857
5	151.84	0.0010927	0.3747	915.2	2.669	640.1	2749	2109	1.86	6.822
6	158.84	0.0011007	0.3156	908.5	3.169	670.5	2757	2086	1.931	6.761
7	164.96	0.0011081	0.2728	902.4	3.666	697.2	2764	2067	1.992	6.709
8	170.42	0.0011149	0.2403	896.9	4.161	720.9	2769	2048	2.046	6.663
9	175.35	0.0011213	0.2149	891.8	4.654	742.8	2774	2031	2.094	6.623

续表

压力	温度	比 容		密 度		焓		汽化潜热	熵	
		液体	蒸气	液体	蒸气	液体	蒸气		液体	蒸气
p	t	v'	v''	ρ'	ρ''	H'	H''	R	s'	s''
10^5Pa	℃	m³/kg	m³/kg	kg/m³	kg/m³	kJ/kg	kJ/kg	kJ/kg	kJ/(kg·K)	kJ/(kg·K)
10	179.88	0.0011273	0.1946	887.1	5.139	762.7	2778	2015	2.138	6.587
11	184.05	0.0011331	0.1775	882.5	5.634	781.1	2781	2000	2.179	6.554
12	187.95	0.0011385	0.1633	878.3	6.124	798.3	2785	1987	2.216	6.523
13	191.6	0.0011438	0.1512	874.3	6.614	814.5	2787	1973	2.251	6.495
14	195.04	0.001149	0.1408	870.3	7.103	830	2790	1960	2.284	6.469
15	198.28	0.0011539	0.1317	866.6	7.593	844.6	2792	1947	2.314	6.445
16	201.36	0.0011586	0.1238	863.1	8.08	858.3	2793	1935	2.344	6.422
17	204.3	0.0011632	0.1167	859.7	8.569	871.6	2795	1923	2.371	6.4
18	207.1	0.0011678	0.1104	856.3	9.058	884.4	2796	1912	2.397	6.379
19	209.78	0.0011722	0.1047	853.1	9.549	896.6	2798	1901	2.422	6.359
20	212.37	0.0011766	0.0996	849.9	10.041	908.5	2799	1891	2.447	6.34
22	217.24	0.0011851	0.0907	843.8	11.03	930.9	2801	1870	2.492	6.305
24	221.77	0.0011932	0.0832	838.1	12.01	951.8	2802	1850	2.534	6.272
26	226.03	0.0012012	0.0769	835.2	13.01	971.7	2803	1831	2.573	6.242
28	230.04	0.0012088	0.0714	827.3	14	990.4	2803	1813	2.611	6.213
30	233.83	0.0012163	0.0667	822.2	15	1008.3	2804	1796	2.646	6.186
35	242.54	0.0012345	0.057	810	17.53	1049.8	2803	1753	2.725	6.125
40	250.33	0.001252	0.0498	798.7	20.09	1087.5	2801	1713	2.796	6.07
45	257.41	0.001269	0.044	788	22.71	1122.1	2798	1676	2.862	6.02
50	263.91	0.0012857	0.0394	777.8	25.35	1154.4	2794	1640	2.921	5.973
60	275.56	0.0013185	0.0324	758.4	30.84	1213	2785	1570.8	3.027	5.89
70	285.8	0.001351	0.0274	740.2	36.54	1267.4	2772	1504.9	3.122	5.814
80	294.98	0.0013838	0.0235	722.6	42.52	1317	2758	1441.1	3.208	5.745
90	303.32	0.0014174	0.0205	705.5	48.83	1363.7	2743	1379.3	3.287	5.678
100	310.96	0.0014521	0.018	688.7	55.46	1407.7	2725	1317	3.36	5.615
110	318.04	0.001489	0.016	671.6	62.58	1450.2	2705	1255.4	3.43	5.553
120	324.63	0.001527	0.0143	654.9	70.13	1491.1	2685	1193.5	3.496	5.492
130	330.81	0.001567	0.0128	638.2	78.3	1531.5	2662	1130.8	3.561	5.432
140	336.63	0.001611	0.0115	620.7	87.03	1570.8	2638	1066.9	3.623	5.372
160	347.32	0.00171	0.0093	584.8	107.3	1650	2582	932	3.746	5.247
180	356.96	0.001837	0.0075	544.4	133.2	1732	2510	778.2	3.871	5.107
200	365.71	0.00204	0.0059	490.2	170.9	1827	2410	583	4.015	4.928
220	373.7	0.00373	0.0037	366.3	272.5	2016	2168	152	4.303	4.591
221.3	374.15	0.00326	0.0033	306.75	306.75	2100	2100	0	4.03	4.43

表3 未饱和水与过热蒸汽表（粗水平线之上为未饱和水，之下为过热蒸汽）

压力 p	0.01×10⁵Pa			0.10×10⁵Pa			1.0×10⁵Pa			2.0×10⁵Pa		
温度	T_{sat}=6.92℃ H''=2513kJ/kg v''=129.9m³/kg s''=8.975kJ/(kg·K)			T_{sat}=45.84℃ H''=2584kJ/kg v''=14.68m³/kg s''=8.149kJ/(kg·K)			T_{sat}=99.64℃ H''=2675kJ/kg v''=1.694m³/kg s''=7.360kJ/(kg·K)			T_{sat}=120.23℃ H''=2707kJ/kg v''=0.8854m³/kg s''=7.127kJ/(kg·K)		
t	v	H	s	v	H	s	v	H	s	v	H	s
℃	m³/kg	kJ/kg	kJ/(kg·K)	m³/kg	kJ/kg	kJ/(kg·K)	m³/kg	kJ/kg	kJ/(kg·K)	m³/kg	kJ/kg	kJ/(kg·K)
0	0.0010002	0	0	0.0010002	0	0	0.0010001	0.1	0	0.001	0.2	0
10	131.3	2518	8.995	0.0010003	41.9	0.1511	0.0010003	42.1	0.151			
20	136	2537	9.056	0.0010018	83.7	0.2964	0.0010018	83.9	0.2964	0.0010017	84	0.2964
30	140.7	2556	9.117	0.0010044	125.6	0.4363	0.0010044	125.77	0.4365			
40	145.4	2575	9.178	0.0010079	167.5	0.5715	0.0010079	167.59	0.5715	0.0010078	167.6	0.5716
50	150	2594	9.238	15	259	8.17	0.0010121	209.3	0.7031	0.001012	209.4	0.7033
60	154.7	2613	9.296	15.35	2611	8.227	0.0010171	251.1	0.8307	0.001017	251.2	0.8307
70	159.4	2632	9.352	15.81	2630	8.283	0.0010227	293.07	0.9549			
80	164	2651	9.406	16.27	2649	8.337	0.0010289	334.97	1.0748	0.0010289	335	1.0748
90	168.7	2669	9.459	16.74	2669	8.39	0.0010359	376.96	1.1925			
100	173.3	2688	9.51	17.2	2688	8.442	1.695	2676	7.361	0.0010434	419	1.3067
120	182.6	2726	9.609	18.13	2726	8.542	1.795	2717	7.465	0.0010603	503.7	1.5269
140	191.9	2764	9.703	19.06	2764	8.636	1.889	2757	7.562	0.9357	2749	7.227
160	201.1	2803	9.793	19.98	2802	8.727	1.984	2796	7.654	0.984	2790	7.324
180	210.4	2841	9.88	20.9	2841	8.814	2.078	2835	7.743	1.032	2830	7.415
200	219.8	2880	9.963	21.83	2879	8.897	2.172	2875	7.828	1.08	2870	7.501
220	229.1	2918	10.044	22.76	2918	8.978	2.266	2914	7.91	1.128	2910	7.583
240	238.3	2958	10.121	23.63	2957	9.056	2.359	2954	7.988	1.175	2950	7.663
260	247.6	2997	10.196	24.6	2997	9.131	2.452	2993	8.064	1.222	2990	7.74
280	256.9	3037	10.269	25.53	3037	9.203	2.545	3033	8.139	1.269	3030	7.815
300	266.2	3077	10.34	26.46	3077	9.274	2.638	3074	8.211	1.316	3071	7.887
400	312.6	3280	10.665	31.08	3280	9.601	3.102	3278	8.541	1.549	3276	8.219
500	359	3490	10.958	35.7	3490	9.895	3.565	3488	8.833	1.781	3487	8.512
600	405.6	3707	11.226	40.32	3707	10.162	4.028	3706	9.097	2.013	3705	8.776

续表

压力 p	4.0×10^5 Pa			6.0×10^5 Pa			10×10^5 Pa			30×10^5 Pa		
温度	$T_{sat}=143.42$℃ $H''=2738$ kJ/kg $v''=0.4624$ m³/kg $s''=6.897$ kJ/(kg·K)			$T_{sat}=158.84$℃ $H''=2757$ kJ/kg $v''=0.3156$ m³/kg $s''=6.761$ kJ/(kg·K)			$T_{sat}=179.88$℃ $H''=2778$ kJ/kg $v''=0.1946$ m³/kg $s''=6.587$ kJ/(kg·K)			$T_{sat}=233.83$℃ $H''=2804$ kJ/kg $v''=0.06665$ m³/kg $s''=6.186$ kJ/(kg·K)		
t	v	H	s	v	H	s	v	H	s	v	H	s
℃	m³/kg	kJ/kg	kJ/(kg·K)	m³/kg	kJ/kg	kJ/(kg·K)	m³/kg	kJ/kg	kJ/(kg·K)	m³/kg	kJ/kg	kJ/(kg·K)
0	0.001	0.5	0	0.001	0.7	0	0.001	1.1	0	0.000999	3.1	0
20	0.001002	84.1	0.296	0.001002	84.3	0.296	0.001001	84.7	0.296	0.001	86.7	0.296
40	0.001008	168	0.572	0.001008	168	0.572	0.001008	168	0.5712	0.001007	170	0.571
50	0.001012	210	0.703	0.001012	210	0.703	0.001012	210	0.7024	0.001011	212	0.702
60	10170	251	0.83	0.001017	252	0.83	0.001017	252	0.8298	0.001016	254	0.829
80	0.001029	335	1.075	0.001029	335	1.074	0.001029	335	1.074	0.001028	337	1.073
100	0.001043	419	1.306	0.001043	419	1.306	0.001043	419	1.3058	0.001042	421	1.304
120	0.00106	504	1.527	0.00106	504	1.527	0.00106	504	1.5261	0.001059	505	1.524
140	0.00108	589	1.738	0.00108	589	1.738	0.001079	589	1.737	0.001078	591	1.735
150	0.4709	2754	6.928	0.001091	632	1.84	0.00109	632	1.84	0.001089	633	1.837
160	0.484	2776	6.98	0.3167	2759	6.767	0.001102	675	1.941	0.0011	676	1.938
180	0.5094	2818	7.077	0.3348	2805	6.869	0.1949	2778	6.588	0.001126	764	2.134
200	0.5341	2859	7.166	0.352	2849	6.963	0.206	2827	6.692	0.001155	853	3.326
220	0.5585	2900	7.251	0.3688	2891	7.051	0.2169	2874	6.788	0.001189	944	2.514
240	0.5827	2941	7.332	0.3855	2933	7.135	0.2274	2918	6.877	0.06826	2823	6.225
260	0.6068	2982	7.41	0.4019	2975	7.215	0.2377	2962	6.961	0.07294	2882	6.337
280	0.6307	3023	7.486	0.4181	3017	7.292	0.2478	3005	7.04	0.0772	2937	6.438
300	0.6545	3065	7.56	0.4342	3059	7.366	0.2578	3048	7.116	0.08119	2988	6.53
400	0.7723	3273	7.895	0.5136	3270	7.704	0.3065	3263	7.461	0.09929	3229	6.916
500	0.889	3458	8.19	0.5919	3483	8.001	0.3539	3479	7.761	0.1161	3456	7.231
600	1.0054	3703	8.455	0.6697	3701	8.266	0.401	3693	8.027	0.1325	3682	7.506

续表

压力 p	50×10^5 Pa			70×10^5 Pa			100×10^5 Pa			140×10^5 Pa		
温度	$T_{sat}=263.91$℃ $H''=2794$kJ/kg $v''=0.03944$m³/kg $s''=5.973$kJ/(kg·K)			$T_{sat}=285.80$℃ $H''=2772$kJ/kg $v''=0.02737$m³/kg $s''=5.814$kJ/(kg·K)			$T_{sat}=318.04$℃ $H''=2725$kJ/kg $v''=0.01803$m³/kg $s''=5.615$kJ/(kg·K)			$T_{sat}=336.63$℃ $H''=2638$kJ/kg $v''=0.01149$m³/kg $s''=5.372$kJ/(kg·K)		
t	v	H	s	v	H	s	v	H	s	v	H	s
℃	m³/kg	kJ/kg	kJ/(kg·K)	m³/kg	kJ/kg	kJ/(kg·K)	m³/kg	kJ/kg	kJ/(kg·K)	m³/kg	kJ/kg	kJ/(kg·K)
0	0.0009976	5.2	0.0004	0.0009966	7.2	0.0004	0.0009951	10.2	0.0004	0.0009931	14.2	0.0008
20	0.0009995	88.5	0.2951	0.0009987	90.4	0.2945	0.0009975	93.2	0.2939	0.0009957	96.9	0.293
40	0.0010056	171.9	0.5699	0.0010048	173.7	0.5689	0.0010033	176.4	0.5677	0.0010016	179.9	0.566
50	0.0010098	213.6	0.7005	0.001009	215.3	0.6995	0.0010075	218	0.698	0.0010058	221.4	0.696
60	0.0010147	255.3	0.8273	0.0010139	256.9	0.8263	0.0010125	259.6	0.8247	0.0010108	263	0.8224
80	0.0010265	338.7	1.0709	0.0010257	340.3	1.0694	0.0010245	342.9	1.0676	0.0010226	346.2	1.0648
100	0.0010408	422.5	1.302	0.00104	424.1	1.3003	0.0010388	426.6	1.2982	0.0010368	429.6	1.2951
120	0.0010576	506.9	1.5223	0.0010567	508.4	1.5205	0.0010552	510.5	1.5182	0.0010533	513.4	1.5148
140	0.0010769	591.9	1.733	0.0010758	593.2	1.731	0.0010741	595.3	1.728	0.0010719	598	1.724
150	0.0010876	634.7	1.835	0.0010864	636	1.833	0.0010845	638	1.83	0.0010822	640.7	1.826
160	0.001099	677.7	1.935	0.0010977	679	1.933	0.0010956	681	1.929	0.0010932	683.6	1.925
180	0.0011242	764.9	2.131	0.0011226	766.1	2.128	0.0011201	768	2.123	0.0011174	770.2	2.118
200	0.001153	853.6	2.322	0.0011512	854.5	2.319	0.0011482	856	2.314	0.0011448	857.9	2.308
220	0.0011867	944.1	2.51	0.0011845	944.8	2.506	0.0011805	945.8	2.5	0.0011766	947.3	2.493
240	0.0012264	1037.4	2.696	0.0012235	1037.8	2.691	0.0012185	1038.3	2.684	0.0012136	1039.1	2.676
250	0.0012492	1085.7	2.789									
260	0.0012749	1135.1	2.882	0.0012706	1134.6	2.876	0.001265	1134	2.868	0.0012575	1133.8	2.858
280	0.04224	2854	6.083	0.0013304	1235.9	3.063	0.0013217	1234.5	3.053	0.0013111	1232.9	3.04
300	0.04539	2920	6.2	0.02948	2835	5.925	0.001397	1342.2	3.244	0.0013808	1338	3.226
400	0.05781	3193	6.64	0.03997	3155	6.442	0.02646	3093	6.207	0.01726	3000	5.942
500	0.06858	3433	6.974	0.04817	3409	6.795	0.3281	3372	6.596	0.02252	3321	6.39
600	0.0787	3666	7.257	0.05565	3649	7.087	0.03837	3621	6.901	0.02683	2585	6.716

续表

压力 p	180×10^5 Pa			220×10^5 Pa			250×10^5 Pa		
温度	$T_{sat}=356.96$℃ $H''=2510$ kJ/kg $v''=0.007504$ m³/kg $s''=5.107$ kJ/(kg·K)			$T_{sat}=373.7$℃ $H''=2168$ kJ/kg $v''=0.00367$ m³/kg $s''=4.591$ kJ/(kg·K)					
t	v	H	s	v	H	s	v	H	s
℃	m³/kg	kJ/kg	kJ/(kg·K)	m³/kg	kJ/kg	kJ/(kg·K)	m³/kg	kJ/kg	kJ/(kg·K)
0	0.0009913	18.2	0.0011	0.0009893	22.2	0.0013	0.000988	25.2	0.0013
20	0.0009939	100.7	0.2921	0.000992	104.5	0.2915	0.0009908	107.3	0.2909
40	0.0009999	183.5	0.5647	0.0009981	187.1	0.5634	0.0009969	189.7	0.5621
50	0.0010041	225	0.6942	0.0010024	228.4	0.6927	0.0010012	231	0.6911
60	0.0010091	266.5	0.82	0.0010073	269.8	0.8181	0.0010061	272.3	0.8164
80	0.0010209	349.5	1.062	0.001019	352.7	1.0596	0.0010178	355.1	1.0576
100	0.0010349	432.7	1.2923	0.0010329	435.7	1.2899	0.0010316	438	1.2873
120	0.0010512	516.4	1.5115	0.001049	519.3	1.5084	0.0010475	521.5	1.5053
140	0.0010695	600.8	1.721	0.0010671	603.5	1.717	0.0010654	605.6	1.714
150	0.0010796	643.4	1.822	0.0010771	646	1.818	0.0010758	647.9	1.815
160	0.0010905	686.2	1.921	0.0010877	688.7	1.917	0.0010858	690.5	1.914
180	0.0011142	772.4	2.114	0.001111	774.7	2.11	0.0011087	776.3	2.107
200	0.0011411	859.7	2.302	0.0011375	861.6	2.297	0.0011349	683	2.293
220	0.0011721	948.7	2.486	0.0011679	950.2	2.48	0.0011648	951.3	2.475
240	0.0012082	1039.9	2.668	0.001203	1040.9	2.661	0.0011992	1041.6	2.655
260	0.0012504	1133.7	2.848	0.0012437	1133.8	2.839	0.0012388	1134.1	2.833
280	0.0013013	1231.6	3.028	0.0012926	1230.6	3.017	0.0012863	1230.2	3.009
300	0.0013665	1334.6	3.211	0.0013535	1332.2	3.197	0.0013446	1330.7	3.187
320	0.001455	1446.3	3.403	0.001434	1440.5	3.384	0.001421	1437.3	3.371
340	0.001592	1576.6	3.62	0.001551	1562.6	3.589	0.001527	1555.3	3.567
360	0.0081	2563	5.194	0.001757	1717	3.837	0.001695	1696	3.794
380	0.01042	2759	5.498	0.0061	2503	5.052	0.00224	1926	4.149
400	0.01194	2884	5.688	0.00828	2736	5.406	0.00602	2579	5.137
500	0.01678	3267	6.221	0.01312	3207	6.07	0.01113	3157	5.965
600	0.02043	3549	6.572	0.01631	3512	6.449	0.01413	3483	6.367

附录六 龟山-吉田环境模型的元素标准化学烟

图例说明:
- 元素符号
- $E_{xc,元素}^{\ominus}$ (10³ kJ/kmol)
- 基准物
- 温度修正系数 (kJ·K/kmol)

示例:
H 117.61 / H₂O(l) / −84.89

	Ia	IIa	IIIb	IVb	Vb	VIb	VIIb	VIII	VIII	VIII	Ib	IIb	IIIb	IVb	Vb	VIb	VIIb	0
1	H 117.61 H₂O(l) −84.89																	He 30.125 Air p=5.24×10⁻⁶ 101.09
2	Li 371.96 LiCl·H₂O −485.13	Be 594.25 BeO·Al₂O₃ −103.26											B 610.28 H₃BO₃ −185.60	C 410.53 CO₂ p=0.003 57.07	N 0.335 Air p=0.756 1.17	O 1.966 Air p=0.203 6.61	F 308.03 CeO₁₀(PO₄)₆F₂ 81.21	Ne 27.07 Air p=1.8×10⁻⁸ 90.83
3	Na 360.79 NaNO₃ −400.83	Mg 618.23 CaCO₃·MgCO₃ −360.58											Al 788.22 Al₂O₃ −166.57	Si 852.74 SiO₂ −195.27	P 865.96 Ca₃(PO₄)₂ 86.36	S 602.79 CaSO₄·2H₂O −116.69	Cl 23.47 NaCl 268.82	Ar 11.673 Air p=0.009 39.16
4	K 386.85 KNO₃ −354.97	Ca 712.37 CaCO₃ −338.74	Sc 906.76 Sc₂O₃ −155.87	Ti 885.59 TiO₂ −198.57	V 704.88 V₂O₅ −236.27	Cr 547.43 K₂Cr₂O₇ 30.67	Mn 461.24 MnO₂ −197.23	Fe 368.15 Fe₂O₃ −147.28	Co 288.40 CoFe₂O₄ −19.84	Ni 243.47 NiCl₂·6H₂O −865.63	Cu 143.80 Cu₄(OH)₆Cl₂ −852.87	Zn 337.44 Zn(NO₃)₂·6H₂O	Ga 496.18 Ga₂O₃ −162.09	Ge 493.13 GeO₂ −194.10	As 386.27 As₂O₆ −255.27	Se 0 Se 0	Br 34.35 PtBrF₂ −19.92	Kr
5	Rb 389.57 RbNO₃ −353.80	Sr 771.15 SrCl·6H₂O −841.61	Y 932.40 Y(OH)₃	Zr 1058.59 ZrSiO₄ −215.02	Nb 878.10 Nb₂O₅ −240.62	Mo 714.42 CaMoO₄ −45.27	Tc	Ru Ru 0	Rh Rh 0	Pd Pd 0	Ag 86.32 AgCl 326.60	Cd 304.18 CdCl·5/2H₂O −759.94	In 412.42 InO₂ −169.41	Sn 515.72 SnO₂ 217.53	Sb 409.70 Sb₂O₅ −255.98	Te 266.35 TeO₂ −188.49	I 25.61 KIO₃ 56.82	Xe
6	Cs 390.9 CaCl −364.25	Ba 784.17 Ba(NO₃)₂ −697.60	La	Hf 1023.24 HfO₂ −202.51	Ta 950.69 Ta₂O₅ −242.80	W 818.32 CaWO₄ −45.44	Re	Os 297.11 OsO₄ −325.22	Ir Ir 0	Pt Pt 0	Au Au 0	Hg 131.71 HgCl₂ −690.61	Tl 169.70 Tl₂O₄	Pb 337.27 PbClOH	Bi 296.73 BiOCl −425.68	Po	At	Rn
7	Fr	Ra	Ac	Th 1164.87 ThO₂ −168.78	Pa	U 1117.88 U₃O₆ −247.19	Np	Pu	Am	Cm	BK	Cf	Es	Fm	Md	No	Lr	

La 982.57 LaCl₃·7H₂O −1224.45	Ce 1020.73 CeO₂ −227.94	Pr 926.17 Pr(OH)₃	Nd 967.05 NdCl₃·6H₂O −1214.78	Pm	Sm 962.86 SmCl₃·6H₂O −1215.74	Eu 872.49 EuCl₃·6H₂O −1231.06	Gd 958.26 GdCl₃·H₂O −1220.26	Tb 947.38 TbCl₃·5H₂O −1230.26	Dy 958.26 DyCl₃·6H₂O −1234.03	Ho 966.63 HoCl₃·6H₂O −1235.20	Er 960.77 ErCl₃·6H₂O −1234.82	Tm 894.29 Tm₂O₃ −167.65	Yb 935.67 YbCl₃·6H₂O −1224.45	Lu 917.68 LuCl₃·6H₂O −1235.20

附录七 主要无机和有机化合物的摩尔标准化学㶲 $E_{xc}^{\ominus}$ 以及温度修正系数 ξ

主要无机化合物

物质	$-E_{xc}^{\ominus}$ /(kJ/mol)	ξ /[J/(mol·K)]	物质	$-E_{xc}^{\ominus}$ /(kJ/mol)	ξ /[J/(mol·K)]
$AlCl_3$	229.83	892.07	$HCl(g)$	45.77	173.72
$Al_2(SO_4)_3$	308.36	539.44	Na_2S	962.86	-798.31
Ar	11.67	39.16	$NaHCO_3$	44.69	-39.3
BaO	261.04	-596.01	MgO	50.79	-218.78
$BaSO_4$	32.55	-415.30	$MgCl_2$	73.39	343.21
$BaCO_3$	63.01	-356.77	$MgCO_3$	22.59	62.30
C	410.53	57.07	$MgSO_4$	58.24	-67.8
CaO	110.33	-227.74	MnO	100.29	-115.94
$Ca(OH)_2$	53.01	-201.46	Mn_2O_5	47.24	-113.51
$CaCl_2$	11.25	349.74	Mn_3O_4	108.37	-213.13
$CaOSiO_2$	21.34	-228.15	N_2	0.71	2.34
$CaOAl_2O_3$	88.03	-251.08	Ne	27.07	90.83
CO	275.35	-25.61	NO	88.91	-4.60
CO_2	20.13	67.40	$NH_3(g)$	336.69	-154.22
Fe	368.15	-147.28	Na_2O	346.98	-585.76
FeO	118.66	-71.76	NaCl	0	0.38
Fe_3O_4	96.90	-70.29	Na_2SO_4	62.89	-413.50
$Fe(OH)_3$	30.29	43.85	Na_2CO_3	89.96	-364.22
Fe_3SiO_4	220.41	-125.35	Na_3AlF_6	581.95	138.95
$FeAl_2O_4$	103.18	-66.36	$SO_2(g)$	306.52	-114.64
H_2	235.22	-169.74	$SO_3(g)$	239.70	-14.02
$H_2O(g)$	8.62	-118.78	$H_2S(g)$	804.46	-329.66
He	30.12	101.09	ZnO	21.09	-745.63
HF	152.42	46.61	$ZnSO_4$	73.68	-587.52
O_2	3.93	13.22	$ZnCO_3$	22.34	-503.46

主要有机化合物

物质及分子式	$-E_{xc}^{\ominus}$ /(kJ/mol)	ξ /[J/(mol·K)]	物质及分子式	$-E_{xc}^{\ominus}$ /(kJ/mol)	ξ /[J/(mol·K)]
甲烷(g)CH_4	830.19	−201.96	十二烷(l)$C_{12}H_{26}$	8013.03	−247.07
乙烷(g)C_2H_6	1493.77	−221.63	甲苯(l)$CH_3C_6H_5$	3928.36	61.63
丙烷(g)C_3H_8	2148.99	−238.36	甲醇(l)CH_3OH	716.72	−33.26
丁烷(l)C_4H_{10}	2803.20	−540.11	乙醇(l)C_2H_5OH	1354.57	−43.68
戊烷(g)C_5H_{12}	3455.61	−270.29	丙醇(l)C_3H_7OH	2003.76	−52.26
戊烷(l)C_5H_{12}	3454.52	−152.38	丁醇(l)C_4H_9OH	2659.10	−61.55
己烷(g)C_6H_{14}	4109.48	−286.14	戊醇(l)$C_5H_{11}OH$	3304.69	−67.07
己烷(l)C_6H_{14}	4105.38	−193.84	甲醛(g)HCHO	537.81	−86.02
庚烷(g)C_7H_{16}	4763.44	−355.81	乙醛(g)CH_3CHO	1160.18	−107.95
庚烷(l)C_7H_{16}	4756.45	−209.58	丙酮(l)$(CH_3)_2CO$	1783.85	20.59
乙烯(g)C_2H_4	1359.63	−172.38	甲蚁酸(l)HCOOH	288.24	112.84
丙烯(g)C_3H_6	1999.95	−196.27	醋酸(l)CH_3COOH	903.58	105.52
1-丁烯(g)$CH_2CHCH_2CH_3$	2654.29	−211.33	石炭酸(s)C_6H_5OH	3120.43	224.05
乙炔(g)C_2H_2	1265.49	−114.43	苯甲酸(s)C_6H_5COOH	3338.08	372.50
丙炔(g)CH_3CCH	1896.48	−138.20	甲酸甲酯(g)$HCOOCH_3$	998.26	−35.82
环戊烷(l)C_5H_{10}	3265.11	−86.44	醋酸乙酯(l)$CH_3COOC_2H_5$	2254.26	53.09
环己烷(l)C_6H_{12}	3901.16	−62.93	二甲醚(g)$(CH_3)_2O$	1415.78	−150.04
苯(l)C_6H_6	3293.18	85.65	乙醚(l)$(C_2H_5)_2O$	2697.26	88.91
环辛烷(l)C_8H_{16}	5243.89	−73.51	氯甲烷(g)CH_3Cl	723.96	206.86
环丁烯(g)C_4H_6	2522.53	−130.08	二氯甲烷(l)CH_2Cl_2	622.29	480.03
乙苯(l)C_8H_{10}	4580.10	50.92	四氯化碳(l)CCl_4	441.79	1367.83
辛烷(l)C_8H_{18}	5407.78	−211.42	α-D-半乳糖(s)$C_6H_{12}O_6$	2966.92	590.70
壬烷(l)C_9H_{20}	6058.81	−220.87	β-乳糖(s)$C_{12}H_{22}O_{11}$	5968.52	1136.21
癸烷(l)$C_{10}H_{22}$	6710.05	−743.08	尿素(s)$(NH_2)_2CO$	686.47	182.67
十一烷(l)$C_{11}H_{24}$	7361.33	−238.03			

附录八　各种能源折标准煤参考系数

能源名称	平均低位发热量	折标准煤系数
原煤	20908kJ(5000kcal)/kg	0.7143kg 标准煤/kg
洗精煤	26344kJ(6300kcal)/kg	0.9000kg 标准煤/kg
其他洗煤		
洗中煤	8363kJ(2000kcal)/kg	0.2857kg 标准煤/kg
煤泥	8363~12545kJ(2000~3000kcal)/kg	0.2857~0.4286kg 标准煤/kg
型煤		0.5~0.7kg 标准煤/kg
焦炭	28435kJ(6800kcal)/kg	0.9714kg 标准煤/kg
原油	41816kJ(10000kcal)/kg	1.4286kg 标准煤/kg
汽油	43070kJ(10300kcal)/kg	1.4714kg 标准煤/kg
煤油	43070kJ(10300kcal)/kg	1.4714kg 标准煤/kg
柴油	42652kJ(10200kcal)/kg	1.4571kg 标准煤/kg
燃料油	41816kJ(10000kcal)/kg	1.4286kg 标准煤/kg
液化石油气	50179kJ(12000kcal)/kg	1.7143kg 标准煤/kg
炼厂干气	45998kJ(11000kcal)/kg	1.5714kg 标准煤/m^3
其他石油制品		1~1.4kg 标准煤/kg
天然气	32198~38931kJ(7700~9310kcal)/m^3	1.1~1.33kg 标准煤/m^3
液化天然气		1.7572kg 标准煤/kg
焦炉煤气	16726~17981kJ(4000~4300kcal)/m^3	0.5714~0.6143kg 标准煤/m^3
高炉煤气		1.286kg 标准煤/m^3
其他煤气		0.17~1.2143kg 标准煤/m^3
发生煤气	5227kJ(1250kcal)/m^3	0.1786kg 标准煤/m^3
重油催化裂解煤气	19235kJ(4600kcal)/m^3	0.6571kg 标准煤/m^3
重油热裂解煤气	19235kJ(4600kcal)/m^3	0.6571kg 标准煤/m^3
焦炭制气	16308kJ(3900kcal)/m^3	0.5571kg 标准煤/m^3
压力气化煤气	15054kJ(3600kcal)/m^3	0.5143kg 标准煤/m^3
水煤气	10454kJ(2500kcal)/m^3	0.3571kg 标准煤/m^3
煤焦油	33453kJ(8000kcal)/kg	1.1429kg 标准煤/kg
粗苯	41816kJ(10000kcal)/kg	1.4286kg 标准煤/kg
其他焦化产品		1.1~1.5kg 标准煤/kg
热力(当量)		0.03412kg 标准煤/MJ
		0.14286kg 标准煤/1000kcal
电力(当量)	3596kJ(860kcal)/kW·h	0.1229kg 标准煤/kW·h(用于计算火力发电)
电力(当量)		0.4040kg 标准煤/kW·h(用于计算最终消费)

参 考 文 献

[1] 中国石油和化学工业协会,中国化工节能技术协会. 石油和化工行业能源管理师教程 [M]. 北京: 化学工业出版社, 2007.
[2] 贾振航, 姚伟, 高红. 企业节能技术 [M]. 北京: 化学工业出版社, 2006.
[3] 方利国. 节能技术应用与评价 [M]. 北京: 化学工业出版社, 2008.
[4] 方战强, 任官平. 能源审计原理与实施方法 [M]. 北京: 化学工业出版社, 2008.
[5] 王文堂. 石油和化工典型节能改造案例 [M]. 北京: 化学工业出版社, 2008.
[6] 孙伟民. 化工清洁生产技术概论 [M]. 北京: 高等教育出版社, 2007.
[7] 贺召平. 化工厂节能知识 [M]. 北京: 化学工业出版社, 2008.
[8] 薛叙明. 传热应用技术 [M]. 北京: 化学工业出版社, 2008.
[9] 中国化工节能技术协会. 化工节能技术手册 [M]. 北京: 化学工业出版社, 2006.
[10] 何相助, 颜立潮. 企业合理用能诊断 [M]. 长沙: 湖南科学技术出版社, 2007.
[11] 潘文群, 何灏彦. 传质分离技术 [M]. 北京: 化学工业出版社, 2008.
[12] 陈文威, 李沪萍. 热力学节能与分析 [M]. 北京: 科学出版社, 1999.
[13] 陈钟秀, 顾飞燕, 胡望明. 化工热力学 [M]. 北京: 化学工业出版社, 2001.
[14] 施云海. 化工热力学 [M]. 上海: 华东理工大学出版社, 2007.
[15] 吴存真, 张诗针, 孙志坚. 热力过程㶲分析基础 [M]. 杭州: 浙江大学出版社, 2004.
[16] 冯霄. 化工节能原理与技术 [M]. 第2版. 北京: 化学工业出版社, 2004.
[17] 党洁修, 涂敏端. 化工节能基础——过程热力学分析 [M]. 成都: 成都科技大学出版社, 1987.
[18] 陈汝东. 制冷技术与应用 [M]. 上海: 同济大学出版社, 2006.
[19] 范文元. 化工单元操作节能技术 [M]. 合肥: 安徽科学技术出版社, 2000.
[20] 张建一, 李莉. 制冷空调装置节能原理与技术 [M]. 北京: 机械工业出版社, 2007.
[21] 王中存, 孟磊. 制冷系统的运行调整与节能技术 [J]. 医药工程设计, 2007, 28 (03): 49-52.
[22] 张艳君, 王晓慧. 浅谈空气压缩机的选择及节能措施 [J]. 甘肃科技, 2008, 24 (04): 69-71.
[23] 范景彩. 降低重整加热炉消耗的节能分析 [J]. 黑龙江科技信息, 2007, (22): 73.
[24] 郑贤德. 制冷原理与装置 [M]. 北京: 机械工业出版社, 2001.
[25] 程代京, 刘银河. 蒸汽凝结水的回收及利用 [M]. 北京: 化学工业出版社, 2007.
[26] 孙伟善. 关于石油和化工行业节能减排 [J]. 河北化工, 2007, 30 (7): 1-6.
[27] 李平辉. 小氮肥企业节能潜力分析与建议 [J]. 氮肥技术, 2008, 29 (2): 26-29.
[28] 李平辉, 刘跃进. CO变换系统的几点节能措施 [J]. 化工时刊, 2005, 19 (6): 29-30.
[29] 黄熠, 李平辉, 王罗强. 氮肥行业节能减排的措施 [J]. 化工时刊, 2008, 22 (12): 57-60.
[30] 李平辉, 田伟军. 合成氨原料气生产 [M]. 北京: 化学工业出版社, 2009.
[31] 李平辉. 合成氨原料气净化 [M]. 北京: 化学工业出版社, 2010.
[32] 冯元琦. 化肥企业产品能平衡 [M]. 北京: 化学工业出版社, 1989.
[33] 郭斌, 庄源益. 清洁生产工艺 [M]. 北京: 化学工业出版社, 2003.
[34] 周中平, 赵毅红, 朱慎林. 清洁生产工艺及应用实例 [M]. 北京: 化学工业出版社, 2002.
[35] 徐士洪, 许良国. 小氮肥行业清洁生产实践 [J]. 污染防治技术, 2007, 20 (4): 95-97.
[36] 钱汗卿. 化工清洁生产及其技术实例 [M]. 北京: 化学工业出版社, 2002.
[37] 高廷耀, 顾国维. 水污染控制工程(下册)[M]. 第2版. 北京: 高等教育出版社, 1999.
[38] 唐受印等. 废水处理工程 [M]. 北京: 化学工业出版社, 1999.
[39] 周群英, 高廷耀. 环境工程微生物学 [M]. 第2版. 北京: 高等教育出版社, 2000.
[40] 郝吉明等. 大气污染控制工程 [M]. 北京: 高等教育出版社, 2000.
[41] 郭静, 阮宜伦. 大气污染控制工程 [M]. 北京: 化学工业出版社, 2001.
[42] 聂永丰. 三废处理工程技术手册(固体废物卷)[M]. 北京: 化学工业出版社, 2000.
[43] 化学工业部环境保护技术中心编. 三废处理工程技术手册(废气卷)[M]. 北京: 化学工业出版社, 2000.
[44] 钱易, 唐孝炎. 环境保护与可持续发展 [M]. 北京: 高等教育出版社, 2000.
[45] 但卫华, 王坤余. 轻化工清洁生产技术 [M]. 北京: 中国纺织出版社, 2008.
[46] 徐士洪, 许良国. 小氮肥行业清洁生产实践 [J]. 污染防治技术, 2007, 20 (4): 95-97.
[47] 钱汉卿, 左宝昌. 化工水污染防治技术 [M]. 北京: 中国石化出版社, 2004.

[48] 牛冬杰，孙晓杰，赵由才. 工业固体废物处理与资源化 [M]. 北京：冶金工业出版社，2007.
[49] 王革华，艾德生. 新能源概论 [M]. 北京：化学工业出版社，2006.
[50] 刘荣厚，牛卫生，张大雷. 生物质热化学转换技术 [M]. 北京：化学工业出版社，2005.
[51] 姚向君，田宜水. 生物质能资源清洁转化利用技术 [M]. 北京：化学工业出版社，2005.
[52] 卞进发，徐建中，化工责任关怀导论 [M]. 北京：化学工业出版社，2015.
[53] GB/T 13234—2009 企业节能量计算方法.
[54] GB/T 15316—2009 节能监测技术通则.
[55] GB/T 2588—2000 设备热效率计算通则.
[56] GB/T 2589—2008 综合能耗计算通则.
[57] GB/T 17166—1997 企业能源审计技术通则.
[58] HJ 633—2012 环境空气质量指数（AQI）技术规定（试行）.
[59] 中华人民共和国节约能源法.
[60] 石化和化学工业"十二五"发展规划.